CrownCAD 基础教程（2025 版）

山东山大华天软件股份有限公司　组编

主编　梅敬成　苏新新

参编　邢胜南　武　伟　高新燕　杨亚伦
　　　陈荣昌　许晓伟　倪见素　刘　敏

机械工业出版社
CHINA MACHINE PRESS

本书从软件的行业知识及基本应用入手，以云原生三维CAD平台CrownCAD（皇冠CAD）的功能模块及技术优势为主线，辅以实例为引导，深入讲解了软件的功能和操作细节，使读者能快速掌握CrownCAD的应用技巧。

本书共分为17章，内容翔实，图文并茂，将专业知识与软件技能巧妙融合，通过实例和方法的有机结合，能够开拓读者思路，提高读者阅读兴趣和对知识综合运用的能力。通过对本书内容的学习、理解和练习，读者可以很快地掌握CrownCAD软件的建模方法，达到专业设计者的水平。

本书实例丰富，讲解透彻，配套操作视频和实例模型（实例模型请使用浏览器扫码观看），既可以作为高等院校机械设计、产品设计、增材制造工程等专业的教材，也可作为广大技术人员的自学读物。

图书在版编目（CIP）数据

CrownCAD基础教程：2025版 / 山东山大华天软件股份有限公司组编；梅敬成，苏新新主编. -- 北京：机械工业出版社，2025. 5. -- ISBN 978-7-111-78243-8

Ⅰ. TB237

中国国家版本馆CIP数据核字第2025KQ5468号

机械工业出版社（北京市百万庄大街22号 邮政编码100037）
策划编辑：张雁茹　　　　　　　责任编辑：张雁茹　章承林
责任校对：张勤思　马荣华　景　飞　　封面设计：张　静
责任印制：单爱军
北京中兴印刷有限公司印刷
2025年6月第1版第1次印刷
184mm×260mm · 20印张 · 507千字
标准书号：ISBN 978-7-111-78243-8
定价：69.80元

电话服务　　　　　　　　　　网络服务
客服电话：010-88361066　　　机　工　官　网：www.cmpbook.com
　　　　　010-88379833　　　机　工　官　博：weibo.com/cmp1952
　　　　　010-68326294　　　金　书　网：www.golden-book.com
封底无防伪标均为盗版　　机工教育服务网：www.cmpedu.com

序

  工业软件是工业制造的灵魂，而处于制造链最上游的 CAD，是中国工业制造创新的利器。在 CAD 的辅助下，工程师能够将复杂的设计概念具象化，通过精确的几何建模和仿真分析预见产品在实际应用中的表现，确保设计的可行性与创新性。

  20 世纪 80 年代，国内"丁字尺 + 圆规"与国外"三维工作站 +CAD"的研发场景有着天壤之别，让人震惊。从那时起，"研发一套中国工程师也用得起的三维 CAD 系统，摆脱对国外图形工作站和国外软件的依赖"的想法始终在我的脑海中萦绕，由此一脚踏入三维 CAD 这个"难啃"的领域。

  三十年磨一剑，华天软件作为无数挑战三维 CAD 技术高峰的孤勇者之一，率先向最难的三维 CAD 内核技术挑战，开始三维几何建模引擎（DGM）的研发，紧接着又全力向几何约束求解器（DCS）发起技术攻坚。2021 年 9 月，经历十年技术攻关、五大版本迭代、两轮全国公测，华天软件成功发布了完全独立自主研发的三维 CAD 平台——CrownCAD（皇冠 CAD），它也是一款基于云架构的三维 CAD 软件，在行业内引起很大影响，也受到市场极大的关注与认可。目前已经有超过 41 万工程师开展云上设计，希望您也加入 CrownCAD 云上设计团队！

  CrownCAD 的诞生与成长离不开把研发国际一流的国产三维 CAD 当作终身事业的梅敬成博士。梅敬成博士是华天软件首席科学家，对国产三维 CAD 关键技术的突破起到了决定性作用，开创性地将以往"重量级"的三维 CAD 搬到云端，开启了"云端设计、协同分享"的协同设计新时代。

  有生命力的工业软件一定是凝聚了企业工业知识和经验积累的软件，汇集了众多企业的最佳实践，并且通过信息化、数字化进程不断螺旋上升，这是工业软件长久持续发展的根因。

  华天软件致力于聚焦企业的设计、制造、服务等数字化转型中的各种挑战，融合 3D 技术，提供以产品数据为源头、贯穿产品全生命周期的工业软件，汇集行业最佳实践，形成面向行业的优势解决方案。坚持技术创新，是华天软件企业发展的核心竞争力，我们持续创新、研发创造出"以 3D 为核心"的一系列工业软件。这些工业软件是驱动企业数字化转型的"软装备"，能够提升中国企业的研发和制造水平，并助力其创造出更具创新力的产品，为此我倍感自豪。

  历时 40 多年发展的三维 CAD 技术正加速与新兴技术融合发展，围绕制造业产品研发，华天软件也将基于 CrownCAD 形成一套完整的解决方案，在统一的数字底座上实现数据层面的完全打通，提供全链条服务，赋能千千万万工业场景，进一步增强企业的自主创新能力，为制造业企业源源不断提供价值、实现共赢。

  华天软件已经帮助 3000 多家中国制造企业提高研发和生产运营效率、降低企业运营成本，帮助 600 多万中国工程师提升设计效率和质量。我们为 CrownCAD 能够帮助提升中国制造企业的产品设计和开发水平而感到自豪。

  此刻，我们期待看到您用 CrownCAD 与团队伙伴一起毫无拘束地开展云协同设计，创造出令人惊艳的创新产品。

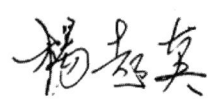

杨超英
山东山大华天软件股份有限公司创始人、董事长

前　言

山东山大华天软件股份有限公司（简称华天软件）由杨超英董事长于1993年创立，是国家重点软件企业。作为以3D为核心的智能制造软件服务商，华天软件拥有三维设计、智能管理、可视化三大技术平台，以及创新设计、卓越制造、数字化服务三大系列产品线，业务范围包括CAD、PLM、CAPP、MES和MOM等。

CrownCAD是华天软件自主研发的、构建在完全自主的三维几何建模引擎（DGM）和几何约束求解器（DCS）之上的、基于创新的云架构的三维CAD平台。CrownCAD拥有数据交换、草图、零件、装配、工程图等传统客户端三维CAD软件所具备的基础功能，以及钣金、焊件等专业功能。除此以外，该软件拥有云架构带来的一系列传统客户端CAD软件所不具备的优势，例如无须安装，打开浏览器就能进行多终端、多人、异地的协同设计。该软件既可以在公有云上使用，也可以进行私有化部署。

本书是CrownCAD（2025版）的基础教程，包含CrownCAD简介、CrownCAD基础入门、数据转换、草图设计、3D草图与空间曲线、实体设计、装配设计、工程图、曲面设计、钣金设计、焊件设计、MBD、检查与分析、版本与历史、共享协作、二次开发和六旋翼无人机设计综合实例共17章，详细介绍了基础模块、专业模块及特色优势模块的功能，并且通过各章节综合实例的讲解，读者能够提高阅读兴趣和对知识综合运用的能力，可以在实战中全面掌握CrownCAD软件的使用，达到专业设计者的水平。

本书由山东山大华天软件股份有限公司组织编写，华天软件首席科学家梅敬成、华天软件全资子公司山东华云三维科技有限公司（简称华云三维）总经理苏新新担任主编，参与编写的有邢胜南、武伟、高新燕、杨亚伦、陈荣昌、许晓伟、倪见素和刘敏，华云三维的很多工程师也对本书的编写做出了积极的贡献。

希望本书能够帮助读者全面了解和掌握CrownCAD软件应用技巧，书中不当之处敬请各位读者批评指正。

编　者

目　录

序
前言

第1章　CrownCAD 简介 ……………… 1
1.1　三维 CAD 发展历程 …………………… 1
1.1.1　线框建模 …………………………… 2
1.1.2　曲面建模 …………………………… 2
1.1.3　实体建模 …………………………… 3
1.1.4　参数化建模 ………………………… 3
1.1.5　直接建模 …………………………… 4
1.2　三维 CAD 的未来趋势 ………………… 5
1.2.1　集成化 ……………………………… 5
1.2.2　智能化 ……………………………… 5
1.2.3　云化 ………………………………… 6
1.3　CrownCAD 核心技术 ………………… 6
1.3.1　三维几何建模引擎 ………………… 6
1.3.2　几何约束求解器 …………………… 6
1.3.3　云原生架构 ………………………… 7

第2章　CrownCAD 基础入门 ………… 9
2.1　注册与登录 ……………………………… 9
2.2　项目管理 ………………………………… 10
2.2.1　项目类型 …………………………… 10
2.2.2　创建菜单 …………………………… 12
2.2.3　文档管理 …………………………… 13
2.3　用户界面 ………………………………… 15
2.3.1　导航栏 ……………………………… 15
2.3.2　工具栏 ……………………………… 16
2.3.3　面板管理 …………………………… 17
2.3.4　视图工具 …………………………… 18
2.4　设置 ……………………………………… 22
2.4.1　系统设置 …………………………… 22
2.4.2　自定义 ……………………………… 24
2.5　模板与设计库 …………………………… 25
2.5.1　模板 ………………………………… 25
2.5.2　设计库 ……………………………… 27
2.6　CrownCAD 帮助与指导教程 ………… 31

第3章　数据转换 ……………………… 32
3.1　数据转换概述 …………………………… 32
3.2　导入 ……………………………………… 32
3.2.1　导入界面 …………………………… 32
3.2.2　导入零部件 ………………………… 33
3.2.3　导入工程图 ………………………… 33
3.2.4　导入文件夹 ………………………… 34
3.3　导出 ……………………………………… 34
3.3.1　导出零部件 ………………………… 34
3.3.2　导出工程图 ………………………… 35
3.4　转换设置 ………………………………… 35
3.4.1　导入设置 …………………………… 35
3.4.2　导出设置 …………………………… 36

第4章　草图设计 ……………………… 38
4.1　二维草图概述 …………………………… 38
4.2　草图设计流程 …………………………… 38
4.2.1　草图绘制方法 ……………………… 38
4.2.2　草图捕捉工具 ……………………… 38
4.2.3　草图约束信息 ……………………… 39
4.3　图形绘制工具 …………………………… 40
4.3.1　直线与中心线 ……………………… 40
4.3.2　圆弧类工具 ………………………… 41
4.3.3　矩形与多边形 ……………………… 45
4.3.4　样条曲线 …………………………… 46
4.3.5　绘制点 ……………………………… 47
4.3.6　虚拟交点 …………………………… 47
4.3.7　草图文字 …………………………… 48
4.3.8　方程式曲线 ………………………… 48
4.4　辅助绘图工具 …………………………… 50
4.4.1　圆角与倒角 ………………………… 50
4.4.2　裁剪工具 …………………………… 51
4.4.3　阵列与镜像 ………………………… 52
4.4.4　转换边界与交叉曲线 ……………… 54
4.4.5　编辑图元工具 ……………………… 55
4.4.6　插入图片与插入 dwg ……………… 58
4.4.7　检查草图 …………………………… 59
4.5　草图约束工具 …………………………… 59

4.5.1	尺寸约束工具	59	
4.5.2	几何约束工具	63	
4.6	综合实例	64	

第5章 3D草图与空间曲线 ... 66

5.1	概述	66
5.2	3D草图	66
5.2.1	3D空间控标	66
5.2.2	绘制3D草图	66
5.3	空间曲线	67
5.3.1	三维曲线	67
5.3.2	通过XYZ点的三维曲线	68
5.3.3	投影曲线	68
5.3.4	组合曲线	70
5.3.5	螺旋线/涡状线	70
5.3.6	桥接曲线	71
5.3.7	分割线	72
5.4	综合实例	73

第6章 实体设计 ... 76

6.1	实体设计概述	76
6.2	特征创建工具	76
6.2.1	凸台/基体工具	76
6.2.2	材料切除工具	81
6.2.3	几何体创建工具	86
6.3	特征编辑工具	88
6.3.1	常规工程特征	88
6.3.2	特征阵列与镜像	96
6.3.3	直接建模工具	101
6.4	基准	105
6.4.1	基准面	105
6.4.2	基准线	107
6.4.3	基准点	108
6.4.4	坐标系	109
6.4.5	质心和质心参考点	111
6.5	外观与材质	111
6.5.1	设置外观	111
6.5.2	设置材质	112
6.5.3	装饰螺纹线	113
6.6	变量管理	113
6.6.1	创建变量	114
6.6.2	修改/删除变量	114

6.6.3	导入/导出	115
6.6.4	运算符、函数和常数	115
6.7	综合实例	116

第7章 装配设计 ... 122

7.1	装配概述	122
7.1.1	装配设计思想	122
7.1.2	创建装配体	123
7.2	开始装配体	123
7.2.1	插入零件或装配	123
7.2.2	新建零件	124
7.2.3	新建装配	125
7.2.4	替换零件或装配	125
7.3	装配配合	125
7.3.1	配合	125
7.3.2	随配合复制	130
7.4	衍生装配体	131
7.4.1	零部件的阵列	131
7.4.2	零部件的镜像	133
7.5	标准件库	134
7.6	装配体检查	135
7.6.1	干涉检查	135
7.6.2	间隙检查	136
7.6.3	统计	136
7.6.4	变换实例	137
7.7	爆炸视图	138
7.7.1	默认爆炸视图	138
7.7.2	新建爆炸视图	138
7.8	运动动画	140
7.9	BOM	141
7.9.1	自定义属性	141
7.9.2	BOM工具	142
7.10	综合实例	143

第8章 工程图 ... 148

8.1	工程图概述	148
8.2	标准视图	148
8.2.1	标准三视图	148
8.2.2	模型视图	149
8.2.3	视图调色板	149
8.3	派生视图	150
8.3.1	投影视图	150

8.3.2	剖视图	151
8.3.3	局部视图	152
8.3.4	辅助视图	153
8.3.5	断裂视图	154
8.3.6	断开的剖视图	155
8.3.7	剪裁视图	157
8.3.8	移出断面图	158
8.4	工程图标注	159
8.4.1	尺寸标注	159
8.4.2	公差标注	163
8.4.3	注解标注	165
8.4.4	表格	173
8.4.5	修订工具	177
8.5	图层管理器	178
8.6	编辑操作	179
8.6.1	视图对齐	179
8.6.2	工程图右键快捷菜单功能	179
8.7	打印与输出	180
8.7.1	打印与拼图打印	180
8.7.2	输出工程图	182
8.8	综合实例1	182
8.9	综合实例2	186

第9章 曲面设计 190

9.1	曲面概述	190
9.1.1	曲面的定义	190
9.1.2	曲面介绍	190
9.2	基础曲面	190
9.2.1	拉伸曲面	190
9.2.2	旋转曲面	191
9.2.3	扫描曲面	192
9.2.4	放样曲面	192
9.2.5	填充曲面	193
9.2.6	平面区域	193
9.3	高级曲面	194
9.3.1	偏移曲面	194
9.3.2	复制曲面	194
9.3.3	延展曲面	195
9.3.4	直纹曲面	195
9.3.5	桥接曲面	196
9.4	曲面编辑	197
9.4.1	裁剪曲面	197

9.4.2	缝合曲面	198
9.4.3	曲面加厚	198
9.4.4	使用曲面切除	199
9.5	综合实例	199

第10章 钣金设计 206

10.1	钣金概述	206
10.2	法兰创建	206
10.2.1	基体法兰	206
10.2.2	边线法兰	207
10.2.3	斜接法兰	208
10.2.4	自定义折弯系数表	209
10.3	折弯钣金体	210
10.3.1	褶边	210
10.3.2	草绘折弯	211
10.3.3	展开与折叠	211
10.4	钣金成型工具	212
10.4.1	转换为钣金	212
10.4.2	冲压	213
10.4.3	成型	215
10.4.4	切口	216
10.4.5	闭合角	217
10.4.6	成形工具	218
10.5	钣金出图	219
10.6	综合实例	221

第11章 焊件设计 225

11.1	焊件概述	225
11.2	创建结构构件	225
11.2.1	结构构件	225
11.2.2	自定义焊件轮廓	228
11.2.3	剪裁/延伸	231
11.2.4	角撑板	232
11.2.5	顶端盖	235
11.2.6	焊缝	236
11.3	焊件切割清单	238
11.3.1	查看切割清单	238
11.3.2	切割清单属性	239
11.4	焊件工程图	240
11.5	综合实例	242

第12章 MBD 247

12.1	MBD简介	247

12.2 三维标注工具	247
12.2.1 尺寸标注	247
12.2.2 基准与公差标注	249
12.3 视图管理	252
12.3.1 新建视图	252
12.3.2 视图面板	253
12.4 综合实例	254

第 13 章 检查与分析 — 257

13.1 检查与分析概述	257
13.2 测量	257
13.3 快速测量	258
13.4 质量属性	259
13.5 边界框	260
13.6 曲率分析	261
13.7 拔模分析	263
13.8 厚度分析	263

第 14 章 版本与历史 — 265

14.1 版本与历史概述	265
14.2 版本历史	265
14.3 节点与分支	266
14.3.1 创建分支	267
14.3.2 打开指定版本	267

第 15 章 共享协作 — 268

15.1 共享协作概述	268
15.2 分享	268
15.2.1 分享类型	268
15.2.2 已分享用户列表	269
15.2.3 分享对象	270
15.3 团队协作	272
15.4 协同评审	273
15.4.1 协作评审	273
15.4.2 活动评审	274

第 16 章 二次开发 — 276

16.1 二次开发概述	276
16.2 在线开发模式	276
16.2.1 程序管理	276
16.2.2 代码编辑器	277
16.2.3 语法规则	279
16.3 二次开发插件	283
16.3.1 插件管理	283
16.3.2 下载开发包	284
16.3.3 我的创建	284
16.3.4 已与我分享	285
16.3.5 已发布插件	285
16.3.6 我的订阅	286
16.4 综合实例 1	286
16.5 综合实例 2	287

第 17 章 六旋翼无人机设计综合实例 — 290

17.1 零件建模	290
17.2 历史数据重用	295
17.3 模块组装	296
17.4 零部件出图	302
17.5 图纸输出与打印	308

参考文献 — 311

第 1 章
CrownCAD 简介

1.1 三维 CAD 发展历程

如果你坐过飞机、开过汽车、用过手机，那么你就曾经间接使用过 CAD（Computer-Aided Design，计算机辅助设计）技术。在现代工业体系中，无论是高端的飞机、宇宙飞船，还是我们日常使用的手机、汽车，它们的设计都是在 CAD 软件中进行的。

具体来讲，CAD 是指任何使用计算机来辅助设计生成、编辑、分析和优化的技术。其最核心的内涵是使用计算机来构建、查询和编辑产品模型，这是其他设计任务得以进行的前提。其中，产品即人造物理实体，产品模型指这一实体的计算机表示（即一种数据结构）。

本质上，CAD 只是一个用于辅助工程设计的软件工具，但它又是人类工业文明进入数字化时代的标志和核心驱动技术之一。古代工程设计是以手工自由绘图的方式绘制于羊皮纸上（见图 1-1a），以适应单件手工制造模式。近代工程设计是以标准化工程制图为载体（见图 1-1b），以适应大规模标准化制造模式。而计算机的出现彻底改变了工程设计的模式，设计是由工程师与计算机通过交互协作来完成的，并以数字化建模为载体（见图 1-1c），这使其能够适应敏捷化、集成化和智能化的现代制造模式。

a）手工自由绘图　　b）标准化工程制图　　c）数字化建模

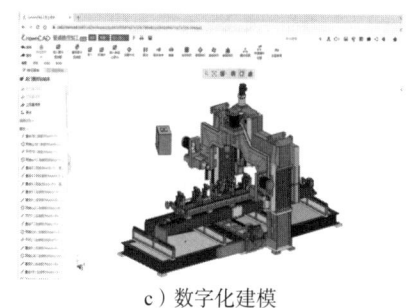

图 1-1　工程设计模式

产品建模旨在构建能够支撑产品全生命周期所需全部信息的数字模型。这些信息以产品的几何形状为核心，并伴有材料、工艺等非几何信息。在实际数字模型中，材料、工艺等信息均可在几何模型的基础之上以标记的形式来存储。因此，CAD 建模往往重点关注几何建模。经过 60 余年的发展，几何建模技术主要历经了三个重要变革和五个关键建模方法。三个重要变革是 2D 时代、3D 时代以及参数时代；五个关键建模方法是线框建模、曲面建模、实体建模、参数化建模以及直接建模。CAD 几何建模方法发展总括图如图 1-2 所示。

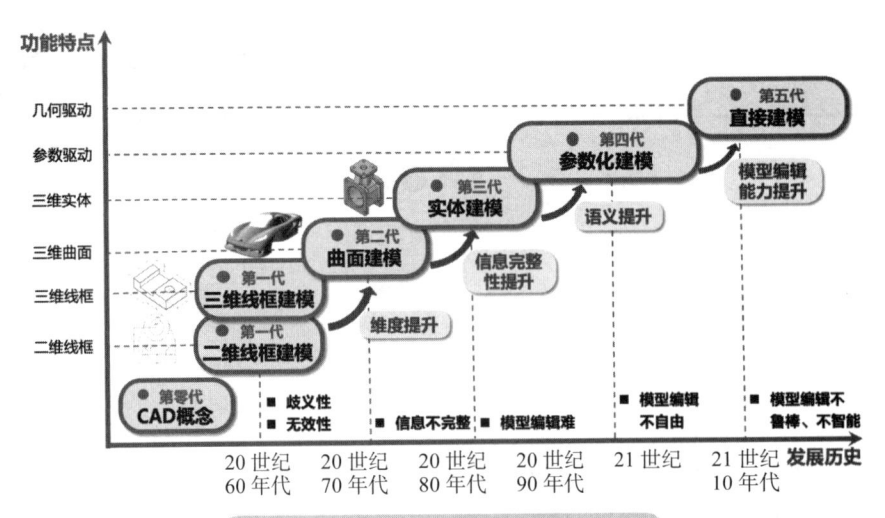

图 1-2　CAD 几何建模方法发展总括图

1.1.1　线框建模

CAD 的概念于 20 世纪 50 年代末在 MIT（麻省理工学院）被提出，其首个原型系统 Sketchpad 于 20 世纪 60 年代初由 Ivan Sutherland 在 MIT 开发，如图 1-3a 所示。这是一种 2D 线框建模方法，直接复制了传统工程制图中的几何描述方法，即利用产品的边或轮廓来描述几何形状。这一方法的缺陷在于产品在空间中每变换一个视角，2D 线框模型都要重新绘制。为解决这一问题，3D 线框建模被提出，如图 1-3b 所示。通过对 3D 线框模型进行投影操作，可自动得到任意方向的视图。这标志着 CAD 技术由二维跃升至三维。

a）Ivan Sutherland 及 Sketchpad 系统　　　b）3D 线框建模

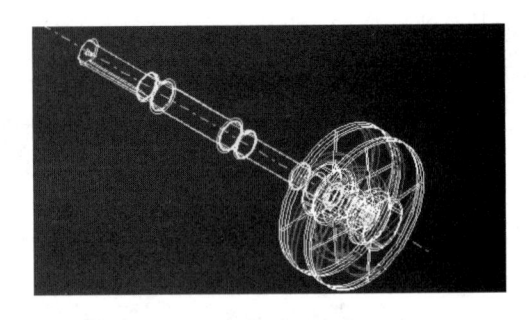

图 1-3　线框建模

1.1.2　曲面建模

然而，不管是 2D 线框模型还是 3D 线框模型，它们都存在两个重要缺陷——歧义性和无效性，如图 1-4a 所示。无歧义性和确保有效性对 CAD 几何建模至关重要，因为 CAD 追求模型的真实性，这与追求真实感的图形学不同。为解决上述问题，人们提出曲面建模的方法，对线框模型进行"蒙皮"。人们提出了一系列巧妙的曲面表示和操作方法，从 Coons 曲面到 Bezier 曲面到 B-spline 曲面再到其改进型 NURBS 曲面，如图 1-4b 所示。

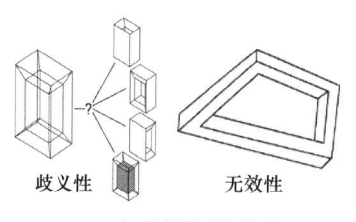

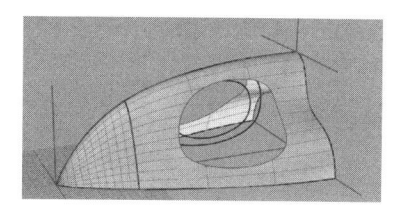

a）线框模型的缺陷　　　　　　b）曲面模型

图 1-4　曲面建模

1.1.3　实体建模

仅有曲面信息仍无法彻底解决歧义性和无效性问题，例如真实世界中并不存在零厚度物体，而且每个物体都有内外之分。为此，实体模型被提出，其特点在于对产品几何信息进行了完整的表示，从点到边到面再到体。因其具有信息完整性，任何几何性质（如转动惯量）都可以被计算机自动计算出来。人们提出多种实体模型表示方法，其中最具代表性的是 B-rep（Boundary representation，边界表示）和 CSG（Constructive Solid Geometry，构造实体几何）。B-rep 通过显式记录物体的内外边界来描述物体几何信息，而 CSG 通过记录物体构建的过程来完成对物体的几何描述。由于计算机性能的限制，早期的实体建模方法主要是基于 CSG 的多面体之间的运算（见图 1-5），但随着计算机性能的提高，现代实体建模方法均以 B-rep 技术为基础。

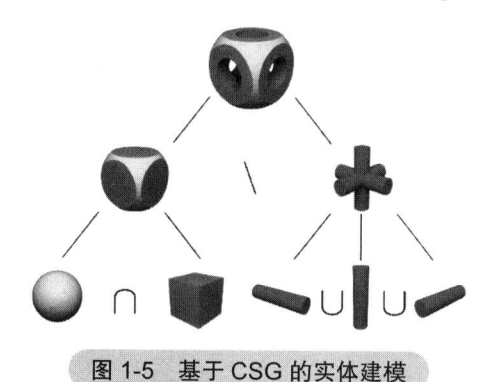

图 1-5　基于 CSG 的实体建模

注：其中"∪"表示布尔并，"\"表示布尔差，"∩"表示布尔交。

1.1.4　参数化建模

实体模型因具有信息完整性而适合表示产品几何信息。然而，实体模型一旦被构建便难以修改。因此，早期实体建模方法一般仅用于记录已经设计好并且不会发生变动的产品，对整个设计过程，尤其是早期概念设计阶段的帮助不大。为解决这一问题，参数化建模被提出。其基本思路是在实体模型的基础上添加一层关联（associativity）信息，即在组成实体模型的几何元素之间添加关联信息，如图 1-6 所示，如此，模型上的局部变动可以按设计好的方式自动传播到模型的其他区域。关联信息一般以特征或几何约束（例如距离、相切、共轴等）的方式给出，这会减少模型形状的自由控制变量，使得模型形状被参数化到某几个控制参数上。如此，人们获得了参数驱动的实体模型变动能力。

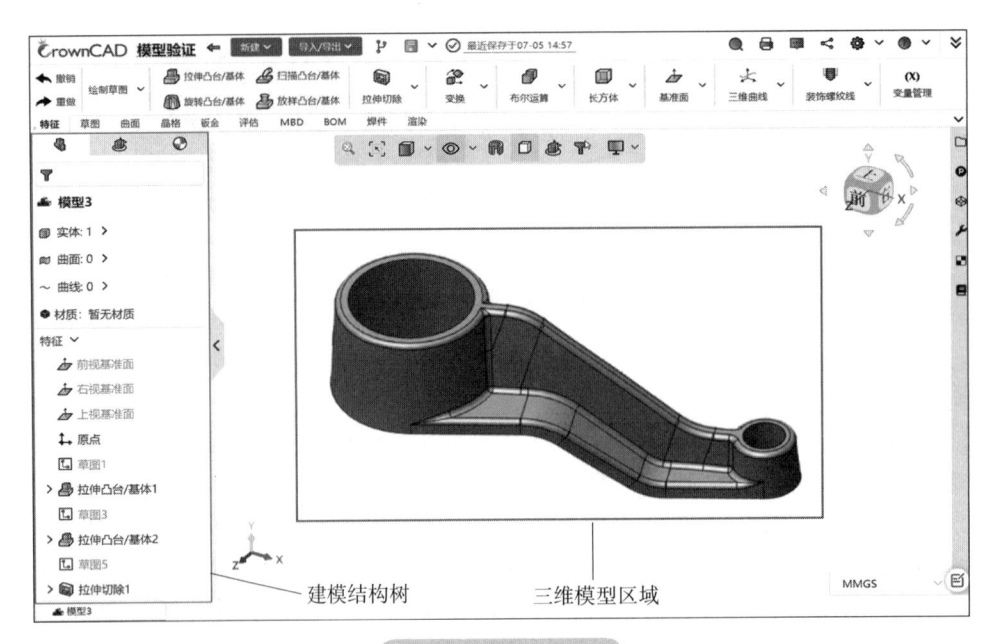

图 1-6　参数化建模

1.1.5　直接建模

参数化建模虽然有效，但模型只能在预先设计好的空间（由特征和几何约束系统决定）里变动，不具备自由的模型编辑能力。为解决这一问题，直接建模在 2010 年左右被提出。与参数化建模中通过参数调整来间接式地修改实体模型不同，直接建模允许设计师对实体模型的几何元素进行直接式的交互编辑。直接建模系统一般包括删除面、移动面、拉出面、偏置面、替换面等功能，如图 1-7 所示。直接建模方法有三大优点：①直观的交互方式使其能够适用于概念设计；②具有极高的建模自由度和效率，因为直接建模操作能将一个实体模型变形到任意形状；③具有高效的模型更新能力，因为它采用局部模型更新方法。

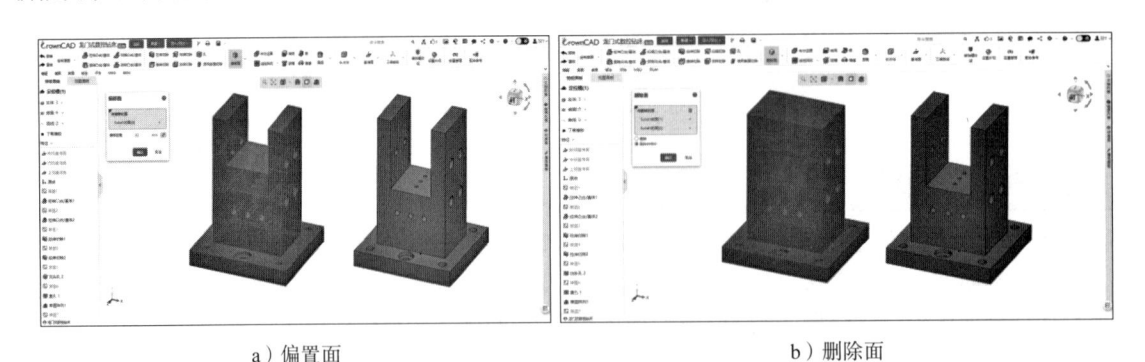

a）偏置面　　　　　b）删除面

图 1-7　直接建模

直接建模技术是继参数化建模后的又一重要 CAD 进展。与参数化建模中用户通过几何约束来显式、完整地表达设计意图，而计算机机械式地求解几何约束来更新模型不同，在直接建模中，用户只指定部分几何元素的目标位置，其他几何元素如何协调地进行变动由计算机自主推断（即计算机补全用户设计意图）。

1.2 三维 CAD 的未来趋势

近年来，随着互联网、云计算、网络通信技术的不断成熟，以及制造业的复杂模型智能化设计、高度重用历史数据、超大规模模型处理、多专业协同设计等需求的出现，三维 CAD 将向集成化、智能化、云化方向发展，如图 1-8 所示。

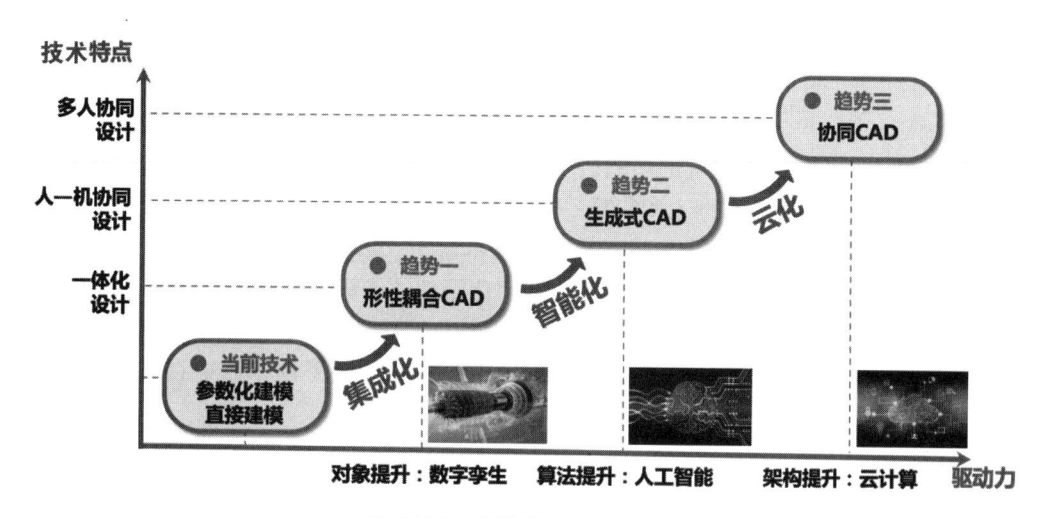

图 1-8 CAD 技术的三大趋势

1.2.1 集成化

一个完整的产品设计制造流程涉及多个任务，包括产品创新设计、机电一体化多专业协同设计、设计仿真一体化等。目前大多数企业使用了单独的 CAD、CAE、CAM 软件进行设计、仿真与制造，并使用 PLM 系统进行数据管理，但各个软件之间互相独立，只能通过文件导入、导出等方式进行数据关联。若想实现基于同一数据源的设计仿真制造一体化，保障数据无损失地流转在各个环节，需要以 CAD 软件为核心，基于数据库对模型数据进行统一管理，搭建 CAD/CAE/CAM 一体化的平台。这对提升复杂产品自主研发能力、加快研发速度、提高设计质量具有重大意义。

1.2.2 智能化

将人工智能技术融入模型设计过程中，运用人工智能强大的推理能力，从根本上影响 CAD 系统的使用和实用性，创造出更好、更快、更智能的设计，使工程师可以专注于更大层面的任务，以更少的精力来打造更好的设计，将成为三维 CAD 技术发展的一个趋势。

在企业长期的设计制造过程中，积累了大量的草图数据、模型数据、参数数据，为 CAD 的智能化发展奠定了数据基础。在近几年的研究中，DeepMind 公司提出了一种机器学习模型，它能够自动生成设计草图，且结合了通用语言建模技术以及现成的数据序列化协议，具有足够高的灵活性来适应各领域的复杂性，并且对于无条件合成和图像到草图的转换都表现良好。该项研究在模型设计中虽然只是应用于草图绘制，但为智能 CAD 提供了较多的可能性，例如草绘的自动补全、自动约束、CAD 交互的智能推荐。同时，结合大量的参数化建模数据，用深度卷积神经网络学习三维 CAD 模型的特征表示，通过高层语义信息与几何模型的有机结合，可以实现基于二维轮廓的自由曲面建模，进而实现更智能化的 CAD 软件。

综上所述，人工智能技术在智能交互、智能显示、自动补全、自动识别与分类、自动草图绘制、自动模型绘制等方向的应用将更广泛。智能化的三维CAD也将在各个领域的设计与制造中发挥重要作用。

1.2.3 云化

随着工业产品复杂度的提升，工业设计对"便利"有了更高的需求。单机模式的CAD无法满足多专业协同设计、同一数据源管理、智能化设计的需求。三维CAD逐渐由传统的单机模式向基于Web和云计算的模式转变，设计方式也由单人离线设计向多人在线协同设计转变。

在浏览器端即可使用CAD的全部功能，产品迭代升级都在云端进行，能够满足办公环境的快速灵活部署需求。借助云端庞大的计算资源，CAD软件计算能力也得到大幅提升，降低了对计算机硬件的需求。通过云存储对云端资源进行统一管理和服务，可以避免文件传输混乱，提升设计效率。浏览器/服务器架构天然具有协同设计和全透明化管理的优势，在异地办公、团队协作、项目管理、审阅修订等方面会带来巨大的便利。

各大主流厂商已经开始积极进行CAD产品"上云"部署。国外依靠传统CAD的技术优势和经验积累，快速完成了云CAD布局。

未来，基于云架构的三维CAD可方便实现与CAE、CAM、PLM等软件厂商的深入合作，构建覆盖工业产品全生产流程的云架构平台，提升产品开发效率、降低开发成本、提高产品质量，形成面向不同行业的解决方案，携手上游技术服务和下游工业软件应用领域，共同构建行业生态。

1.3 CrownCAD 核心技术

从三维CAD的发展历程可以看出，现代CAD的关键技术主要是实体建模技术，以及构建于其上的参数化建模和直接建模技术。这些都依赖于一个稳定高效的三维几何建模引擎。在建模的过程中，我们需要对二维的草图以及三维的装配进行灵活的定义和编辑，这就需要一个二维几何约束求解器和一个三维几何约束求解器。

因此，三维CAD的研发，离不开最核心的两个底层关键技术：三维几何建模引擎和几何约束求解器。CrownCAD就是华天软件基于自主三维几何建模引擎（DGM）和自主几何约束求解器（DCS），采用云原生架构研发的三维CAD平台。

1.3.1 三维几何建模引擎

三维几何建模引擎（Diamond Geometry Modeler, DGM）基于"精确"几何表示的概念，是一个以B-rep方法为主的几何造型引擎，全面支持3D建模应用。DGM引入了容差建模机制，包含扫描、放样、倒圆角、抽壳、拔模角、布尔运算等核心算法难点，能够与主流的CAD内核实现兼容；通过参数化特征造型的永久拓扑命名和辨识技术，支持参数化设计；具备三维几何建模引擎基础模块、高品质的曲线/曲面造型模块、支持参数化的实体特征造型模块、支持高效造型的直接建模模块和曲面/实体混合建模模块等，并提供数据交换组件。

在API方面，DGM是一个基于面向对象技术、使用C++语言实现的三维几何建模引擎，可以为应用软件系统开发提供几何造型功能。

1.3.2 几何约束求解器

几何约束求解器（Diamond Constraint Solver，DCS）包括二维几何约束求解器和三维几何约束求解器。在三维 CAD 系统中，DSC 被广泛应用在草图轮廓表达、零件建模参数表达、装配约束、运动仿真等场景中（见图 1-9），为快速确定设计意图表达、检查干涉、模拟运动提供了强有力的支持，可帮助最终用户提高生产效率。

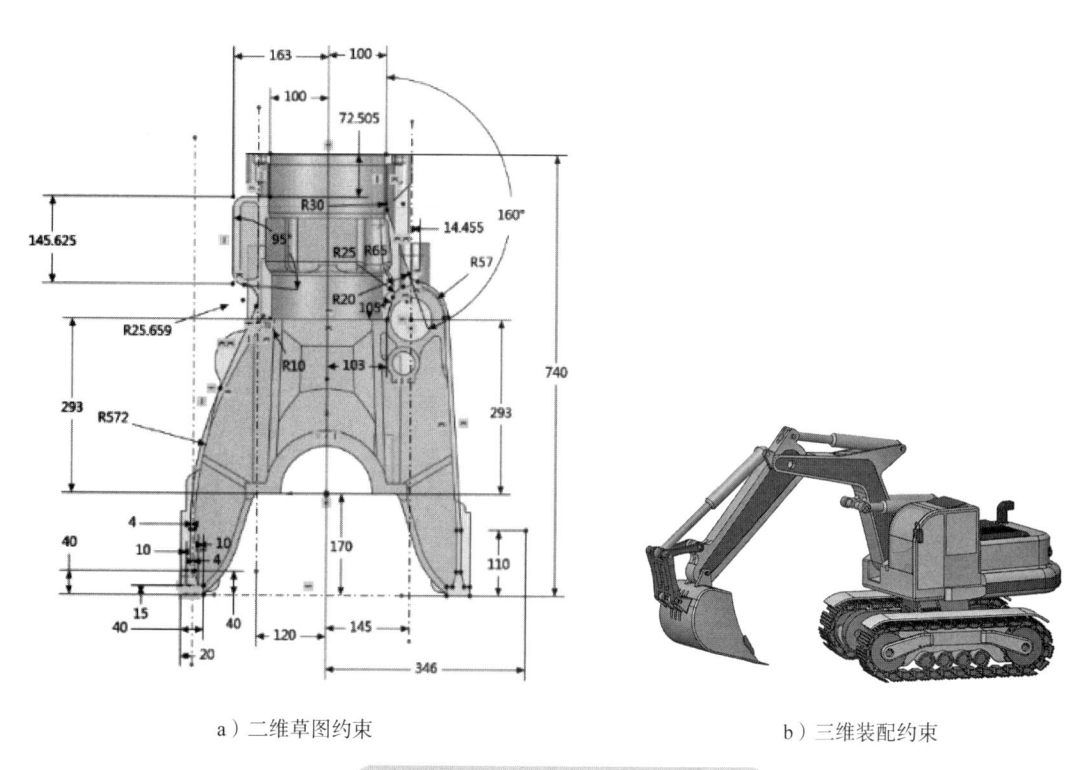

a）二维草图约束　　　　　　　　　　b）三维装配约束

图 1-9　几何约束求解器的应用场景

从约束的本质来说，CAD 建模问题是一个约束满足问题，即给定功能、结构、材料及制造等方面的约束描述，求得满足设计要求的设计对象的细节。约束满足的过程就是设计和计算的过程。几何约束求解可以理解为几何作图和计算的自动化，给定设计草图的若干尺寸和拓扑关系，软件系统将自动生成相应的设计图。

1.3.3　云原生架构

CrownCAD 是以 DGM 和 DCS 为核心技术支撑，通过搭建三维在线建模协同设计服务而构建的基于云架构的三维图形在线设计平台，其产品应用架构图如图 1-10 所示。

1）数据域：采用缓存数据库，SQL 与 NoSQL 数据库相结合，提供用户与项目数据、建模数据、多源异构的 CAD 数据、日志数据等数据的存储和 API 获取。

2）服务与支撑域：提供核心业务服务等，包括三维几何建模、数据转换、协同设计和项目管理服务等。此外，还提供性能监控、安全认证授权等关键业务服务，以及中间件等辅助性服务。借助先进的服务注册与发现组件，实现服务的灵活配置和高效部署。

3）应用域：面向终端用户，提供用户注册与登录、项目创建与管理、在线建模、协同设计、知识管理等应用。另外，还包含了三维图形实时渲染模块，支持零件、装配、工程图等二维、三维图形的显示。设计、生产、制造等环节的用户可通过浏览器进行跨地域、跨设备的实时沟通，实现真正意义上的协同设计。

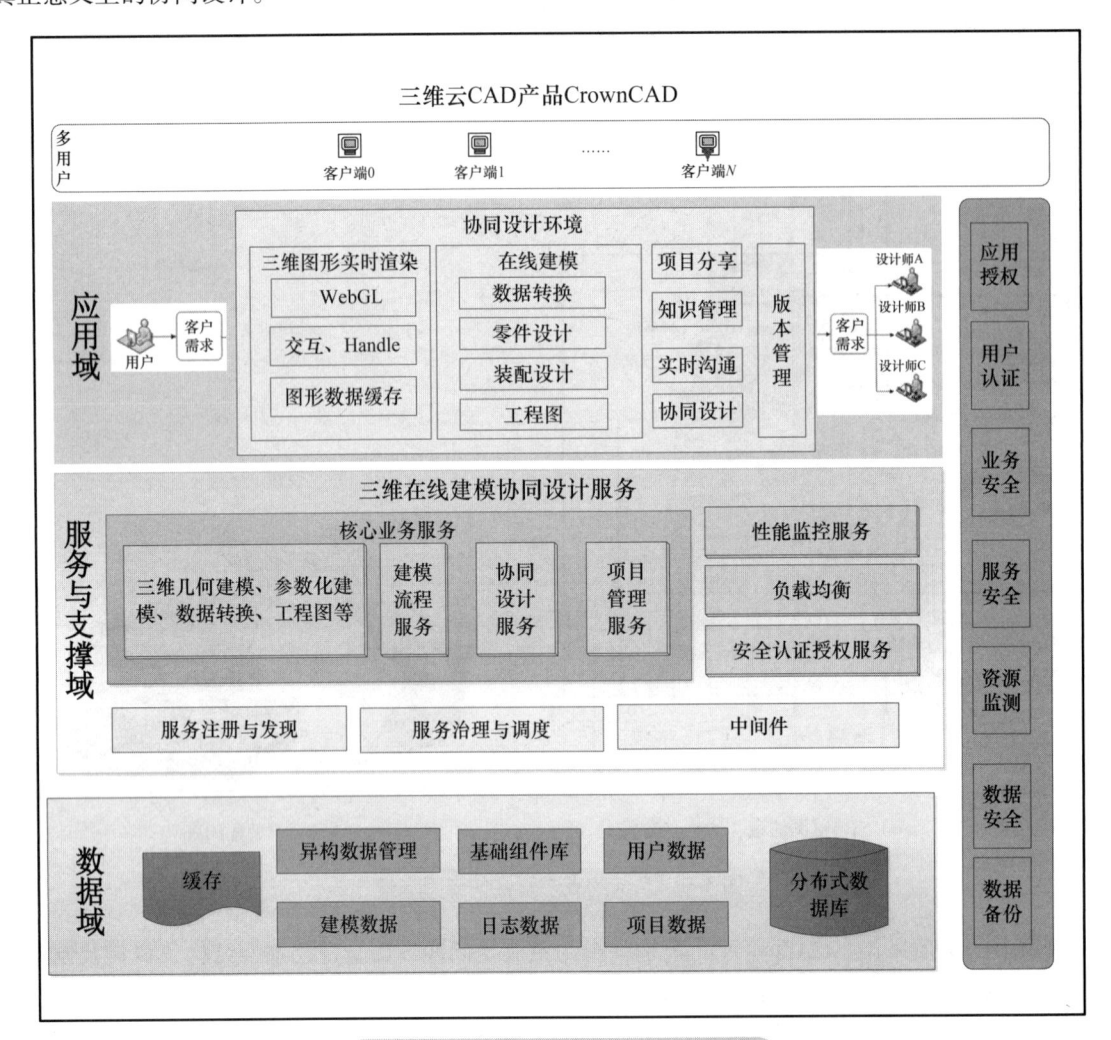

图 1-10 CrownCAD 产品应用架构图

第 2 章 CrownCAD 基础入门

本章主要介绍云架构三维 CAD 平台 CrownCAD（皇冠 CAD）的基础知识，内容涵盖了软件的注册与登录流程、项目的管理、工具栏和快捷方式的设置以及模板与设计库的管理与使用等。这些技能对于提升设计效率、加速项目进程至关重要，可为后续的深入学习打下坚实的基础。

2.1 注册与登录

CrownCAD 作为一款创新的云架构 CAD 软件，摒弃了传统软件烦琐的安装过程。用户仅需要通过浏览器访问 CrownCAD 官网（www.crowncad.com），然后单击右上角的"开始 CAD 设计"，如图 2-1 所示，即可进入 CrownCAD 登录/注册界面。

图 2-1 CrownCAD 官网

此外，也可以直接输入网址 cad.crowncad.com，如图 2-2 所示，进入 CrownCAD 登录/注册界面。

图 2-2 CrownCAD 登录/注册界面

2.2 项目管理

登录 CrownCAD 后，将直接进入项目管理界面，如图 2-3 所示。该界面包含导航栏、项目类型、创建菜单和项目列表等多项核心元素，旨在打造无缝的设计体验。在这里，用户可以轻松管理项目，从创建新项目到编辑现有文件，一切尽在掌握之中。

图 2-3 项目管理界面

2.2.1 项目类型

项目类型包括"我的项目""分享项目""公开项目""团队""活动"和"回收站"6 种类型。

1. 我的项目

登录 CrownCAD 后，项目类型默认选择"我的项目"，并显示由用户创建的项目/文件夹，如图 2-4 所示。

图 2-4 我的项目

在项目管理界面中，可以通过项目/文件夹进行分类管理。根据选择的对象不同，其右键快捷菜单中提供了不同的命令，便于文件管控，如图 2-5 和图 2-6 所示。

图2-5 项目的右键快捷菜单

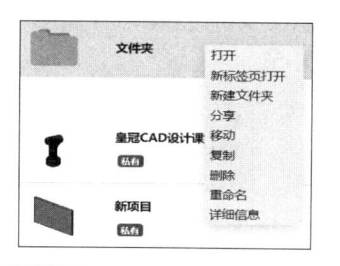

图2-6 文件夹的右键快捷菜单

2. 分享项目

在项目类型列表中单击"分享项目",可查看、编辑其他用户分享给自己的项目或文件夹,如图2-7所示。

图2-7 分享项目

3. 公开项目

在项目类型列表中单击"公开项目",可查看、复制当前用户所公开的项目,如图2-8所示。

图2-8 公开项目

> **注意**:公开项目为只读模式,只允许查看不允许编辑,复制项目后可编辑。

4. 团队

在项目类型列表中单击"团队",下拉列表中会显示已创建/加入的团队。单击任一团队名称,可查看该团队的项目，如图2-9所示。团队项目包含团队创建的项目和分享到团队中的项目。详细介绍见15.3小节。

图2-9 团队

> **注意**：若未加入或创建团队将不显示该栏，可单击导航栏中的"团队" ，进入团队页面加入或创建团队。

5. 活动

在项目类型列表中单击"活动"，下拉列表中会显示已创建/加入的活动。单击某一活动名称，会显示活动中的项目，如图2-10所示，其中包含活动创建者/评委分享到活动中的资料以及参赛者提交的作品。

6. 回收站

"回收站"用于存放用户临时删除的文件夹/项目，如图2-11所示，支持数据恢复与删除。

图2-10 活动

图2-11 回收站

2.2.2 创建菜单

创建菜单位于项目管理界面右上角，包括"新建项目""新建文件夹"和"导入"命令。

1. 新建项目

单击"新建项目"，弹出"创建新项目"命令面板，项目类型可选择"公开"或"私有"，支持自定义项目名称，如图2-12所示。

2. 新建文件夹

单击"新建文件夹",在弹出的命令面板中输入名称,完成文件夹的创建。文件夹内可继续新建文件夹和项目,方便对文件进行分类管理。

3. 导入

通过"导入"功能可导入其他软件数据,支持多个文件的导入以及文件夹的导入。

(1) 导入文件　导入多种格式的模型至"我的项目"。单击"导入文件"后弹出"导入"命令面板,如图2-13所示。可将待导入的文件拖到上传框或单击"点击上传"并选择待导入的文件进行导入。

(2) 导入文件夹　可导入文件夹下的所有文件。单击"导入",在下拉列表中选择"导入文件夹",弹出命令面板,如图2-14所示。

图2-12　"创建新项目"命令面板

图2-13　"导入"命令面板

图2-14　"导入文件夹"命令面板

注意:在项目管理界面中导入的文件/文件夹将自动创建为一个项目。

2.2.3　文档管理

在项目管理界面中单击任一项目,将进入该项目的文档管理界面。文档管理界面主要由"导航栏""快捷菜单""文档列表"以及"回收站"四部分组成,如图2-15所示。

图2-15　文档管理界面

1. 快捷菜单

（1）新建　单击"新建"，可在下拉列表中选择新建文档的类型。以新建零件为例，输入文档名称，选择模板，单击"创建"即可，如图 2-16 所示。

（2）源文件　单击"源文件"，将显示当前项目中可下载的导入的文件，如图 2-17 所示。选择文档后，单击"下载"，可将文档源格式下载至本地。

图 2-16　"新建文档"命令面板

图 2-17　"源文件"命令面板

（3）导入　可导入外部数据。此位置导入的文件/文件夹将显示在当前项目类型中，具体内容请参考 2.2.2 小节。

2. 文档列表

在文档管理界面中，根据选择的对象不同，其右键快捷菜单中提供了不同的命令。图 2-18 所示为零件的右键快捷菜单。

图 2-18　零件的右键快捷菜单

- 分享：与其他用户分享项目或文档，分享时可设置权限。
- 生成装配体：仅在零件、装配类型文档的右键快捷菜单中显示。单击后自动新建装配文档，并将所选的零件/装配插入到新装配体中。
- 版本管理：仅在零件、装配类型文档的右键快捷菜单中显示。单击后可打开此零件/装配的版本和历史管理。

● 导出：将所选文档导出为其他格式文件，支持批量导出。

● 以大装配模式打开：仅在装配类型文档的右键快捷菜单中显示。单击后以轻量化大装配模式打开装配体。

● 打印：仅在工程图类型文档的右键快捷菜单中显示。单击后即可打开工程图打印面板。

3. 回收站

"回收站"用于临时存储项目内删除的文件夹/文档，如图 2-19 所示，支持文档的恢复与永久删除。

图 2-19 回收站

2.3 用户界面

CrownCAD 用户界面主要包括导航栏、工具栏、面板管理、图形区域和视图工具栏等几大部分，如图 2-20 所示。

图 2-20 用户界面

2.3.1 导航栏

在导航栏中，用户可以进行项目设置、新建、导入/导出、版本管理和保存等操作。

1）CrownCAD 图标：在任意界面中单击 "CrownCAD"，即可回到项目管理界面。

2）项目设置：单击项目名称，显示该项目的设置界面，如图 2-21 所示，支持修改项目类型和名称。

3）返回：单击"返回"，即可回到当前项目的文档管理界面。

图 2-21 "项目设置"命令面板

4）新建：单击"新建"，在下拉列表中选择新建文档的类型，或以当前零部件直接"生成装配体"或"生成工程图"。

5）导入/导出：在当前项目中导入外部数据或将当前文档输出为其他格式文档，具体内容请参考第 3 章。

6）版本：单击"版本" 后，可管理当前文档的分支与节点，具体内容请参考第 14 章。

7）重建：仅在装配或工程图文档中显示。当零部件更改后，单击"重建" ，可将装配或工程图更新至最新状态。

8）保存。

① 保存：单击"保存" ，可以保存当前操作。保存后，保存位置会出现保存时间字样 最近保存于04-02 14:40 或者成功保存字样 已成功保存 。同时在"版本"中可以看到该时间节点前有蓝色五角星标记，如图 2-22 所示。

② 另存为模板：单击"保存"下拉框中的"另存为模板"，弹出"另存为模板"命令面板，如图 2-23 所示，可将当前文档及属性设置另存为模板。

图 2-22　保存版本节点显示　　　　　　图 2-23　"另存为模板"命令面板

③ 另存为焊件轮廓：仅在零件文档中显示此选项。单击"保存"下拉框中的"另存为焊件轮廓"，弹出"另存为焊件轮廓"命令面板，如图 2-24 所示，可将当前文档中的一个草图另存为焊件轮廓。

9）命令搜索：单击"命令搜索" ，弹出"命令搜索"命令面板，输入命令名称后即可自动搜索相关命令，如图 2-25 所示。

图 2-24　"另存为焊件轮廓"命令面板　　　　　　图 2-25　"命令搜索"命令面板

10）打印：单击"打印" ，弹出"打印"命令面板，可设置打印选项。

2.3.2　工具栏

对应不同的工作环境，CrownCAD 提供了不同的功能模块，当进行一定的任务操作时，相关工具命令会亮显。

以零件设计环境为例,进入零件设计环境后,仅显示零件设计可用的功能模块。通过单击可切换功能模块选项卡,切换不同的设计命令,如图2-26所示。

图2-26 零件设计工具栏

(1)工具栏显隐　通过快捷键〈F10〉可快速进行工具栏的显隐。
(2)自定义工具栏样式　支持对工具栏和工具栏中的命令组等进行位置的调整。
● 更改分组样式:单击各命令组左侧的分割线,可快速切换命令组显示/折叠状态,如图2-27所示。

图2-27 折叠命令组

● 调整分组顺序:鼠标指针指向要移动的分组,分组左侧分割线处出现竖向的三个点。鼠标指针在此位置变为十字状,此时按住鼠标左键左右移动即可改变分组顺序,如图2-28所示。

图2-28 改变分组顺序

(3)命令组/命令显隐　在命令名称上右击可实现工具栏中命令、菜单、命令组的显隐以及恢复默认,如图2-29所示。

图2-29 命令显隐控制

2.3.3 面板管理

面板位于界面的左侧,是设计过程中比较常用的部分,按照不同的管理对象,面板主要包括特征面板、视图面板和外观面板三类。

1. 特征面板

基于特征面板,用户可以很方便地查看零件或装配的构造情况,如图2-30和图2-31所示。

图2-30 零件的特征面板

图2-31 装配的特征面板

- 零件组成：包括实体、曲面、曲线、网格、点云等，可折叠显示。
- 材质：可添加或编辑零件材质。
- 基准面、原点：标准三视基准面（前视、右视、上视）及原点，可隐藏或显示。
- 特征列表（零件）：显示草图、特征，可编辑、删除、抑制或回滚。
- 实例列表（装配）：显示当前装配文档中所有实例。
- 配合列表（装配）：显示当前装配文档中所有配合关系。
- 特征列表（装配）：显示当前装配文档中所有特征，包括阵列、拉伸切除等。

2. 视图面板

视图面板包含基本视图、自定义视图、PMI 和爆炸视图，如图 2-32 所示。

- 基本视图：提供 6 个基本视图。右击其中一个视图，可选择"激活"和"仅定向"。"激活"代表目前视口定位至此视图，智能尺寸标注或标签均在此视图下显示。
- 自定义视图：记录通过视图定向或新建视图创建的视图。右击其中一个视图，显示"激活""仅定向""重命名""删除""显示关联 PMI"和"隐藏关联 PMI"命令。
- PMI：显示当前视图下已创建的智能尺寸标注和标签等信息。
- 爆炸视图（装配）：显示当前装配文档中的默认爆炸视图及自定义爆炸视图。

3. 外观面板

外观面板用于记录零部件的外观、贴图、布景和光源等信息，如图 2-33 所示。

图 2-32 视图面板

图 2-33 外观面板

2.3.4 视图工具

1. 视图工具栏

视图工具栏位于图形区域中上方，提供自适应、聚焦指定区域、渲染、剖视图和选择过滤器等功能，如图 2-34 所示。

图 2-34 视图工具栏

（1）自适应　单击"自适应"，视口中将显示当前文档中所有未隐藏的元素。

（2）聚焦指定区域　单击"聚焦指定区域"，然后在视口中框选区域，则视口聚焦至框选的区域。再次单击或在右键快捷菜单中选择"退出区域聚焦"可退出该命令。

（3）渲染模式　可设置零部件的渲染模式。单击"着色"下拉框，渲染模式列表如图 2-35 所示。

（4）显隐工具　统一管理尺寸、约束、坐标系、原点等的显示状态。单击"显隐工具"下拉框，显示显隐控制元素列表，如图 2-36 所示。

图 2-35　渲染模式列表

图 2-36　显隐控制元素列表

显隐控制元素图标与名称详见表 2-1。

表 2-1　显隐控制元素图标与名称

图标	名称	说明	图标	名称	说明
	草图约束	草图和工程图内生效，不受整体显隐控制		草图	
	草图尺寸	仅草图内生效，不受整体显隐控制		3D 草图	
	原点			当前文档 MBD	
	基准点			零部件 MBD	仅装配内生效
	基准线			注释	
	基准面			螺纹线	
	坐标系			质心	
	曲线			连接点	

（5）剖视图　单击"剖视图"，弹出"剖视图"命令面板，如图 2-37 所示，选择剖切平面后即可显示模型的剖视图。再次单击，退出剖视图。

选择一个或多个实体面、平面或基准面，支持保留顶盖颜色、显示剖切线、显示剖切盖、显示轮廓线等设置，剖视图效果如图 2-38 所示。

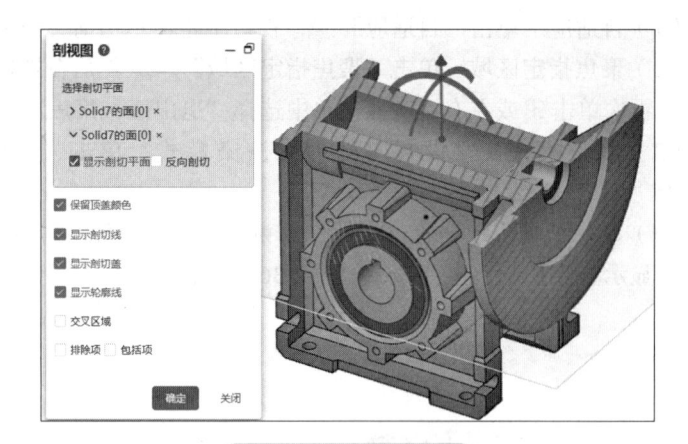

图 2-37 "剖视图"命令面板

图 2-38 剖视图效果

（6）动态高亮　鼠标指针移动至模型上时，对应元素高亮显示，如图 2-39 所示。

a）开启动态高亮　　　　　b）不开启动态高亮

图 2-39 动态高亮效果

（7）视图定向　单击"视图定向"，弹出"视图"命令面板，如图 2-40 所示，可以通过视图定向快捷查找相机视图，实现视口方向的快速切换。

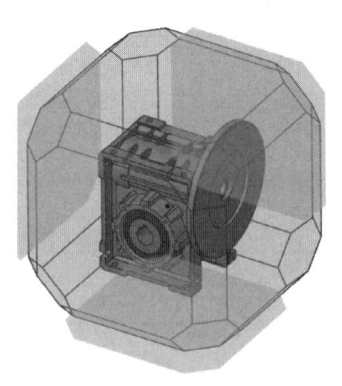

图 2-40 "视图"命令面板

（8）捕捉　此工具仅在草图环境下显示。单击"捕捉"下拉框，打开捕捉点列表，如图 2-41 所示，可以筛选绘图过程中需要拾取和操作的点。

（9）选择过滤器　支持通过选定不同的筛选类型在视口中拾取指定对象元素。单击"选择过滤器"，弹出"选择过滤器"工具栏，如图 2-42 所示。

第 2 章　CrownCAD 基础入门

图 2-41　捕捉点列表

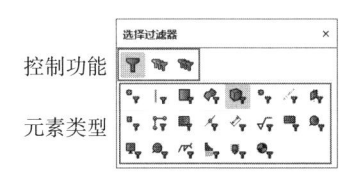

图 2-42　"选择过滤器"工具栏

提示

使用默认快捷键〈F4〉可显隐"选择过滤器"工具栏，〈F6〉可激活/取消激活"选择过滤器"。

（10）渲染样式　单击"渲染样式"下拉框，选择样式名称后可修改模型渲染样式，如图 2-43 所示。

图 2-43　调整渲染样式

注意："真实渲染"和"卡通渲染"不能同时开启。

（11）正视草图　此工具仅在草图环境下显示。单击"正视草图"后可将视图平面快速恢复至正视方向。

2. 视图控制

鼠标在 CrownCAD 软件中的使用频率非常高，可以用其实现平移、缩放、旋转、绘制几何图形等操作。基于三维设计软件系统的特点，建议读者使用三键滚轮鼠标，在设计时可以提高设计效率。表 2-2 列出了三键滚轮鼠标在 CrownCAD 中的使用方法。同时，CrownCAD 支持视图控制切换，支持更改为 SolidWorks、NX、Creo 等主流软件的操作习惯，为用户带来了更加灵活和便捷的设计体验。具体可参考 2.4.1 小节。

表 2-2 三键滚轮鼠标在 CrownCAD 中的使用方法

鼠标按键	作用	说明
左键	执行命令、选择对象、绘制几何图形等	单击左键
中键	平移	同时按住〈Ctrl〉键+中键并拖动鼠标，模型按鼠标拖动方向平移
	旋转	按住中键并拖动鼠标，即可旋转模型
	缩放	滚动中键，向上滚动缩小视图，向下滚动放大视图
右键	弹出快捷菜单、跳转选项框、确认操作	单击右键
	弹出鼠标快捷手势	按住右键并拖动鼠标

2.4 设置

2.4.1 系统设置

单击"设置" ⚙ ，进入"系统设置"界面，如图 2-44 所示。该界面包含"系统选项"和"文档属性"选项卡。"系统选项"支持对"颜色""视图""导入""导出""模板管理"等进行设置，"文档属性"支持对"注解""尺寸""单位"等进行设置。

图 2-44 系统设置

1. 系统选项

（1）颜色 支持设置系统整体工具栏图标主题、线宽、工程图颜色等。主题默认提供黑暗、明亮两种方案，颜色提供 CrownCAD – 明亮、CrownCAD – 黑暗、SolidWorks、CATIA、UG、Creo 6 种方案，用户也可自定义新方案，如图 2-45 所示。

（2）视图 对视图操作习惯、鼠标缩放方向进行设置。其中提供 SolidWorks、NX10、Creo、AutoCAD 软件的操作习惯，满足不同用户的操作需要，如图 2-46 所示。

图 2-45 颜色

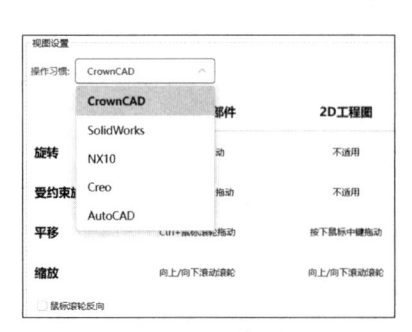

图 2-46 视图

（3）导入/导出　对导入数据的名称、分辨率、读取内容等进行设置，如图2-47所示；对导出数据的精度、单位、图纸输出比例等进行设置。

（4）模板管理　对零件模板、装配模板、工程图模板、自定义属性、BOM导出模板、切割清单属性、焊件轮廓、折弯系数表、表格模板等多种类型的模板进行自定义设置，如图2-48所示，也可对模板进行另存为、修改、重命名、删除等操作，详细操作方法见2.5小节。

（5）显示　可设置网格显示模式、工程图投影类型等，工程图投影类型支持第一视角、第三视角的切换，如图2-49所示。

图2-47　导入

图2-48　模板管理

图2-49　显示

2. 文档属性

可在"文档属性"中设置"注解""尺寸""单位""网格""点云"等，单击某一选项，显示该选项中的相关设置。以"尺寸"为例，如图2-50所示，支持对字体、精度、箭头样式、零值显示等进行设置。

图2-50　文档属性

注意：文档属性需要在打开文档后的系统设置中显示。

2.4.2 自定义

单击"设置" ⚙ 下拉框中的"自定义",进入"自定义"命令面板,支持对"工具栏""快捷方式栏""键盘""鼠标手势"等进行设置。

1. 工具栏

可以自定义工具栏、前导命令栏各模块的显示,如图 2-51 所示。

2. 快捷方式栏

可设置在零件、草图、装配体环境下快捷菜单中的按钮,如图 2-52 所示。

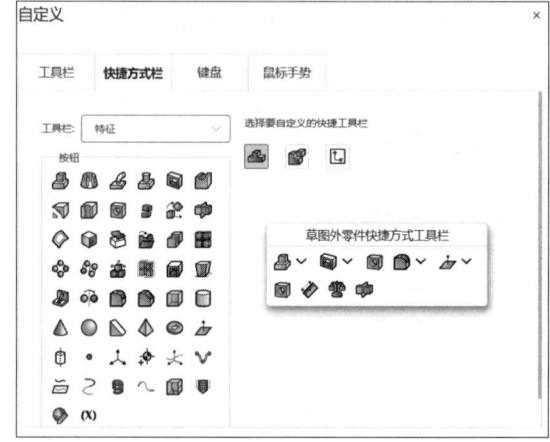

图 2-51　工具栏

图 2-52　快捷方式栏

快捷方式栏自定义方式如下:

● 增加按钮:从左侧区域将要添加的按钮拖拽到右侧窗口中所需位置,出现"+"号提示时,松开鼠标左键,可以放置在已有按钮的任意前后位置,如图 2-53 所示。

● 删除按钮:将快捷方式工具栏中的工具拖到快捷方式工具栏之外,出现"-"号后,松开鼠标左键,完成按钮的删除,如图 2-54 所示。

图 2-53　增加按钮

图 2-54　删除按钮

3. 键盘

可以在此查看系统默认的快捷键,也可以自定义。输入关键词可以搜索命令,在类型下拉框中可以按类型显示快捷键,如图 2-55 所示。

4. 鼠标手势

可设置在零件、草图、装配体环境下鼠标手势菜单中的按钮,如图 2-56 所示。可通过拖拽右侧的命令替换左侧的按钮,或者选中左侧的按钮后单击右侧的命令进行替换。

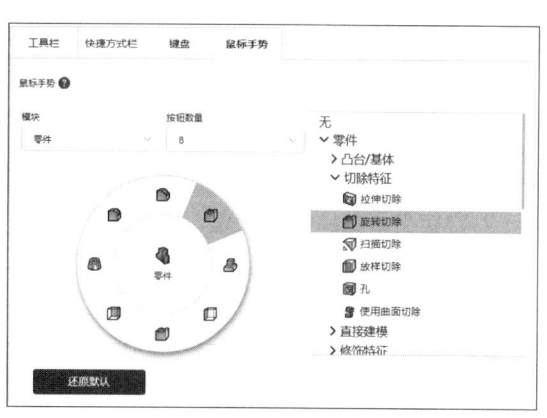

图 2-55　键盘

图 2-56　鼠标手势

2.5　模板与设计库

2.5.1　模板

单击"设置"⚙，进入"系统设置"界面，然后单击"系统选项"中的"模板管理"，进入模板管理界面。

1. 零件、装配、工程图模板的管理

在"模板类型"中选择零件、装配或工程图模板，可对模板进行另存为、修改、重命名、删除等操作。同时，用户可以分享模板，保证企业内部模板的统一性。其中零件模板管理界面如图 2-57 所示。

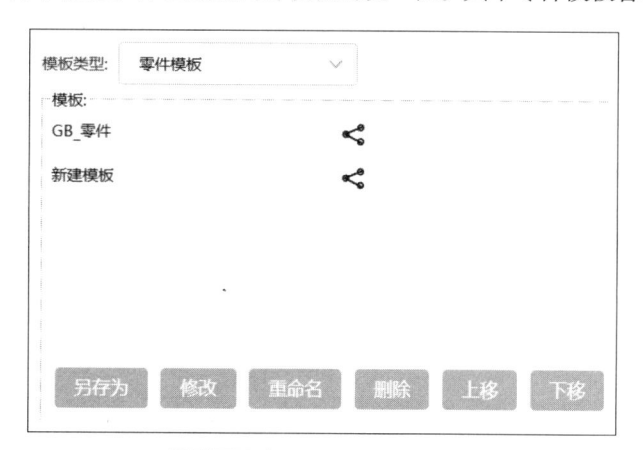

图 2-57　零件模板管理界面

在文档中可以修改模型数据、文档属性设置等信息。模板中记录的数据信息见表 2-3。

表 2-3　模板中记录的数据信息

类别	数据信息
模型数据信息	实体、曲面、外观、工程图图纸格式等
文档属性设置信息	字体样式和大小、箭头样式和大小、单位、公差、零值显示、线型、线粗等
其他模板信息	图纸格式模板（仅工程图）、属性模板、材料明细表模板、BOM 导出模板等

> **注意：**
> 1）模板中不允许存在引用其他文档的元素：装配模板不允许插入零部件，工程图模板不允许生成模型视图。
> 2）修改模板仅影响后续使用该模板创建的文档，不影响已有文档。

2. 自定义属性模板的管理

在"模板类型"中选择"自定义属性"，可对模板进行另存为、重命名、删除等操作，如图 2-58 所示。

图 2-58 自定义属性模板管理界面

> **注意：**
> 1）文档模板记录文档属性模板：例如创建一个零件模板，设置其属性模板为 A。使用该零件模板创建文档时，该文档的属性模板自动选择属性模板 A。进入零件文档后可手动修改，选择其他属性模板。
> 2）若零件文档关联的属性模板被删除，则切换为默认属性模板。

3. BOM 导出模板的管理

可以对导出 BOM 表格的级别表模板、明细表模板进行自定义设置，如图 2-59 所示。

4. 焊件轮廓模板的管理

支持对当前焊件轮廓进行自定义设置，如图 2-60 所示。

图 2-59 BOM 导出模板管理界面 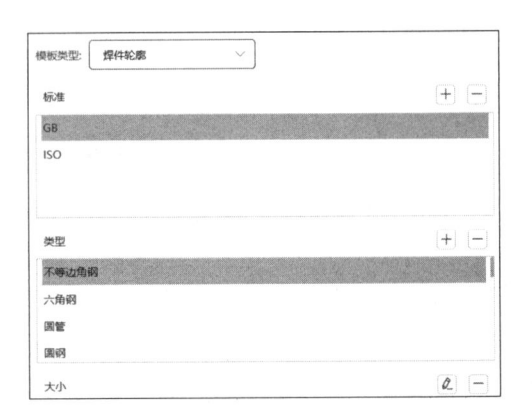   图 2-60 焊件轮廓模板管理界面

> **提示**
>
> 添加轮廓、编辑轮廓的具体内容请参考 11.2 小节。

5. 表格模板的管理

表格模板的管理包含对材料明细表、焊件切割清单、修订表、折弯系数表和孔表等进行管理，如图 2-61 所示。

图 2-61　表格模板管理界面

> **提示**
>
> 1）保存模板：右击已经生成的材料明细表，选择"另存为模板"，在弹出的对话框中选择"新建模板"，给定模板名称后完成保存。
>
> 2）调用表格模板：创建表格时，在对话框的"表格模板"选项中选择已保存的模板，然后创建表格即可生成所选模板内容的表格。

2.5.2　设计库

1. 材质库

在建模界面单击视口右侧的"材质库"，如图 2-62 所示，单击上侧的"详细列表"，弹出"材质库"命令面板，如图 2-63 所示，支持对材质库进行自定义设置。

图 2-62　材质库

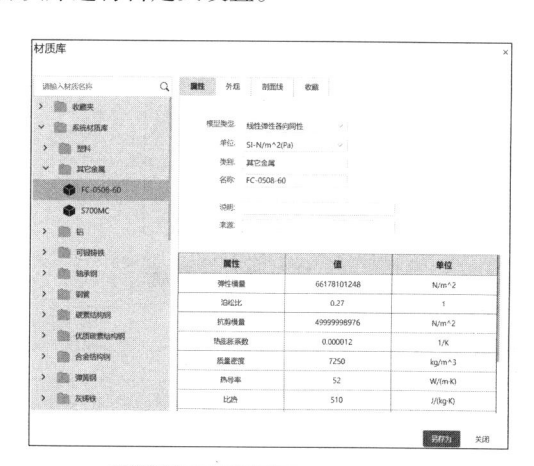

图 2-63　"材质库"命令面板

在材质库列表中右击任意库，在弹出的菜单中选择"创建库"，输入名称创建一个自定义库，同时系统默认创建一个"类别1"。右击新建的自定义类别，如图2-64所示，选择"创建材质"，输入名称创建一个自定义材质。在"材质库"命令面板中可以修改材质属性、外观、剖面线等信息。

图 2-64 创建材质

提示

1）材质须按照"库→类别→材质"的层级存储。
2）系统预设的库、类别中不能创建自定义材质，且预设材质的参数不允许修改。

2. 应用材质

可以对文档、实体、曲面、网格等进行材质的设置。

（1）给文档添加材质　在特征面板中右击"材质"，单击"编辑材质"，选择合适的材质进行添加，如图 2-65 所示。

（2）给实体添加材质　当零件中有多个实体时，在特征面板中右击单个实体，选择快捷菜单中的"材质"→"编辑材质"，或单击收藏的任意材质，将材质添加到选定的实体上，如图 2-66 所示。

图 2-65 给文档添加材质　　　　图 2-66 给实体添加材质

提示

文档和实体都有材质时，实体材质优先。

3. 外观库

（1）添加外观　CrownCAD外观库提供预设外观，如玻璃、木材、金属等，每个外观对应一套外观参数，包括颜色、透明度等信息。单击右侧边栏的"外观库" ，打开外观库列表。按住鼠标左键，将预设外观拖拽到要设置外观的元素上，松开鼠标左键，在弹出的菜单中选择要设置的层级，即可完成设置，如图 2-67 所示。

（2）自定义贴图　CrownCAD 支持为面设置自定义贴图，提供基础贴图库并支持用户自定义贴图库。在视口右侧贴图库中选择贴图，拖拽至视口中的模型表面上，弹出"自定义贴图"命令面板，命令面板中自动填充选择的面和贴图，如图 2-68 所示，可调整贴图的大小和位置。

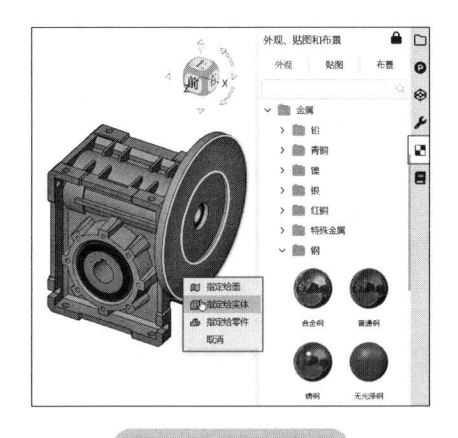

图 2-67　添加外观

图 2-68　自定义贴图

4. 模型库

模型库用于存储零件、装配模型，支持录入、调用、删除、查找等操作。

（1）定位模型库　单击视口右侧的"知识库" ，单击展开"模型库"，可查看模型库下的所有内容。在列表名称上双击后，此列表中的所有模型都会显示在"详情面板"中，如图 2-69 所示。

（2）模型的录入　在"知识库"中单击"添加到库" ，弹出"添加到知识库"命令面板。切换至"需要录入的文档或草图"拾取框，在左侧特征面板中单击零部件文档名称，拾取待录入的模型，如图 2-70 所示。

图 2-69　模型库

图 2-70　拾取待录入的模型

（3）模型的调用　在装配设计环境下，在视口右侧边栏单击"知识库" ，弹出"知识库"列表。双击目标文件夹，"详情面板"中显示当前文件夹下保存的所有模型信息。将需要添加的模型拖拽至视口中，或右击选择"插入"，如图 2-71 所示，在视口合适位置单击，完成模型的插入。

> **注意**：仅支持在装配设计环境中调用模型，调用的模型以零部件形式插入，支持跳转至单独的文档并可以进行再编辑。

5. 注解库

注解库用于存储工程图中常用的标注符号和文本等，可进行录入、调用、删除和查找等操作。单击视口右侧的"知识库"，单击展开"注解库"，可查看注解库所有内容。双击列表名称，此列表中的所有注解都会显示在"详情面板"中，如图2-72所示。

图2-71 调用模型　　　　　　　　　图2-72 注解库

（1）注解库的录入　在工程图视口中右击需要的符号或注释，在弹出的快捷菜单中选择"添加到知识库"，弹出"添加到知识库"命令面板，如图2-73所示。

（2）注解库的调用　在视口右侧单击"知识库"，双击"注解库"文件夹，"详情面板"中显示当前文件夹下保存的所有注解信息。将需要添加的注解拖拽至视口中，如图2-74所示，在合适的位置单击，实现注解的放置。

图2-73 "添加到知识库"命令面板　　　　图2-74 调用注解库

> **提示**
> 删除库中的注解，不影响当前视图或其他文档中已应用的注解效果。

6. 草图库

零件中的 2D 草图可以保存到草图库中，以便后续调用，如图 2-75 所示。

> **提示**
> 1）添加到库：在特征列表中右击草图，选择"添加到知识库"。
> 2）调用草图：在草图库的"详情面板"中右击草图，选择"插入"。

2.6 CrownCAD 帮助与指导教程

单击项目界面右上角"帮助" 右侧的下拉框，弹出如图 2-76 所示帮助列表。

图 2-75 草图库

1. 指导教程

单击"指导教程"，可进入 CrownCAD 指导教程界面。指导教程提供视频及文字说明，帮助用户更直观地快速掌握 CrownCAD 的功能及应用技巧。

2. 帮助手册

单击"帮助手册"，可进入 CrownCAD 帮助手册界面，如图 2-77 所示，该界面包含所有功能的介绍，帮助用户掌握软件的使用。

图 2-76 帮助列表

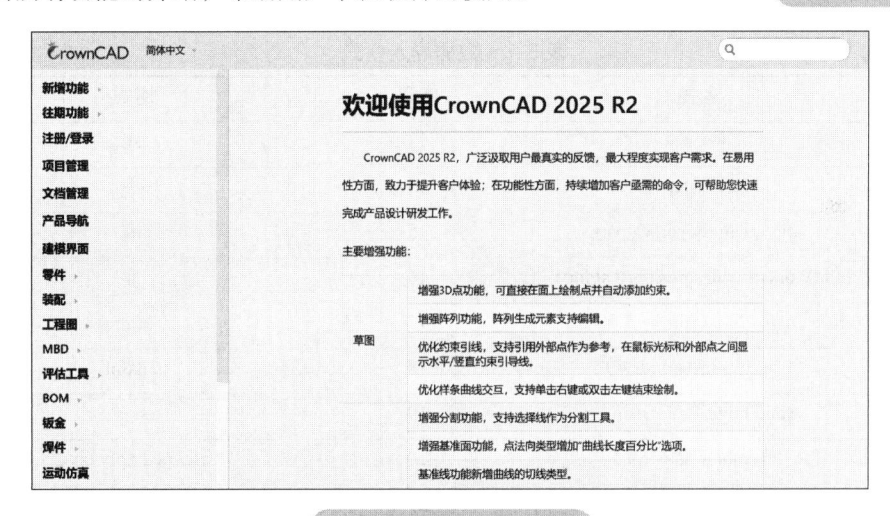

图 2-77 帮助手册界面

第 3 章 数据转换

3.1 数据转换概述

数据转换是解决企业之间采用不同的三维 CAD 设计系统导致数据交流与共享困难的主要手段。由于二维、三维数据的存储模型与存储格式多种多样，导致不同 CAD 软件之间难以直接共享模型数据。数据转换作为一种技术手段，能够统一和标准化 CAD 模型数据，使得用户能够跨越不同软件平台，灵活地进行模型导入、编辑和导出。这不仅简化了重复编辑的工作量，提高了工作效率，还促进了 CAD 数据的广泛共享和集成应用。

3.2 导入

CrownCAD 提供了强大的数据兼容性，可实现对历史数据的重用。CrownCAD 支持读取主流 CAD 软件的文件格式，支持以 ZIP/RAR 压缩包以及文件夹形式批量导入，具体的数据导入格式见表 3-1。

表 3-1 数据导入格式

序号	格式	序号	格式
1	.igs/.iges	13	.stl
2	.stp/.step	14	.obj
3	Catia（.catproduct/.catpart）	15	.ifc
4	SolidWorks（.sldasm/.sldprt/.slddrw）	16	.jt
5	NX（.prt）	17	.cgr
6	Creo（.asm/.prt/.drw）	18	.3dxml
7	Solid Edge（.par/.asm）	19	.svlx
8	Inventor（.iam/.ipt）	20	.asc/.pcd/.ply/.xyz.
9	ParaSolid（.x_t）	21	.dgn
10	Rhino（.3dm）	22	.jpg/.jpeg/.png/.bmp/.gif/.mp4
11	Revit（.rvt）	23	.ppt/.pptx/.doc/.docx
12	AutoCAD（.dwg/.dxf）	24	.zip/.rar

3.2.1 导入界面

单击"导入/导出"下拉框中的"导入文件"，弹出"导入"命令面板，如图 3-1 所示，可将文件拖到上传框或单击"点击上传"进行导入，开始上传及转换操作，进程可在导航栏的"任务"中查看。

图 3-1 "导入"命令面板

3.2.2 导入零部件

导入零件或多个文件的装配模型时，可将所有模型文件打包成一个 ZIP 或 RAR 压缩包文件，并使压缩包文件名与顶级装配文件名一致，上传后将默认转换为顶级装配及关联的零部件。

● 若压缩包文件名与顶级装配文件名不一致，则需手动选择需要转换的文档，如图 3-2 所示。

● 导入标准中间格式时，会出现"是否合并装配"选项，如图 3-3 所示。若勾选"是否合并装配"选项，则只生成装配文档，装配体关联零部件不生成单独的文档，且不可进行零部件的跳转操作。

● 打开导入的装配体，若存在缺失的零部件，可以在特征面板中右击缺失的零部件，单击"指定零部件"，选择相应零部件进行更新或将其删除，如图 3-4 所示。

图 3-2 手动选择需要转换的文档 　　图 3-3 "是否合并装配"选项 　　图 3-4 指定零部件

3.2.3 导入工程图

CrownCAD 支持读取 DWG、DXF 等标准格式的工程图文件，同时，支持主流三维软件 SolidWorks、NX、Creo 等原生格式的工程图导入。

以导入 NX 工程图为例，上传 NX（.prt）文件时，导入界面中显示"包含 NX 文件工程图"选项，如图 3-5 所示，勾选该选项则同步转换对应的工程图，不勾选则不转换。

图 3-5 导入 NX（.prt）文件

3.2.4 导入文件夹

导入其他三维软件的装配体文件时，除了可以以 ZIP/RAR 压缩包方式导入外，还可以通过文件夹方式导入。单击"导入 / 导出"下拉框中的"导入文件夹"，系统会将文件夹内的所有文件全部导入，如图 3-6 所示。若选择总装文件，上传后默认转换总装及关联的零部件；若不选择，则只进行批量导入，需用户手动选择需要转换的文档。

图 3-6 "导入文件夹"命令面板

3.3 导出

与数据导入功能相对应，数据导出功能则负责将软件内部的数据转化为外部可识别的文件格式，以满足用户在不同场景下的使用需求。CrownCAD 支持的数据导出格式见表 3-2。

表 3-2 数据导出格式

序号	格式	序号	格式
1	IGES（.iges）	7	STL（.stl）
2	STEP（AP203/AP214/AP242）	8	OBJ（.obj）
3	CATIA（.catproduct/.catpart）	9	IFC（.ifc）
4	SolidWorks（.sldasm/.sldprt）	10	SVLX（.svlx）
5	NX（.prt）	11	AutoCAD（.dwg/.dxf）
6	ParaSolid（.x_t/.x_b）	12	PDF

3.3.1 导出零部件

1. 导出零件

在零件设计环境下，单击"导入 / 导出"，弹出下拉菜单，选择"导出"，弹出"导出"命令面板，如图 3-7 所示，可设置是否导出隐藏状态的几何体。

2. 导出装配

在装配设计环境下，单击"导入 / 导出"，弹出下拉菜单，选择"导出"，弹出"导出"命令面板，如图 3-8 所示。

图 3-7　零件"导出"命令面板　　　　　图 3-8　装配"导出"命令面板

- 合并为零件：勾选此选项可将装配体合并为一个零件导出。
- 隐藏几何体设置：可选择是否导出隐藏/卸载状态的几何体。

3.3.2　导出工程图

导出工程图支持的文件格式包括 DWG、DXF、PDF。DWG、DXF 支持 Release14、2000~2018 版本。在工程图设计环境下，单击"导入/导出"，弹出下拉菜单，选择"导出"，弹出"导出"命令面板，如图 3-9 所示。

图 3-9　工程图"导出"命令面板

3.4　转换设置

3.4.1　导入设置

单击"系统设置"→"系统选项"→"导入"，打开导入设置界面，如图 3-10 所示。
1. 选项

可控制"忽略隐藏的元素""读取曲线""读取原模型文件缩略图""读取点""隐藏基准面""缝合网格""读取装配配合"等选项。"隐藏基准面"选项默认勾选，其他均默认不勾选。

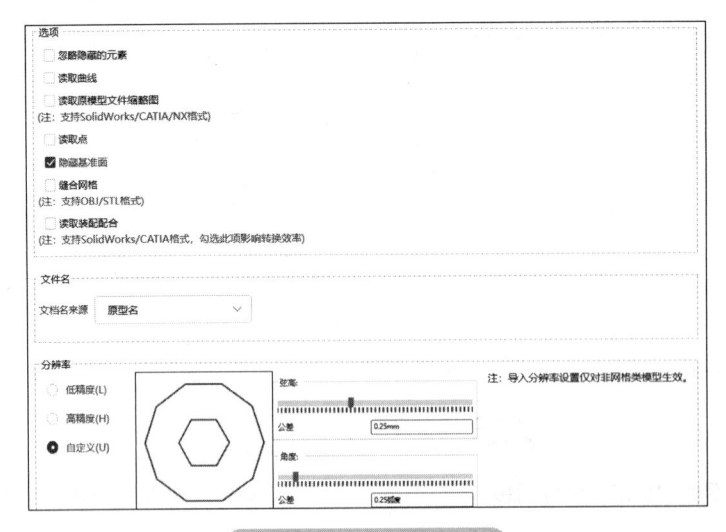

图 3-10 导入设置界面

2. 文件名

● "文档名来源"：CATIA 等格式的文件，文件中记录的零部件名称可能与文件名不相同。在 CrownCAD 中导入此类文件时，支持读取文件中记录的零部件名称信息，并且可以选择将"文件名"或"文件中记录的零部件名称（原型名）"作为导入后零部件文档的名称。

● "保留文件扩展名"："文档名来源"为"文件名"时，控制是否保留文件扩展名。

3. 分辨率

设置导入模型的精度，可调整弦高、角度等参数，仅对非网格类模型生效。

3.4.2 导出设置

1. 导出为 STL 格式

支持对导出 STL 文件的单位、分辨率进行设置，如图 3-11 所示。

2. 导出为 DWG/DXF 格式

支持将工程图导出为 DWG/DXF 文件，并可对比例输出等进行设置，如图 3-12 所示。

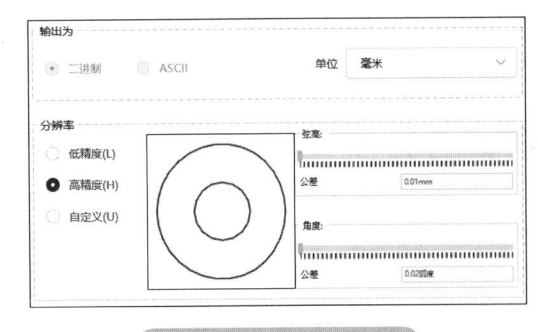

图 3-11 导出 STL 文件

图 3-12 导出 DWG/DXF 文件

● 比例输出 1:1：导出工程图为 DWG/DXF 格式时，可以选择图纸或某一视图比例，反向缩放整张图纸，使导出后的工程图模型线条长度与实际长度一致。

● 多图纸工程图：当工程图中存在多张图纸时，控制仅输出激活的图纸还是将所有图纸输出到一个文件。

3. 导出为 PDF 格式

当工程图中存在多张图纸时,控制仅输出激活的图纸还是将所有图纸输出到一个 PDF 文件,如图 3-13 所示。

图 3-13　导出 PDF 文件

第4章 草图设计

4.1 二维草图概述

通常,三维实体模型的设计流程始于草图设计,二维草图是创建特征的基础。草图本质上是由点、直线、圆弧、样条曲线和文字等基本几何元素构成的平面轮廓,用来定义特定的截面形状、尺寸与位置,进而生成相应的实体特征。草图绘制完成后,这些几何元素可以通过调整其尺寸标注或操作几何关系(如修改尺寸标注,添加或删除几何关系),灵活地满足设计需求,实现预期的效果。

4.2 草图设计流程

4.2.1 草图绘制方法

单击"绘制草图",弹出"定位草图"命令面板,如图4-1所示。

图 4-1 "定位草图"命令面板

拾取视图窗口中的任意平面、基准面或草图来规定"草图平面",系统默认定义"草图原点"和"草图上方向",同时支持自定义设置(鼠标指针放在支持拾取的要素上时,拾取要素高亮显示)。单击"确定"后"定位草图"命令面板关闭,视图窗口自动正视于草图平面,进入草图绘制模式。

4.2.2 草图捕捉工具

在绘制草图时,为了精确操作,可通过启用捕捉功能来拾取特定的点。单击视图工具栏中的"捕捉",在弹出的下拉列表中勾选需要捕捉的点,取消勾选不需要捕捉的点。捕捉点选择类型及说明见表4-1。

表 4-1 捕捉点选择类型及说明

类型	说明
全选	所有类型的点
绘制点	用户绘制的点，倒圆角或某些操作自动生成的点也属于绘制点
端点	直线、圆弧、样条曲线的端点
圆心	圆心点
中点	直线、圆弧的中点
控制点	样条曲线的通过点，以及样条曲线两端控制切线方向的点
切点	绘制直线、圆、圆弧时，与当前已存在的圆、圆弧的切点
交叉点	两条线相交处虚拟的交点
象限点	圆、圆弧的象限点
基准点	创建的基准点

4.2.3 草图约束信息

几何元素在绘制过程中或绘制完成后，可添加几何约束，用于控制几何元素的位置等。CrownCAD 草图支持创建基本约束，如水平、竖直、平行和相等，具体支持的约束类型及相关说明见表 4-2。

表 4-2 约束类型及相关说明

约束	图标	选择元素	创建的约束效果
水平	—	一条或多条直线，或多个点	直线或点处于同一水平线上
竖直	|	一条或多条直线，或多个点	直线或点处于同一竖直线上
共线	/	两条或多条线、两个或多个圆；其中至少一个元素位于当前草图中	所选元素位于同一条无限长的直线上，圆或圆弧同心
相等	=	两条或多条直线，两个或多个圆弧	所选元素长度、半径相等
垂直	⊥	两条直线，至少一条为当前草图线	两条线相互垂直
平行	//	两条或多条线	所选元素相互平行
相切	⌒	圆弧、样条曲线或直线	两元素保持相切
点在线上	✓	点与直线、圆弧或样条曲线，点必须为当前草图内的元素	点保持在所选元素或其投影线上，也可在直线或线段的延长线上
重合	◉	点、圆心、线的起始点	两元素保持重合
固定	🔒	点、线	所选元素位置固定
穿透	∠	当前草图中的点、线与外部曲线（所在草图须与当前草图相交）	草图中的点、线与外部元素在当前草图基准面的投影点重合
交叉点	✕	选择一个点、两条线	所选点与两条所选线交叉处保持重合
对称	0|0	选择一条中心线、两个相同的元素	所选的相同元素关于中心线对称

4.3 图形绘制工具

4.3.1 直线与中心线

使用"直线"命令可绘制一条或多条连续的折线。单击"直线" ，弹出"插入线条"命令面板，如图 4-2 所示。

1. 插入线条

"插入线条"命令面板各选项含义如下：

● "方向"选项组："按原样绘制"是按照设计者的意图进行绘制；"水平"为绘制单条水平直线；"竖直"为绘制单条竖直直线；"角度"是与水平线成一定角度绘制直线。绘制方法均为"单击—移动鼠标—单击"，如图 4-3 所示。

图 4-2 "插入线条"命令面板

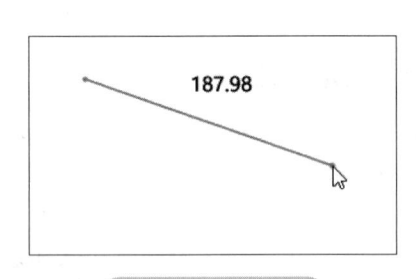

图 4-3 绘制直线

● "选项"选项组：可设定线条类型为参考线、中心线，以及在绘制过程中创建尺寸约束。参考线和中心线的绘制方法与直线相同，但不作为生成特征的草图元素。

2. 直线属性

线条绘制完成后，单击线条弹出"直线属性"命令面板，如图 4-4 所示，各选项含义如下：

● "约束"选项组：显示已添加的所有约束，支持删除。
● "添加约束"选项组：显示可对直线添加的约束。
● "作为参考线"选项：可将直线更改为参考线。
● "参数"选项组：显示长度和角度。
● "额外参数"选项组：用于设置直线端点在坐标系中的参数，如图 4-5 所示。

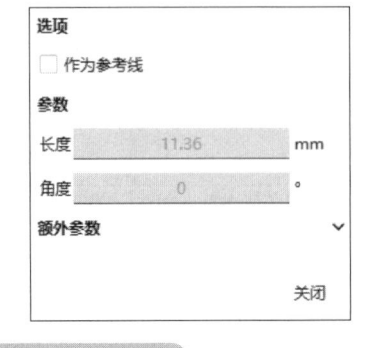

图 4-4 "直线属性"命令面板

图 4-5 "额外参数"选项组

4.3.2 圆弧类工具

1. 圆

CrownCAD草图中支持以"中心圆"和"3点圆"方式绘制圆,两种方式可在命令面板中切换。

单击"中心圆"⊙后弹出的命令面板如图4-6所示,用户可在面板中自定义圆的直径与圆心坐标。绘制完成后单击圆弹出"圆属性"命令面板,具体选项与"直线属性"命令面板相似,可更改直径和圆心坐标、添加约束关系、勾选是否为参考线,如图4-7所示。

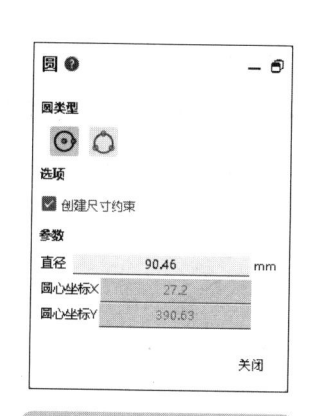

图 4-6 "圆"命令面板

图 4-7 "圆属性"命令面板

(1)中心圆　单击"中心圆"⊙,进入中心圆绘制模式,可使用"单击—移动鼠标—单击"的方式确定圆心位置和直径,如图4-8所示。

(2)3点圆　单击"3点圆"○,进入3点圆绘制模式。3点圆与中心圆的绘制方法大致相同,通过选择圆周上的3个点以确定圆的位置和直径。绘制过程如图4-9所示。

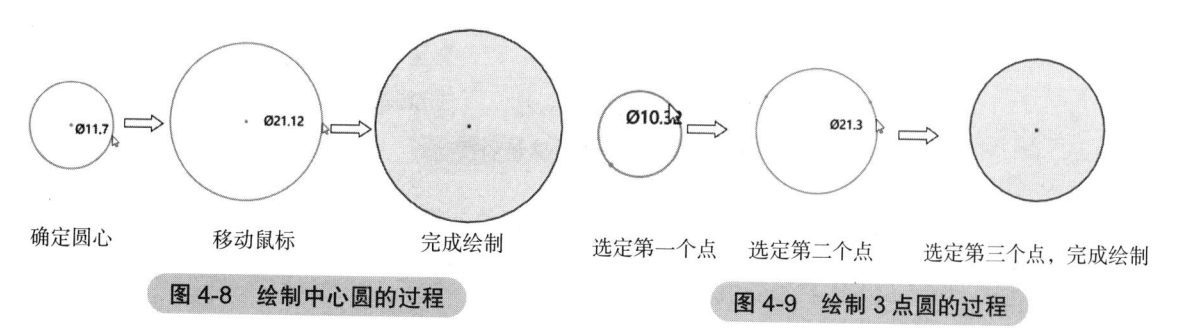

确定圆心　　移动鼠标　　完成绘制

图 4-8 绘制中心圆的过程

选定第一个点　选定第二个点　选定第三个点,完成绘制

图 4-9 绘制3点圆的过程

2. 圆弧

CrownCAD支持通过"中心圆弧""3点圆弧""切线圆弧"三种方式绘制圆弧,三种方式可以在命令面板中切换。

单击"中心圆弧"⌒,弹出"圆弧"命令面板,如图4-10所示,用户可自定义半径、角度与圆心坐标。创建完成后可在"圆弧属性"命令面板中更改参数、选择是否作为参考线等,如图4-11所示。

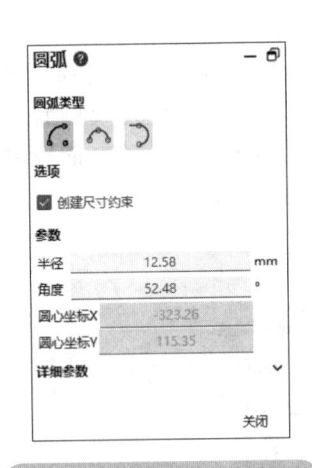

图 4-10 "圆弧"命令面板　　　　　图 4-11 "圆弧属性"命令面板

（1）中心圆弧　单击"中心圆弧"，进入中心圆弧绘制模式。在视口区域单击第一个点作为圆弧的圆心，移动鼠标并单击第二、第三个点确定圆弧的起点与终点，如图 4-12 所示。

选定圆心　　选定圆弧的起点　　选定圆弧的终点，完成绘制

图 4-12　绘制中心圆弧的过程

（2）3 点圆弧　单击"3 点圆弧"，进入 3 点圆弧绘制模式。通过选择圆弧上的 3 个点确定圆弧位置与长度，绘制过程如图 4-13 所示。

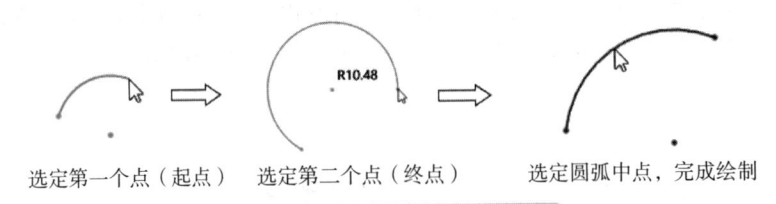

选定第一个点（起点）　　选定第二个点（终点）　　选定圆弧中点，完成绘制

图 4-13　绘制 3 点圆弧的过程

（3）切线圆弧　单击"切线圆弧"，进入切线圆弧绘制模式。绘制切线圆弧需单击已有的直线、圆弧或样条曲线的端点，然后移动鼠标绘制所需的圆弧形状，再次单击确定圆弧终点，绘制过程如图 4-14 所示。

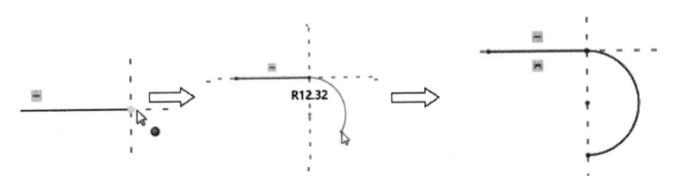

选定已有线条的端点　　移动鼠标绘制圆弧形状　　选定圆弧终点，完成绘制

图 4-14　绘制切线圆弧的过程

3. 椭圆

绘制草图时支持创建椭圆及椭圆弧。单击"椭圆" 后弹出"椭圆"命令面板，如图 4-15 所示，用户可在命令面板中切换椭圆及椭圆弧的绘制。绘制完成后单击椭圆或椭圆弧弹出"椭圆属性"命令面板，如图 4-16 所示。

图 4-15 "椭圆"命令面板

图 4-16 "椭圆属性"命令面板

（1）椭圆　单击"椭圆" ，进入椭圆绘制模式。在视口中指定一点为椭圆中心点，然后移动鼠标依次单击选定椭圆长轴端点和短轴端点，随后命令面板中"角度"参数亮显，编辑角度后单击视图窗口空白处完成椭圆创建。可更改长轴与短轴尺寸，修改完成后单击空白处即可完成椭圆绘制。绘制过程如图 4-17 所示。

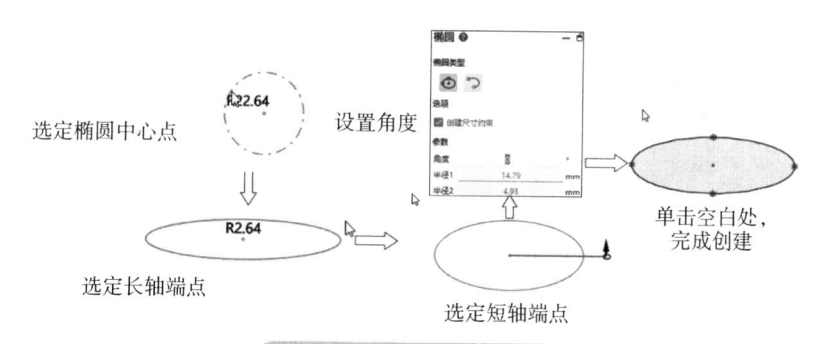

图 4-17 绘制椭圆的过程

（2）椭圆弧　单击"椭圆弧" ，进入椭圆弧绘制模式。按照椭圆创建方式进行绘制，在选定长轴与短轴的端点后，继续移动鼠标即可基于第二次轴端点绘制椭圆弧，移动至大概位置后再次单击作为椭圆弧终点，此时命令面板中显示自定义角度，设置角度后单击空白处完成椭圆弧绘制。绘制过程如图 4-18 所示。

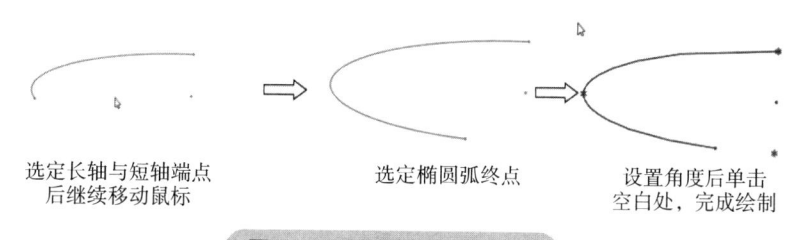

图 4-18 绘制椭圆弧的过程

4. 槽口

槽口工具用来绘制机械零件中键槽特征的草图。CrownCAD草图中支持通过"中心点圆弧槽""3点圆弧槽""直口槽""中心点直口槽"方式绘制槽口。

单击"直口槽" ，弹出"槽"命令面板，其中包含4种槽类型，"中心点圆弧槽""3点圆弧槽"的选项设置与"直口槽""中心点直口槽"的选项设置不同，如图4-19和图4-20所示。

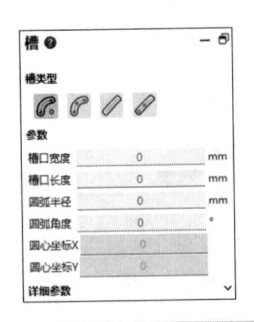

图4-19 "中心点圆弧槽"选项设置

图4-20 "直口槽"选项设置

"槽"命令面板中各选项含义如下：
- "槽类型"选项组：可选择不同的槽类型，进入不同的槽口绘制模式。
- "参数"选项组：槽口的基本参数，如长度、宽度等。
- "详细参数"选项组：槽口起点与终点的坐标。

（1）中心点圆弧槽　单击"中心点圆弧槽" ，进入中心点圆弧槽绘制模式，它是通过圆弧的圆心与起始点来创建圆弧槽口的。

绘制方法：在视口内单击选定圆弧的圆心，通过移动鼠标并单击选定圆弧的半径和槽口起点，继续移动鼠标并单击选定槽口终点，再次移动鼠标选定槽口宽度并单击生成槽口。绘制过程如图4-21所示。

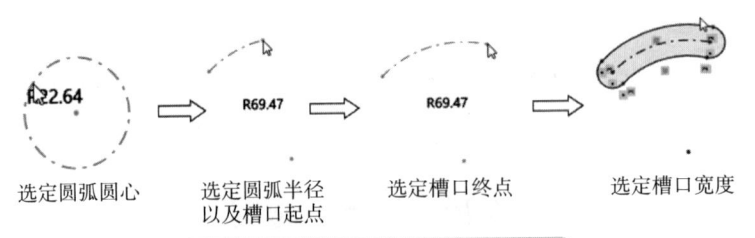

图4-21 绘制中心点圆弧槽的过程

（2）3点圆弧槽　单击"3点圆弧槽" ，进入3点圆弧槽绘制模式，它是通过指定圆弧上的3个点来创建圆弧槽口的。

绘制方法：在视口内单击选定圆弧起点，通过移动鼠标并单击选定圆弧终点，继续移动鼠标并单击选定圆弧第三个点，最后移动鼠标选定槽口宽度并单击完成绘制。绘制过程如图4-22所示。

图4-22 绘制3点圆弧槽的过程

（3）直口槽　单击"直口槽" ⌀，进入直口槽绘制模式，它是通过绘制两个端点来创建槽口的。

绘制方法：在视口内单击选定槽口起点，继续移动鼠标并单击选定槽口终点，最后移动鼠标选定槽口宽度并单击完成绘制。绘制过程如图4-23所示。

图4-23　绘制直口槽的过程

（4）中心点直口槽　单击"中心点直口槽" ⌀，进入中心点直口槽绘制模式，它是通过中心点以及槽口的一个端点来创建直口槽的。

绘制方法：在视口单击选定某位置作为槽口中心点，然后移动鼠标选定槽口端点，最后移动鼠标选定槽口宽度并单击完成绘制。绘制过程如图4-24所示。

图4-24　绘制中心点直口槽的过程

4.3.3　矩形与多边形

1. 矩形

单击"矩形" ▭，弹出"矩形"命令面板，如图4-25所示。

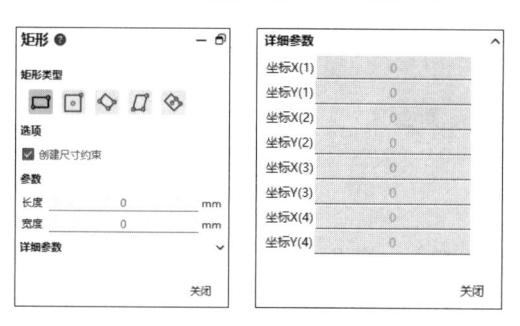

图4-25　"矩形"命令面板

"矩形类型"选项组中各类型的含义与示意图见表4-3。

表4-3　"矩形类型"选项组中各类型的含义与示意图

类型	说明	示意图
"拐角矩形" ▭	通过两个对角点绘制标准矩形	42.44 84.37
"中心点矩形" ▣	通过中心点与顶点绘制矩形	54.74 102.45

45

(续)

类型	说明	示意图
"3点拐角矩形" ◇	通过3个顶点绘制矩形	42.14 / 60.85
"平行四边形" ▱	通过3个顶点绘制平行四边形	30.16 / 40.5
"3点中心矩形" ◇	通过中心点、边线中点与顶点绘制矩形	66.7 / 37.14

2. 多边形

CrownCAD 支持通过"内接多边形""外切多边形"两种方式绘制多边形,可在命令面板中选择绘制方式。

绘制方法:单击"内接多边形"◯,弹出"多边形"命令面板,如图 4-26 所示。选择多边形类型,在视口区域中单击确定多边形的中心点,然后拖动鼠标,开始预览多边形,如图 4-27 所示,再次单击确认多边形大小,设置边数后单击"确定"完成多边形绘制。

图 4-26 "多边形"命令面板

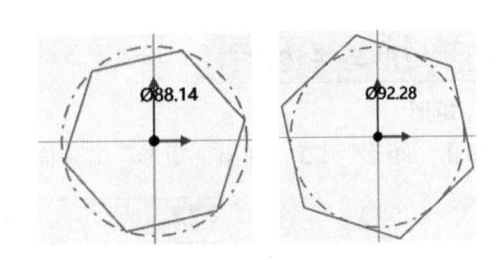

图 4-27 多边形预览效果

4.3.4 样条曲线

通过在视口区域定义曲线的起点、终点、若干通过点来计算其曲率以创建样条曲线。单击"样条曲线"∿,弹出"样条曲线"命令面板,如图 4-28 所示。

图 4-28 "样条曲线"命令面板

绘制方法:单击"样条曲线"∿后,在视口区域中单击,确定样条曲线的起点,移动鼠标后再次单击，开始出现样条曲线预览，然后在视口中依次单击，绘制样条曲线的通过点，如图4-29所示。单击"应用"或"确定"，完成样条曲线的创建，如图4-30所示。

图4-29 绘制样条曲线的通过点

图4-30 完成样条曲线的创建

4.3.5 绘制点

通过在草图中定义点，辅助实现草图文字定位、打孔点定位等的创建。单击"点" ⊙ ，弹出"点"命令面板，如图4-31所示，坐标随着鼠标移动而动态变化，在视口中单击即可创建点。

图4-31 "点"命令面板

4.3.6 虚拟交点

虚拟交点有助于设计者更容易识别出不相交元素的关联位置。单击"点"的下拉框，选择"虚拟交点" ，弹出"虚拟交点"命令面板，如图4-32所示。

"草图或边线"拾取框：用来拾取需要创建虚拟交点的元素，可选择相同/不同类型的线以及草图外元素创建虚拟交点。

图4-32 "虚拟交点"命令面板

> **注意**：直线、曲线均可以在延长线上创建虚拟交点。当所选线存在多个交点时，将创建距离鼠标单击处最近的虚拟交点。

（1）虚拟交点创建流程　单击"虚拟交点"，选择两项符合要求的元素，单击"确定"完成创建，如图4-33所示。

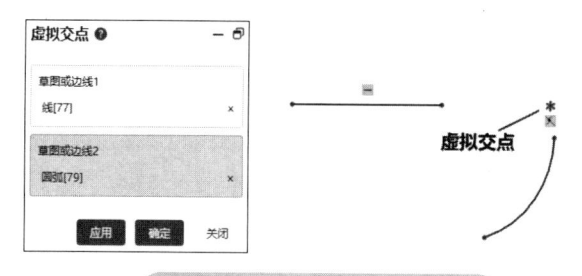

图4-33 虚拟交点创建示意图

47

（2）虚拟交点显示样式　可在"系统设置"→"文档属性"→"虚拟交点"路径下更改虚拟交点的显示样式，如图4-34所示，支持"加号""星号""尺寸线""点"和"无"多种样式的更改，且更改后影响文档全部虚拟交点的显示样式。

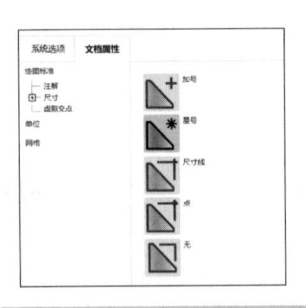

图4-34　虚拟交点显示样式

4.3.7　草图文字

文字可添加在任何直线、圆弧、样条曲线等元素上。单击"草图文字"A，弹出"草图文字"命令面板，如图4-35所示。

（1）"草图文字"命令面板各选项含义
- "位置"拾取框：选择边线、曲线、草图等元素以定位文字。
- "文字"输入框：输入所需文字。需要先选择位置，再输入文字内容。
- "设置"选项组：设置文字显示方向、对齐方式及字体样式等。

（2）绘制草图文字的操作方法　选择点或线以确定文字位置，在"文字"输入框中输入需要生成的文字，可调整文字字体、文字方向以及对齐方式等。取消勾选"使用默认字体"选项，弹出字体相关设置选项，选中需要修改的文字进行字体设置，如图4-36所示。

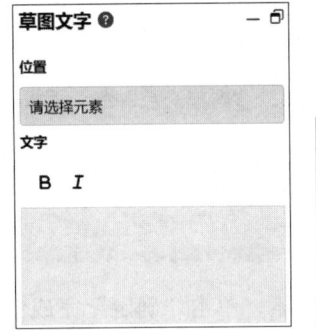

图4-35　"草图文字"命令面板　　　图4-36　自定义文字面板

技巧：
右击已经绘制的文字，选择快捷菜单中的"编辑文字"，可以对文字进行修改；选择"解散文字"，可将文字解散为各种线条以进行编辑。

4.3.8　方程式曲线

方程式曲线是通过定义曲线的方程式来绘制曲线的。单击"方程式曲线"，弹出"方程式

曲线"命令面板，如图4-37所示。

（1）"方程式曲线"命令面板各选项含义

● "方程式类型"选项：可选择"显性"和"参数性"两种方程定义类型。

● "坐标系类型"选项：可选择"笛卡儿"和"极坐标"两种坐标系。

● "方程式"输入框：输入方程式，以生成对应曲线。方程式类型及示例见表4-4。可以使用"方程式库"功能快速插入已保存的方程式。

图4-37 "方程式曲线"命令面板

表4-4 方程式类型及示例

方程式类型	坐标系类型	输入框	鼠标指向输入框时的提示语
显性	笛卡儿	Y=	输入以x为参数的方程式，如3*sin（x）+1
显性	极坐标	R=	输入以t为参数的方程式，如50*sin（3*t）
参数性	笛卡儿	X=	输入以t为参数的方程式，如100*sin（t）^3
参数性	笛卡儿	Y=	输入以t为参数的方程式，如100*cos（t）^3
参数性	极坐标	θ=	输入以t为参数的方程式，如t*2*pi
参数性	极坐标	R=	输入以t为参数的方程式，如10*（1+cos（t*2*pi））

● "参数"选项：输入x或t的起始值/终止值，生成起始值和终止值范围内的曲线。

（2）方程式库　在方程式库中选择系统已有的方程式，或者将自定义的方程式添加至方程式库，方便后续快速调用。

1）调用方程式。双击方程式库列表中的方程式，将其填入左侧"方程式"输入框中，可在视口中预览，如图4-38所示，并可以在此基础上修改方程式。

图4-38 调用方程式

2）保存至库。填写自定义方程式后，单击"添加到列表"，可将方程式添加至方程式库，并根据方程式类型归至对应列表。

4.4 辅助绘图工具

4.4.1 圆角与倒角

1. 圆角

"圆角"工具在两个草图曲线的交叉处剪裁掉角部，从而生成一个切线弧。单击"草图"工具栏中的"圆角"，弹出"绘制圆角"命令面板，如图4-39所示。

（1）"绘制圆角"命令面板各选项含义

● "参数"选项：圆角的半径值。

● "保持拐角约束"选项：默认为选中状态；如果顶点具有尺寸或约束，将保留虚拟交点。

● "标注每个圆角尺寸"选项：创建单个或多个圆角时，标注所有圆角尺寸。

● "进行圆角的元素"拾取框：选择两条草图线或两条线的交点，也可框选草图自动判定。

图 4-39 "绘制圆角"命令面板

> **注意**：若直线尺寸小于圆角设置值，则原线被删除，反向生成一根线并生成圆角，如图4-40所示。

（2）绘制圆角的操作方法 单击"圆角"后，在命令面板中输入圆角的半径参数，然后在视口中选择创建圆角的交点或相交线，生成圆角预览，若有必要，可拖拽尺寸线更改圆角半径，如图4-41所示。单击"应用"或"确定"，完成圆角的创建。

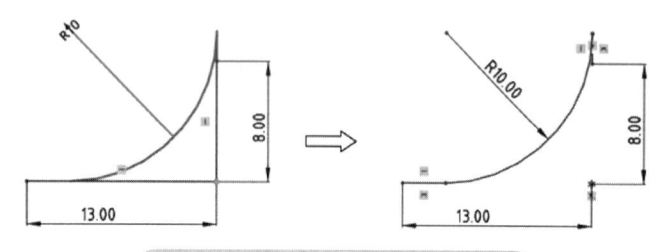

图 4-40 直线尺寸小于圆角设置值

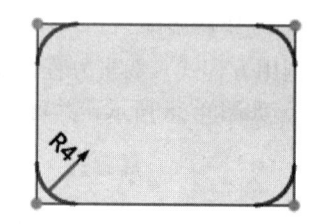

图 4-41 拖拽尺寸线更改圆角半径

技巧：

在完成元素拾取，可以支撑该命令的创建时，鼠标指针显示确认标识，此时右击相当于单击"应用"或"确定"。

2. 倒角

在两条不平行的草图线之间，通过定义参数创建倒角。单击"草图"工具栏中的"距离/距离倒角"，弹出"绘制倒角"命令面板，如图4-42所示。

（1）"绘制倒角"命令面板各选项含义

● "倒角类型"选项：支持"距离/距离倒角"和"距离/角度倒角"两种类型。

● "相等距离"选项：仅在选择"距离/距离倒角"时可勾选，不勾选时可设置不同倒角值。

- "参数"选项：设置倒角距离、角度等值。倒角类型不同，参数设置不同。
- "进行倒角的元素"拾取框：选择待倒角的元素，可选择两条草图线或交点，支持框选交点。

（2）绘制倒角的操作方法　单击"距离/距离倒角"，"倒角类型"切换至"距离/角度倒角"，输入距离及角度数值，在视口中选择创建倒角的边线或交点，出现倒角预览，如图 4-43 所示，单击"应用"或"确定"完成倒角的创建。

图 4-42　"绘制倒角"命令面板

图 4-43　创建距离/角度倒角

4.4.2　裁剪工具

1. 剪裁

"剪裁"用于将曲线修剪到第一个交点或有界图元，如果未找到交点或有界图元，则删除整条曲线。单击"草图"工具栏中的"剪裁"，弹出"剪裁"命令面板，如图 4-44 所示。CrownCAD 提供"快速裁剪"和"剪裁到最近端"两种剪裁方式。

（1）"快速裁剪"操作方法　单击"剪裁"，勾选"快速裁剪"选项。按住鼠标左键拖动，裁剪与拖动路径相交的草图线，如图 4-45 所示。

（2）"剪裁到最近端"操作方法　单击"剪裁"，勾选"剪裁到最近端"选项。鼠标移动至待裁剪的线，被裁剪线加粗显示，留下的线正常显示，如图 4-46 所示。单击后将线裁剪至最近交点处，如图 4-47 所示。

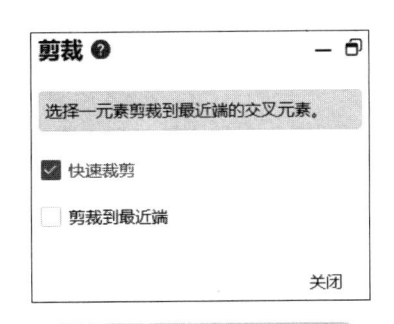

图 4-44　"剪裁"命令面板

图 4-45　快速裁剪

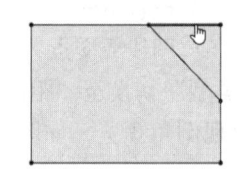

图 4-46 选择待裁剪线

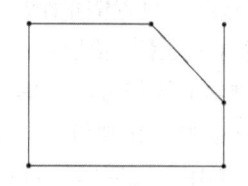

图 4-47 剪裁到最近端

2. 延伸

拾取两条线，第一条线自动延伸到第二条线。单击"草图"工具栏中"剪裁"下拉框中的"延伸" ，弹出"延伸"命令面板，如图 4-48 所示。

"延伸"操作方法：单击"延伸"，进入延伸绘制模式。在视口内选定一条需要延伸的线，然后移动鼠标到要延伸到的元素上，此时出现预览效果，单击该元素，生成延伸线，并自动添加点在线上的约束。绘制过程如图 4-49 所示。

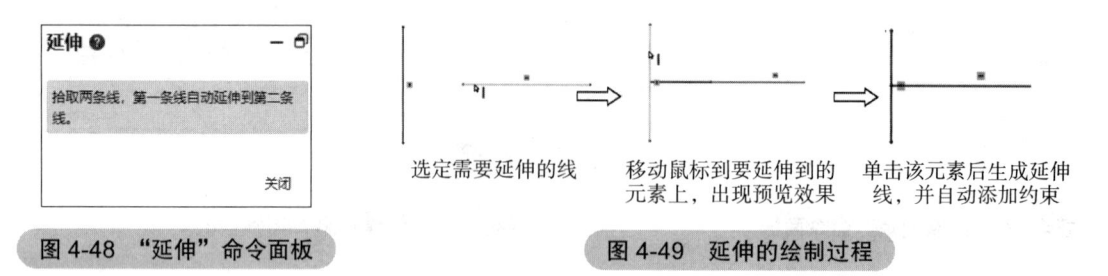

图 4-48 "延伸"命令面板

图 4-49 延伸的绘制过程

3. 分割

在草图线上创建点以打断草图线。在草图绘制状态下，单击"草图"工具栏中"剪裁"下拉框中的"分割" ，弹出"分割"命令面板，如图 4-50 所示。

"分割"操作方法：在草图线上单击，线段从单击位置处断成两条线，断开的草图线之间自动添加约束，如图 4-51 所示，用户可以手动删除此约束。

图 4-50 "分割"命令面板

图 4-51 分割草图线

4.4.3 阵列与镜像

阵列与镜像是对所选草图元素进行复制的过程。阵列包括圆周阵列和线性阵列，它可以在圆形或者矩形上创建多个副本；镜像可以在对称位置创建副本。

1. 线性草图阵列

将一个或多个草图元素按照一个或两个方向排列有限个复制元素。在草图绘制状态下，单击"草图"工具栏中的"线性草图阵列" ，弹出"线性草图阵列"命令面板，如图 4-52 所示。

（1）"线性草图阵列"命令面板各选项含义

● "要阵列的元素"拾取框：选择当前草图内的线条或绘制点作为阵列源，可多选。

- "方向1"选项组：设置阵列方向1的参数，可拾取一条直线作为方向。
  - ➢ "标注方向1间距"选项：用于控制是否生成距离尺寸标注，如图4-53所示。
  - ➢ "标注方向1实例计数"选项：用于控制是否生成数量标注，如图4-53所示。

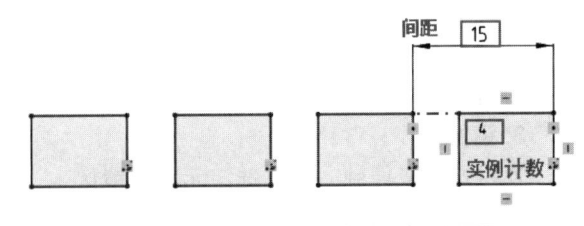

图4-52 "线性草图阵列"命令面板

图4-53 标注方向1间距和实例计数

- "方向2"选项组：控制是否在方向2上生成实例。方向与X轴角度默认为90°。
- "只阵列源"选项：只阵列沿两条直线方向上的两列。
- "跳过实例"选项：在阵列预览中选择要跳过的草图元素，不生成该实例。

（2）"线性草图阵列"操作方法　单击"线性草图阵列"，弹出"线性草图阵列"命令面板。拾取要阵列的元素，设置距离、实例数等参数，勾选"跳过实例"后，在视口中选择需要跳过的实例，如图4-54所示，单击"确定"，完成线性草图阵列的创建。

2. 圆周草图阵列

将一个或多个草图元素沿圆周方向排列有限个复制元素。在草图绘制状态下，单击"草图"工具栏中"线性草图阵列"下拉框中的"圆周草图阵列"　，弹出"圆周草图阵列"命令面板，如图4-55所示。

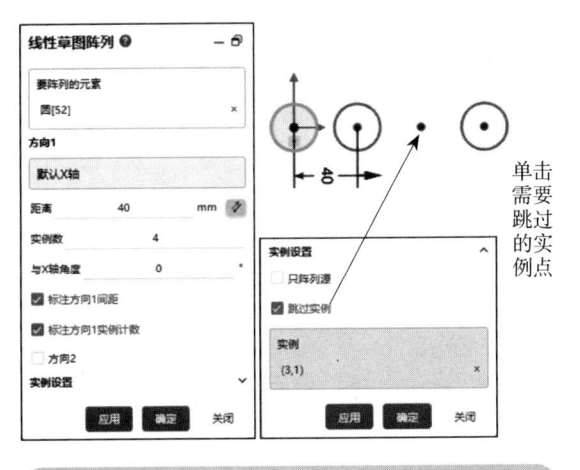

图4-54 "线性草图阵列"参数设置及预览效果

图4-55 "圆周草图阵列"命令面板

（1）"圆周草图阵列"命令面板各选项含义
- "要阵列的元素"拾取框：选择当前草图内的线条或绘制点作为阵列源。
- "中心点"拾取框：拾取阵列中心。不拾取元素时，中心点默认为"草图原点"。
- "相等间距"选项：控制输入的角度是阵列总角度还是间隔角度。
- "标注间距""标注半径"和"标注实例计数"选项：用于控制是否生成角度、半径和实例计数标注，默认不勾选，勾选后会显示相关数值并能够进行修改。
- "中心点参数"选项：用于显示和设置中心点相关参数。
- "跳过实例"选项：用来选择需要跳过的实例，与线性草图阵列方法一致。

（2）"圆周草图阵列"操作方法　单击"圆周草图阵列"，弹出"圆周草图阵列"命令面板。拾取要阵列的元素，设置角度、实例数等参数。单击"确定"，完成圆周草图阵列的创建，如图4-56所示。

3. 镜像

通过选择镜像轴，创建选定元素的镜像副本。在草图绘制状态下，单击"草图"工具栏中的"镜像"，弹出"镜像"命令面板，如图4-57所示。

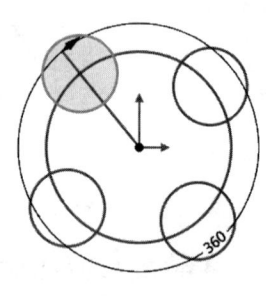

图 4-56　"圆周草图阵列"参数设置及预览效果

（1）"镜像"命令面板各选项含义
- "要镜像的元素"拾取框：在视口中选择要镜像的元素，自动填充到列表中。
- "复制"选项：勾选则生成一条新的镜像线，原镜像元素仍在。
- "镜像轴"拾取框：单击选择草图内的一条线或草图的 X、Y 轴作为镜像轴。

（2）"镜像"操作方法　单击"镜像"，弹出"镜像"命令面板，选择草图内的直线作为镜像轴，可预览镜像后的元素。单击"应用"或"确定"，完成镜像的创建，如图4-58所示。

图 4-57　"镜像"命令面板

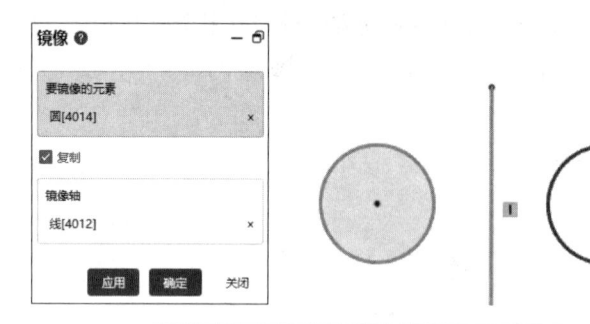

图 4-58　"镜像"参数设置及预览效果

4.4.4　转换边界与交叉曲线

1. 转换边界

选择一模型的边线、环、面、曲线、外部草图线、一组边线或一组曲线，投影到当前草图平面上，创建草图线。在草图绘制状态下，单击"草图"工具栏中的"转换边界"，弹出"转换边界"命令面板，如图4-59所示。

(1)"转换边界"命令面板各选项含义
- "选择链"选项:选择草图线相关联的链,必须是草图线。
- "实体"拾取框:在视口中选择待转换元素,在列表中显示所选元素。
(2)转换效果 以面为例,选择一实体面来转换面的边线,转换效果如图4-60所示。

图4-59 "转换边界"命令面板

图4-60 转换效果

2. 交叉曲线

用于生成当前草图平面与所选面的交线。在草图绘制状态下,单击"草图"工具栏中的"交叉曲线",弹出"交叉曲线"命令面板,如图4-61所示。

交叉曲线绘制方法:单击"交叉曲线",弹出"交叉曲线"命令面板,选择与当前草图平面相交的面(按住〈Ctrl〉键可以多选)。单击"确定"生成交线,如图4-62所示,且交线上自动生成"交叉曲线"约束。

图4-61 "交叉曲线"命令面板

图4-62 创建交叉曲线

4.4.5 编辑图元工具

1. 复制图元

复制选中的图元。在草图绘制状态下,单击"草图"工具栏中"移动图元"下拉框中的"复制图元",弹出"复制图元"命令面板,如图4-63所示。

"复制图元"命令面板各选项含义如下:
- "要复制的元素"拾取框:在视口中选择要复制的元素。
- "起点"拾取框:选择起点与终点,创建复制的图元,其预览效果如图4-64所示。

图4-63 "复制图元"命令面板

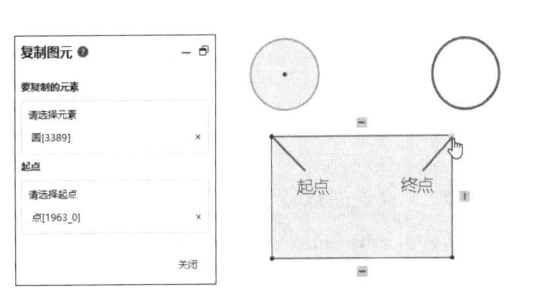

图4-64 复制图元预览效果

2. 移动图元

移动选中的图元。在草图绘制状态下，单击"草图"工具栏中的"移动图元" ，弹出"移动图元"命令面板，如图 4-65 所示。

"移动图元"命令面板各选项含义如下：
- "要移动的图元"拾取框：在视口中选择要移动的元素，自动填充到列表中。
- "移动方式"选项：支持"从 / 到"和"XY"两种移动方式。
  ➢ "从 / 到"移动方式：选择移动的起点及终点，单击后创建移动后的图元，如图 4-66 所示。

图 4-65 "移动图元"命令面板

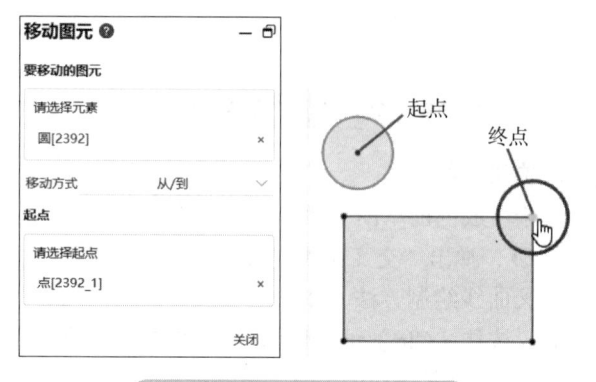

图 4-66 "从 / 到"移动方式

  ➢ "XY"移动方式：分别输入 X、Y 方向数值来移动图元，通过输入负值实现反向移动。

技巧：

在完成元素拾取时，鼠标指针显示确认标识，此时右击可跳转至下一拾取框，不必再通过左键单击切换。

3. 缩放图元

缩放选中的图元。在草图绘制状态下，单击"草图"工具栏中"移动图元"下拉框中的"缩放图元" ，弹出"缩放图元"命令面板，如图 4-67 所示。

图 4-67 "缩放图元"命令面板

"缩放图元"命令面板各选项含义如下：
- "要缩放的图元"拾取框：在视口中选择要缩放的元素（草图内的线、绘制点）。
- "缩放中心"拾取框：选择缩放的中心点，可以是草图内外的草图点、顶点等。
- "缩放比例"选项：输入缩放比例的数值，> 1 是放大，0~1 是缩小。

- "复制"选项：勾选则保持所选图元不动，生成缩放的复制新图元。复制个数 > 1 时，第 n 个实例的缩放比例为"1-（1-缩放比例）×n"，其效果如图 4-68 所示。

4. 旋转图元

旋转选中的图元。在草图绘制状态下，单击"草图"工具栏中"移动图元"下拉框中的"旋转图元" ，弹出"旋转图元"命令面板，如图 4-69 所示。

图 4-68 复制缩放图元效果

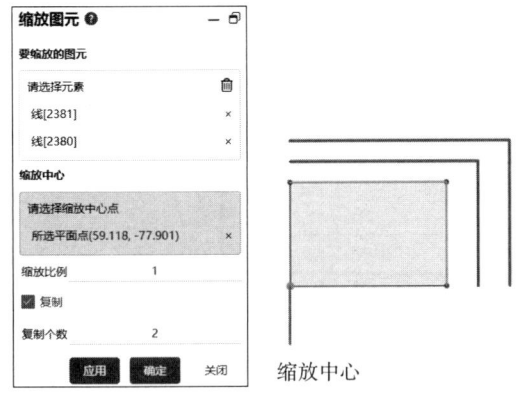

图 4-69 "旋转图元"命令面板

"旋转图元"命令面板各选项含义如下：
- "要旋转的元素"拾取框：在视口中选择要旋转的元素（草图内的线、绘制点）。
- "旋转中心"拾取框：选择旋转的中心点，可以是草图内外的草图点、顶点等。
- "角度"选项：输入元素要旋转的角度值；选中的旋转元素、旋转中心点呈高亮显示，元素出现旋转角度后的预览效果如图 4-70 所示。

5. 偏移

选择一条线或多条线，偏移指定距离以创建偏移线。在草图绘制状态下，单击"草图"工具栏中的"偏移" ，弹出"偏移"命令面板，如图 4-71 所示。

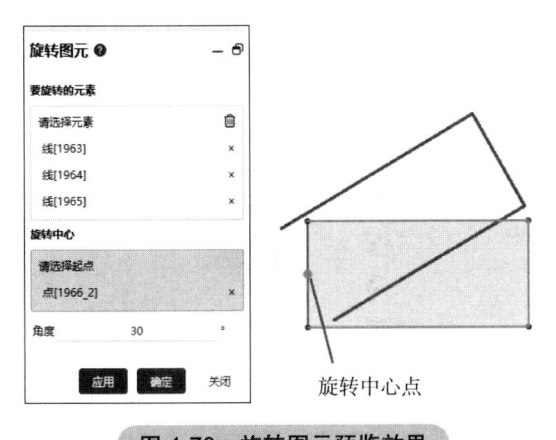

图 4-70 旋转图元预览效果

图 4-71 "偏移"命令面板

"偏移"命令面板各选项含义如下：
- "参数"选项：设置偏移的距离，距离值可以是负值。
- "添加尺寸约束"选项：根据偏移距离创建尺寸约束。

- "反向"选项：调整偏移方向。
- "选择链"选项：选择一条草图线相连的一个链，如图4-72所示。
- "双向"选项：生成两侧对称的偏移线。

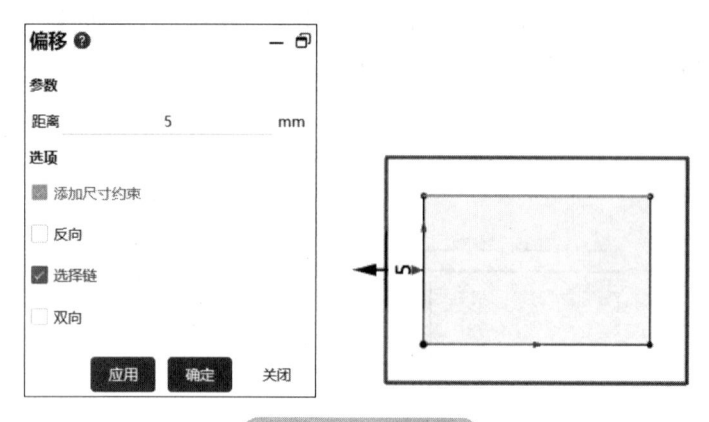

图4-72 创建偏移

4.4.6 插入图片与插入dwg

1. 插入图片

草图绘制状态下支持插入png、jpg、jpeg、bmp格式的图片。在草图绘制状态下，单击"草图"工具栏中的"插入图片" ，弹出"插入图片"命令面板，如图4-73所示。

> 注意：每次只能插入一张图片，且插入的图片与项目中或计算机本地的图片不关联。

插入图片后，再次双击，可通过修改如图4-74所示的命令面板参数或拖拽图片边界锚点改变图片大小和位置；可右击或按〈Delete〉键删除图片。

图4-73 "插入图片"命令面板

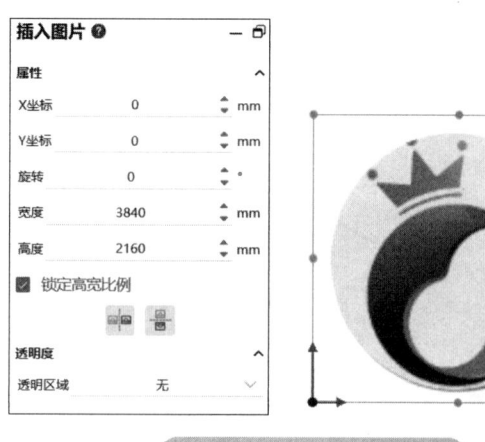

图4-74 编辑插入的图片

2. 插入dwg

CrownCAD在草图绘制状态时，支持直接插入dwg格式的文件并将其转换为草图元素，帮助用户快速引用已有图纸数据。在草图绘制状态下，单击"草图"工具栏中的"插入dwg" ，弹出

"插入 dwg"命令面板,如图 4-75 所示。

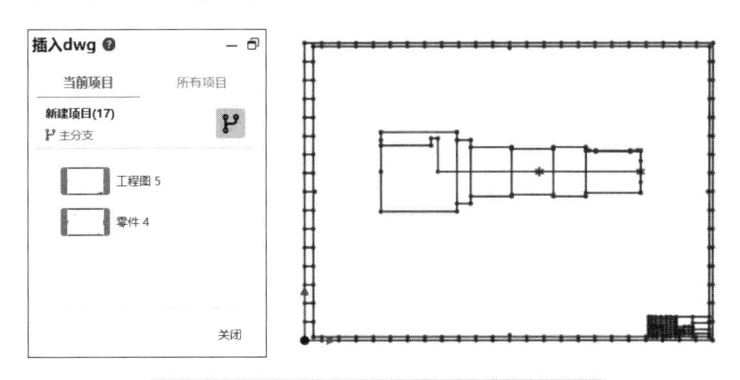

图 4-75 "插入 dwg"命令面板及预览效果

选择项目中已导入的 dwg 文件,dwg 文件中的图形元素原点与草图原点重合。

4.4.7 检查草图

"检查草图"命令用于查找草图中在设定范围内的所有不封闭的轮廓。在草图绘制状态下,单击"草图"工具栏中的"检查草图" ,弹出"检查草图"命令面板,如图 4-76 所示。

"检查草图"命令面板各选项含义如下:

- "缝隙大小"选项:设置缝隙值,显示小于该值的所有缝隙。更改值后,单击右边的"刷新" 重新查找。
- 数量:符合条件的缝隙数量,可"向前" 和"向后" 查看。
- "局部放大"选项:放大符合设定条件的元素位置,便于查看。
- 问题描述:提示缝隙、重合等,如图 4-77 所示。

图 4-76 "检查草图"命令面板

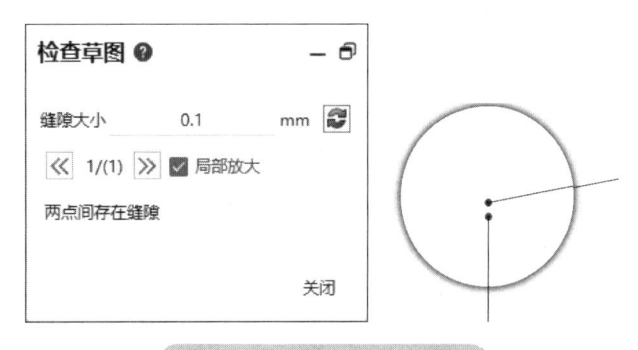

图 4-77 检查草图提示缝隙

4.5 草图约束工具

4.5.1 尺寸约束工具

1. 尺寸约束

对草图实体添加水平、竖直、长度、角度和半径标注,并可对添加的标注进行编辑。尺寸编辑仅在无命令状态或尺寸约束命令状态下有效。在草图绘制状态下,单击"草图"工具栏中的"尺寸约束" ，"尺寸约束"命令呈高亮显示状态。

（1）长度标注　标注一条线或者两个点的长度。单击选择一条线或者两个点，拖动鼠标确定文本位置，再次单击结束标注，此时可编辑尺寸值。标注结束后单击尺寸值也可进行尺寸更改，更改后单击"确定" 或按〈Enter〉键结束标注，如图4-78所示。

（2）水平距离标注　标注一条线或者两个点的水平距离。单击选择一条线或者两个点，拖动鼠标确定文本位置，再次单击结束标注，此时可编辑尺寸值，如图4-79所示。

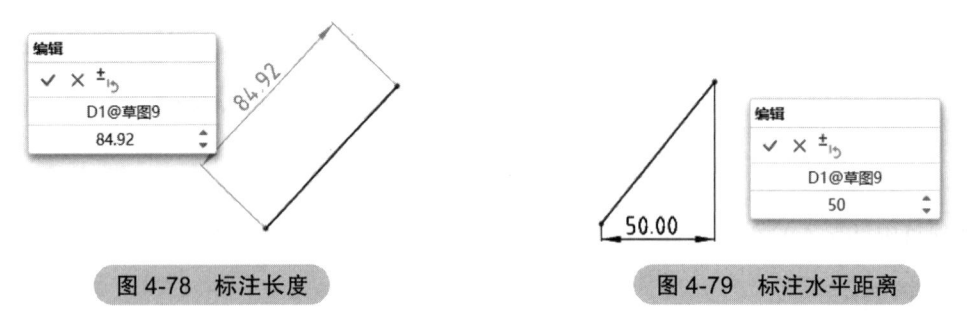

图4-78　标注长度

图4-79　标注水平距离

（3）竖直距离标注　标注一条线或者两个点的竖直距离。单击选择一条线或者两个点，拖动鼠标确定文本位置，再次单击结束标注，如图4-80所示。

（4）平行距离标注　标注两条平行线间的距离。单击选择一条线段，再单击选择第二条线段，拖动鼠标确定文本位置，再次单击结束标注，如图4-81所示。

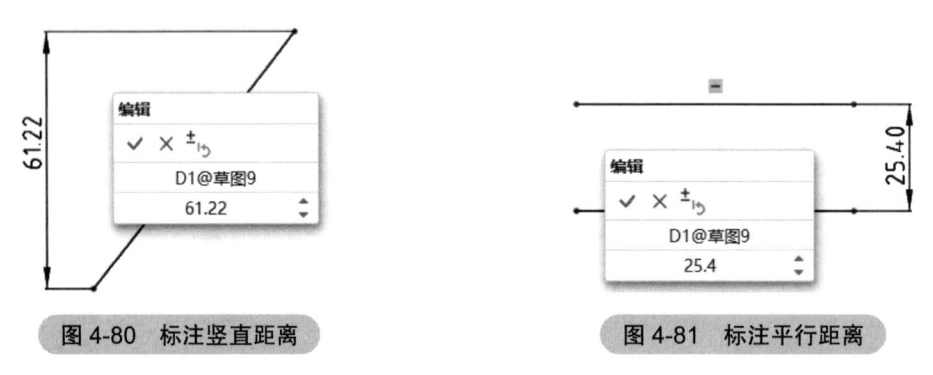

图4-80　标注竖直距离

图4-81　标注平行距离

（5）角度标注　标注两条非平行线之间的夹角。单击选择一条线段，再单击选择第二条线段，拖动鼠标确定文本位置，再次单击结束标注，如图4-82所示。

（6）直径/半径标注　标注圆的直径或圆弧的半径。单击选择圆或圆弧线，拖动鼠标确定文本位置，再次单击结束标注，如图4-83所示。

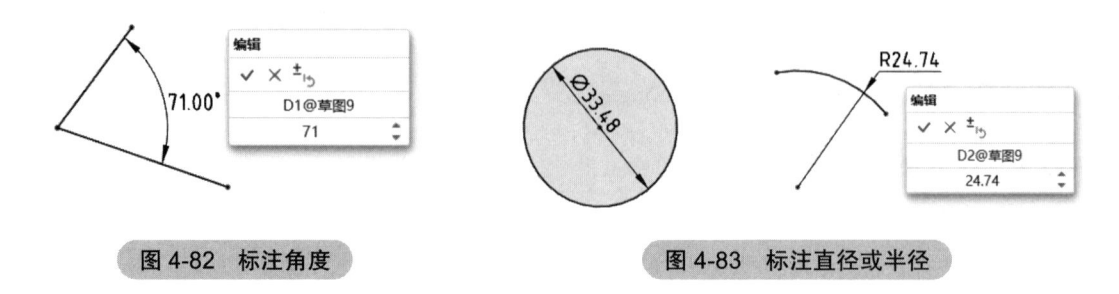

图4-82　标注角度

图4-83　标注直径或半径

单击圆/圆弧线或直径/半径尺寸线,在弹出的属性命令面板中可以切换直径/半径,如图 4-84 和图 4-85 所示。

图 4-84　圆属性

图 4-85　尺寸属性

（7）最大/最小尺寸标注　尺寸标注所选元素中有圆或圆弧时,可通过对"尺寸属性"中"引线"的设置标注其中心和最大、最小尺寸,如图 4-86 所示。

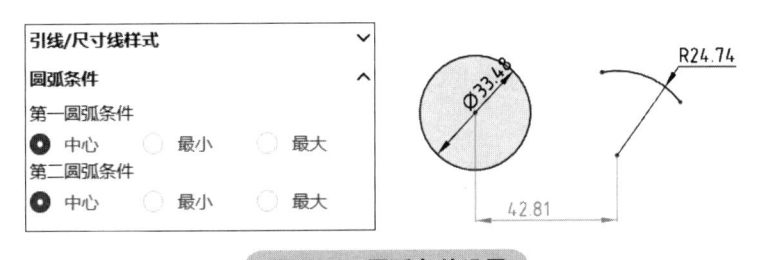

图 4-86　圆弧条件设置

注意：标注时直接选择圆心不出现对应的圆弧条件设置项,仅选择圆形边线时才有其对应的设置项。

（8）对称尺寸标注　此操作可在同一草图中标注点、线、圆、圆弧到中心线/参考线的 2 倍尺寸,且支持切换尺寸。

1）标注对称尺寸。用"尺寸约束"命令标注两个元素,其中一个元素为中心线/参考线;将尺寸数字放置在超出中心线的位置,则标注为对称尺寸,如图 4-87 所示。

2）更改尺寸类型。生成对称尺寸后,通过尺寸对应的"尺寸属性"→"引线"→"直径/半径",更改尺寸为半径尺寸或直径（对称）尺寸,如图 4-88 所示。

（9）0 值尺寸标注　在草图中,可将两个元素之间的距

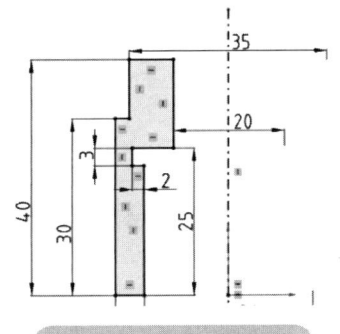

图 4-87　标注对称尺寸

离或角度标注为 0，且标注的 0 值尺寸可再次修改为其他数值，如图 4-89 所示。

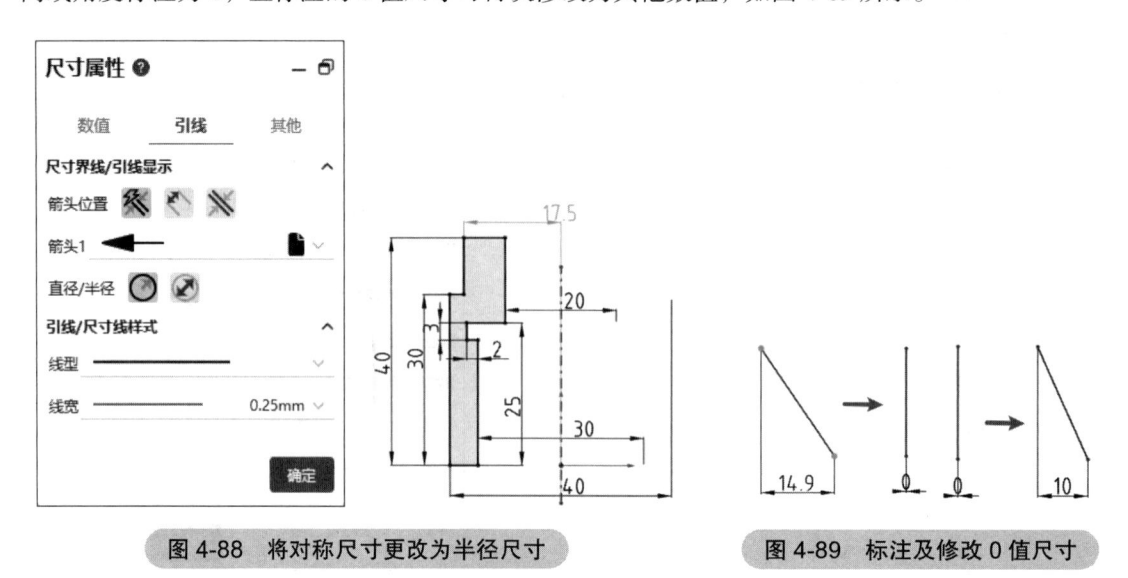

图 4-88　将对称尺寸更改为半径尺寸

图 4-89　标注及修改 0 值尺寸

（10）从动 / 驱动尺寸　尺寸标注过程中可标注从动尺寸或将驱动尺寸转换为从动尺寸。从动尺寸只显示尺寸值但不驱动模型，没有约束效果，如图 4-90 所示。

2. 基准尺寸

支持创建基准尺寸标注，可以从同一基准点或基准线开始线性尺寸标注，如图 4-91 所示。单击"尺寸约束"下拉框中的"基准尺寸"，依次选择要标注的元素，第一个元素为基准元素，自动标注后续元素和第一个元素之间的尺寸。

3. 尺寸链

支持创建尺寸链标注，如图 4-92 所示。单击"尺寸约束"下拉框中的"尺寸链"，单击选择点或直线作为尺寸链 0 尺寸的标注元素，移动鼠标后再次单击，放置 0 尺寸，选择其他要标注的元素，生成尺寸链标注。

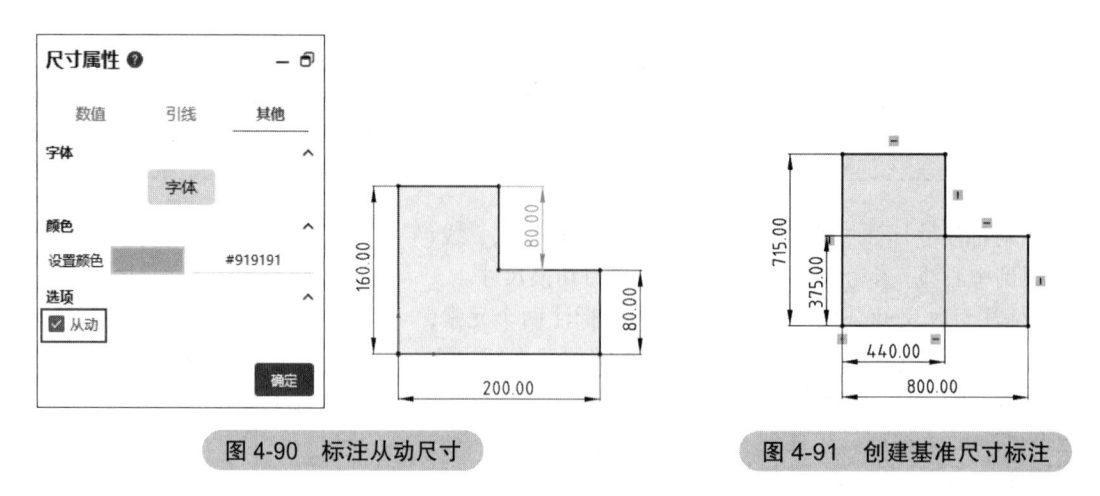

图 4-90　标注从动尺寸

图 4-91　创建基准尺寸标注

4. 标注弧长

支持创建弧长标注，如图 4-93 所示。单击"尺寸约束"下拉框中的"标注弧长"，单击弧线，生成弧长尺寸。

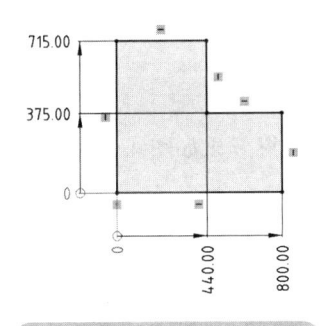

图 4-92 创建尺寸链标注　　　　　　图 4-93 创建弧长标注

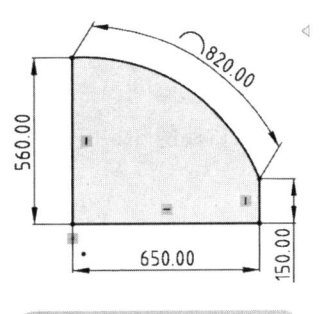

4.5.2 几何约束工具

添加或删除草图与草图、草图与外部元素之间的约束关系。

1. 添加约束

在草图绘制状态下，单击"添加约束"，弹出"添加约束"命令面板，如图 4-94 所示。

- "请选择元素"拾取框：在视口中选择草图元素，自动填充到列表中。
- "约束"显示框：显示所选草图在绘制过程中自动添加的或使用"添加约束"生成的约束。当在列表中选择一项时，图形区域中对应的元素高亮显示。
- "添加约束"选项：在视口中选择草图元素，"添加约束"下方会显示可添加的几何约束，如图 4-95 所示，单击所需几何约束，完成几何约束的添加。

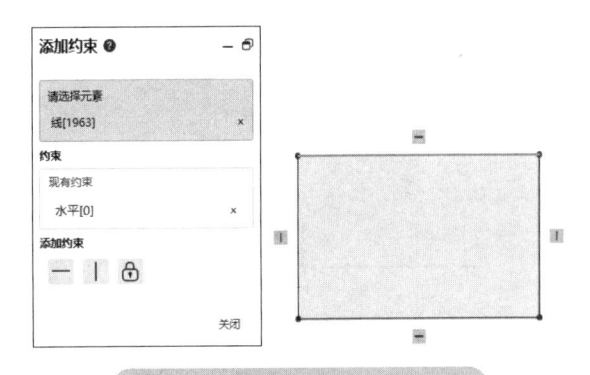

图 4-94 "添加约束"命令面板　　　　图 4-95 显示可添加的几何约束

2. 删除约束

删除当前草图、过约束/未解出、所选元素中的约束。

在草图绘制状态下，单击"草图"工具栏中"添加约束"下拉框中的"删除约束"，弹出"删除约束"命令面板，如图 4-96 所示。

选择删除约束的筛选方式：

- "全部在此草图中"：显示当前草图中的所有约束，单击 × 删除。
- "过约束/未解出"：显示当前草图中的过约束或未解出的约束，单击 × 删除。

图 4-96 "删除约束"命令面板

● "所选元素"：显示选择的当前草图中元素被定义的约束，单击 × 删除。

4.6 综合实例

下面应用本章讲解的知识完成阀体截面草图轮廓的绘制，最终效果如图 4-97 所示。

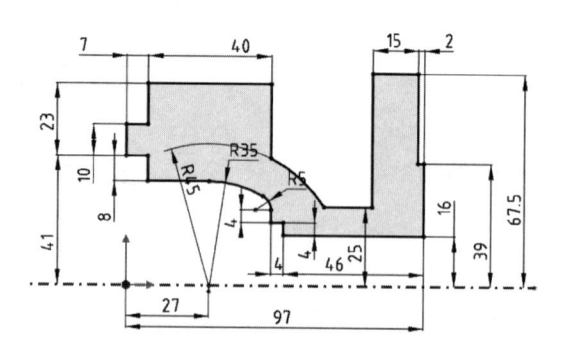

图 4-97 阀体截面草图轮廓最终效果

步骤 1 登录账号后，单击"新建项目"，创建零件文档——阀体。

步骤 2 单击"绘制草图"，选择"前视基准面"作为草图的基准面，进入草图绘制环境。

步骤 3 单击"草图"工具栏中的"直线"，勾选命令面板中的"中心线"选项，单击坐标原点，绘制水平中心线，如图 4-98 所示。

步骤 4 继续单击"直线"，绘制如图 4-99 所示的连续直线轮廓，并通过"尺寸约束"和"添加约束"命令将轮廓完全定义。

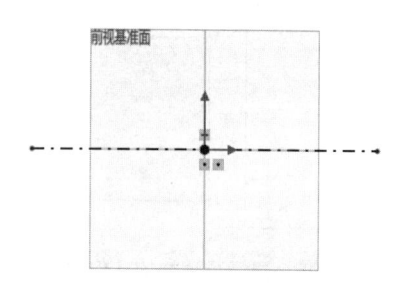

图 4-98 绘制水平中心线

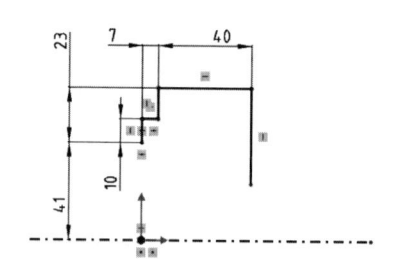

图 4-99 绘制连续直线轮廓 1

步骤 5 单击"中心圆弧"，选择"3点圆弧"，绘制如图 4-100 所示的圆弧；然后单击圆弧的圆心，按住〈Ctrl〉键再单击中心线，在命令面板中选择"点在线上"约束，完成圆弧的约束。

步骤 6 单击"直线"，弹出命令面板。单击圆弧终点，确定直线的起始位置，依次绘制如图 4-101 所示的连续直线轮廓。

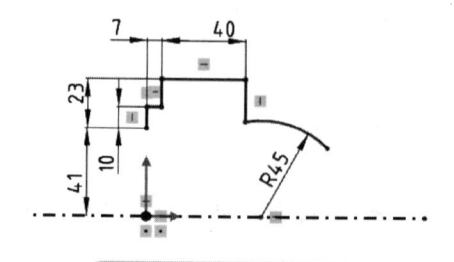

图 4-100 绘制 3 点圆弧

步骤 7 单击"尺寸约束"，完成如图 4-102 所示的轮廓的尺寸标注。

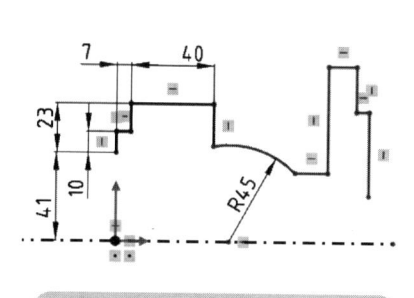

图 4-101 绘制连续直线轮廓 2

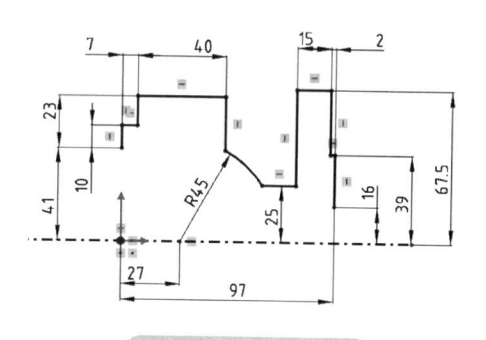

图 4-102 尺寸标注

步骤 8 单击"直线" ，绘制如图 4-103 所示的连续直线轮廓。保持连续绘制状态，在任意位置右击，选择快捷菜单中的"转到圆弧/直线"，绘制完成一条圆弧，然后再次右击，选择"转到圆弧/折线"，完成第二条圆弧的绘制，如图 4-104 所示。

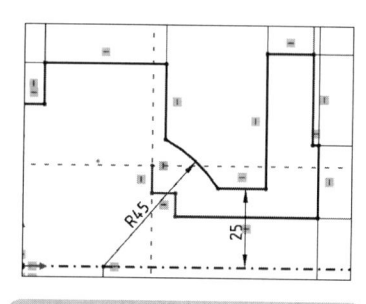

图 4-103 绘制连续直线轮廓 3

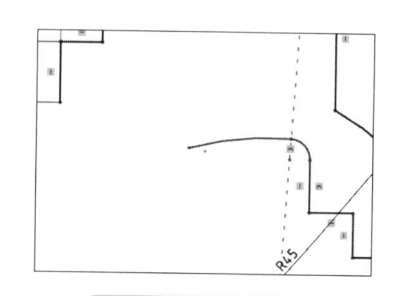

图 4-104 绘制圆弧

步骤 9 单击"直线" ，绘制如图 4-105 所示的连续直线轮廓，完成封闭轮廓的绘制。

步骤 10 单击"尺寸约束"和"添加约束"，为图中未定义的轮廓添加尺寸及几何约束，直至完全定义，如图 4-106 所示，完成最终草图轮廓的绘制。

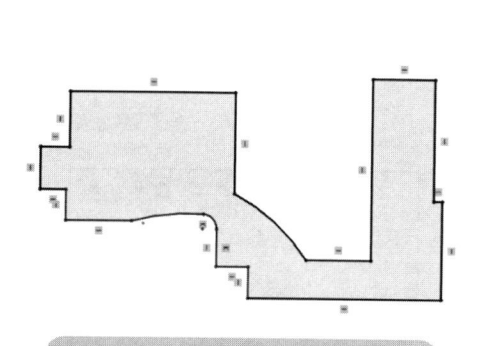

图 4-105 绘制连续直线轮廓（4）

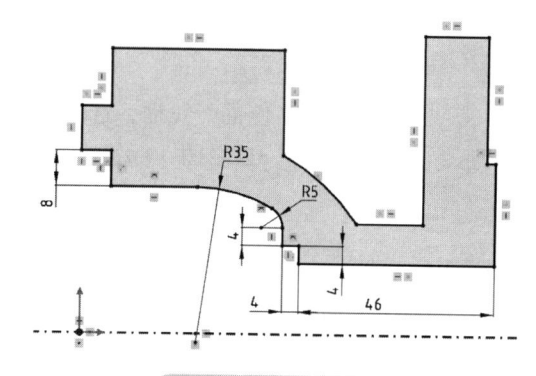

图 4-106 定义轮廓

第 5 章 3D 草图与空间曲线

5.1 概述

3D 草图是一种在三维建模环境中创建和编辑的草图，它允许用户在三维空间中直接定义和塑造几何形状，而不是在传统的二维平面上进行绘制。3D 草图为设计者提供了更高的设计自由度和更直观的设计方式，使复杂形状的结构设计更为简单高效。

5.2 3D 草图

5.2.1 3D 空间控标

进入 3D 草图后，在视口区域单击定义草图实体的第一个点时，空间控标就会出现，如图 5-1 所示。这个控标由相互垂直的两条红色轴和一条蓝色轴构成，红色轴表示当前的草图平面，绘制时可通过〈Tab〉键切换草图绘制平面。

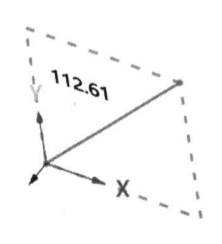

图 5-1 空间控标

5.2.2 绘制 3D 草图

单击"绘制草图"右侧的下拉框，选择"3D 草图"，如图 5-2 所示。进入草图绘制环境后，图形视口正下方出现"正在 3D 草图"标签，如图 5-3 所示。

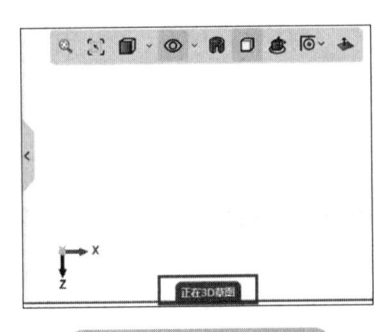

图 5-2 3D 草图

图 5-3 正在 3D 草图

执行绘制命令后，X、Y 轴高亮显示，表明当前草图绘制平面为 XY 平面。按〈Tab〉键循环切换草图坐标系对应的 3 个平面，或按〈Ctrl〉键选择面切换绘制平面，如图 5-4 所示。

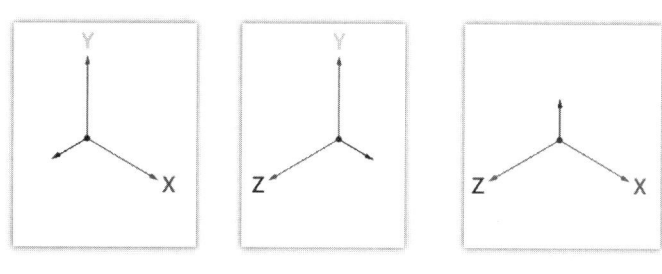

按〈Tab〉键切换绘制平面

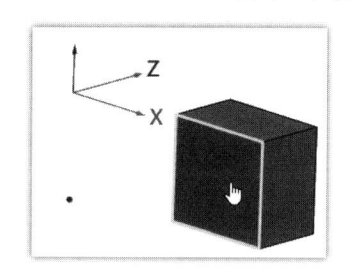

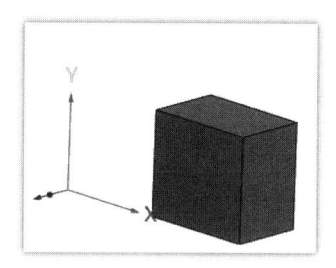

按〈Ctrl〉键选择面快速切换绘制平面

图 5-4　切换绘制平面

5.3　空间曲线

5.3.1　三维曲线

通过选择点创建三维曲线。单击"特征"工具栏中的"三维曲线" ，弹出"三维曲线"命令面板，如图 5-5 所示。

"三维曲线"命令面板各选项含义如下：

● "顶点"拾取框：可以是实体顶点、草图线起始点、中点、草图点，至少选择两个。

● "折弯曲线"选项：线性连接各点，并增加圆角，如图 5-6 所示。选择少于 3 个顶点时，此选项不会显示。

● "是否闭合"选项：创建闭合的三维曲线，如图 5-7 和图 5-8 所示。

图 5-5　"三维曲线"命令面板

图 5-6　勾选"折弯曲线"选项　　　图 5-7　不勾选"是否闭合"选项　　　图 5-8　勾选"是否闭合"选项

5.3.2 通过 XYZ 点的三维曲线

通过输入点坐标或导入点的坐标值创建三维曲线。单击"特征"工具栏中"三维曲线"右侧的下拉框，选择"通过 XYZ 点的三维曲线" ，其命令面板如图 5-9 所示。

（1）"通过 XYZ 点的三维曲线"命令面板各选项含义

● "导入"选项：导入点坐标文档（Txt/Excel），文档中的值分为三列，代表 X、Y、Z 三列。

● "添加"选项：在下方依次添加点的行数。

● "插入"选项：选中一行，单击"插入"，在选中行的上方插入新的一行。

● "另存为 Excel"和"另存为 Txt"选项：点坐标以 Excel/Txt 格式输出。

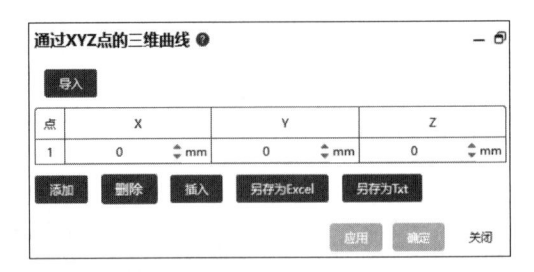

图 5-9 "通过 XYZ 点的三维曲线"命令面板

（2）"通过 XYZ 点的三维曲线"操作方法　单击"特征"工具栏中"三维曲线"右侧的下拉框，选择"通过 XYZ 点的三维曲线"，在弹出的命令面板中逐个输入点坐标，如图 5-10 所示，单击"确定"，完成创建。

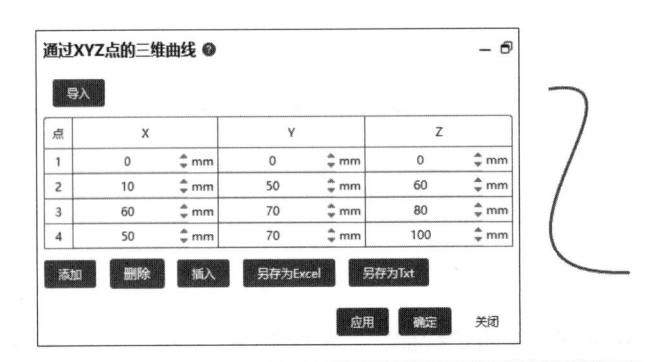

图 5-10 "通过 XYZ 点的三维曲线"命令面板及预览效果

5.3.3 投影曲线

将绘制的曲线投影到模型面上生成一条空间曲线，或者两个相交基准面上的草图，分别在各自垂直方向投影曲面相交生成一条空间曲线，有"面上草图"和"草图上草图"两种。

1. 面上草图

将绘制的曲线投影到模型面上生成一条空间曲线。单击"特征"工具栏中"三维曲线"右侧的下拉框，选择"投影曲线" ，其界面如图 5-11 所示。

（1）"面上草图"界面各选项含义

● "草图"拾取框：选择要投影的草图，该草图中只能含有一个开环或闭环，且只能选择一个草图（草图线在面上的投影须与面相交）。

● "投影面"拾取框：可以是平面、曲面或者基准面，可多选。

● "方向""反向"和"双向"选项：控制投影方向。

图 5-11 "面上草图"界面

（2）"面上草图"操作方式　单击"特征"工具栏中"三维曲线"右侧的下拉框，选择"投影曲线"。"草图"选择创建的草图，"投影面"选择创建的曲面，如图 5-12 所示，单击"确定"完成投影曲线的创建。

图 5-12　面上草图预览效果

2. 草图上草图

两个相交基准面上的草图，分别在各自垂直方向投影曲面相交生成一条空间曲线。单击"投影曲线"命令面板中的"草图上草图"，其界面如图 5-13 所示。

（1）"草图上草图"界面各选项含义
- "草图"拾取框：选择两个相交平面上的草图。
- "反向"和"双向"选项：控制草图的投影方向。

图 5-13　"草图上草图"界面

> **注意**：对正两个草图轮廓，当它们垂直于草图基准面投影时，其隐含的曲面会相交，从而生成相交曲线。

（2）"草图上草图"操作方法　分别在上视平面和右视平面创建两个草图，如图 5-14 所示。单击"特征"工具栏中"三维曲线"右侧的下拉框，选择"投影曲线"，弹出"投影曲线"命令面板后，切换至"草图上草图"界面。在视口区域选择绘制的两个草图，单击"确定"完成投影曲线的创建，如图 5-15 所示。

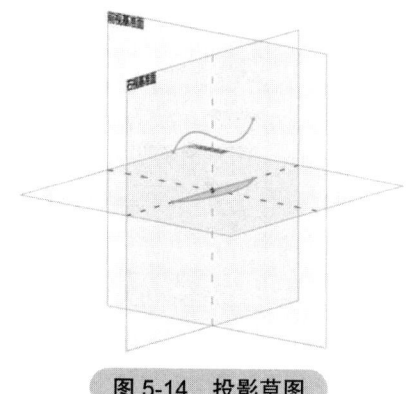

图 5-14　投影草图

图 5-15　草图上草图预览效果

5.3.4 组合曲线

通过选择连续的草图、边线及曲线，生成一条组合曲线。单击"特征"工具栏中"三维曲线"右侧的下拉框，选择"组合曲线" ，其命令面板如图5-16所示。

（1）"曲线"拾取框　拾取一条或多条待合并的曲线，可以是草图、边线、曲线，多选时必须是连续的。

图5-16　"组合曲线"命令面板

> 注意：选择整个草图时，草图中应仅有一个开环或闭环。

（2）"组合曲线"操作方法　单击"特征"工具栏中"三维曲线"右侧的下拉框，选择"组合曲线"。在视口区域选择创建组合曲线的草图及实体边线等，如图5-17所示，单击"确定"完成组合曲线的创建。

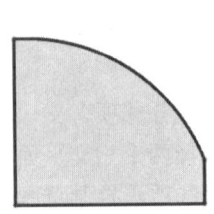

图5-17　"组合曲线"命令面板及预览效果

5.3.5 螺旋线/涡状线

单击"特征"工具栏中"三维曲线"右侧的下拉框，选择"螺旋线/涡状线" ，弹出"螺旋线/涡状线"命令面板，如图5-18所示，可使用此功能创建一条圆柱形或圆锥形螺旋曲线以及涡状线。

"螺旋线/涡状线"命令面板各选项含义如下：

● "选择草图或基准面绘制草图"拾取框：选择只含有一个圆的草图或选择一个平面绘制草图圆。

● "定义方式"选项：包含"螺距和高度""螺距和圈数""高度和圈数"和"涡状线"四种方式，不同方式对应不同参数，得到不同效果。

➤ "螺距和高度"：根据螺旋线的间距及其高度创建螺旋曲线。"螺距"代表螺旋曲线间的距离，"高度"代表螺旋曲线整体高度。

示例：选择草图圆，设置螺距和高度，预览效果如图5-19所示。

图5-18　"螺旋线/涡状线"命令面板

➢ "螺距和圈数"：根据螺旋线的间距及其圈数创建螺旋曲线。
➢ "高度和圈数"：根据螺旋线的高度及其圈数创建螺旋曲线。
➢ "涡状线"：根据螺旋线的螺距及其圈数创建涡状线。

示例：选择草图圆，设置螺距和圈数，预览效果如图 5-20 所示。

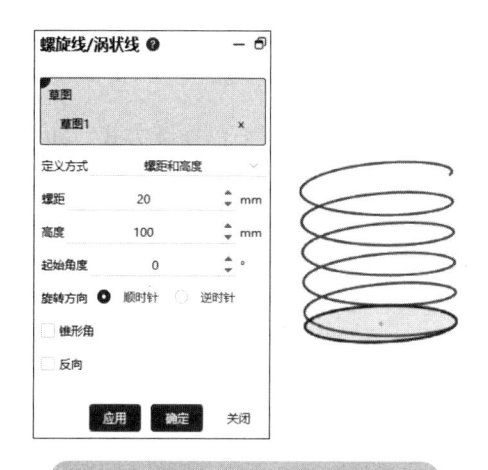

图 5-19 "螺距和高度"预览效果　　　　图 5-20 "涡状线"预览效果

- "起始角度"选项：指定螺旋线在草图圆上开始旋转的位置。
- "旋转方向"选项：包括"顺时针"和"逆时针"。
- "锥形角"选项：可设置结束角度值，形成锥形螺旋曲线。
- "反向"选项：曲线围绕旋转轴反向旋转。

5.3.6 桥接曲线

单击"特征"工具栏中"三维曲线"右侧的下拉框，选择"桥接曲线" ∿，弹出"桥接曲线"命令面板，如图 5-21 所示。

图 5-21 "桥接曲线"命令面板以及约束条件

"桥接曲线"命令面板各选项含义如下：

（1）"点"选项组
- "起始点"和"结束点"拾取框：选择曲线的起始点及结束点，点应该从线或面上选取，而非独立的点。
- "起始对象"和"结束对象"选项：有"线上点"和"面上点"两种方式，支持选择线上与面上的点，而非独立的点。
  - 线可以是草图线、空间曲线、曲面/实体边线，开环或闭环均可。
  - 面可以是曲面/实体的表面，封闭或开放面均可。

（2）"起始约束"和"结束约束"选项组　桥接曲线与点所在的线/面的连续方式，如图5-21右图所示。
- "连续方式"选项：可选"相接""相切""曲率"和"流"四种方式。
  - "相接"（G0）：桥接曲线与点所在的线/面接触。
  - "相切"（G1）：桥接曲线与点所在的线/面相切。
  - "曲率"（G2）：桥接曲线与点所在的线/面相切且曲率连续。
  - "流"（G3）：桥接曲线与点所在的线/面相切且曲率曲线相切连续。
- "切线方向"选项：通过空间向量 X、Y、Z 数值，表示起始点/结束点处桥接曲线的切线方向。
- "位置"选项：设置点在线/面上的位置。
- "权重"选项："相切""曲率"和"流"三种连续方式可以调整权重，不同权重效果见表5-1。

表 5-1　不同权重效果

权重 = 0.5	权重 = 1	权重 = 2	权重 = 5

（3）不同场景对应的选项
- 在线上取点，"位置"选项可选"弧长""弧长百分比"和"通过点"。
  - "弧长"：弧长为点当前位置与线起点沿线的长度。
  - "弧长百分比"：弧长百分比为点在所选曲线上与曲线起点沿曲线的长度与曲线总长度的百分比。
  - "通过点"：点坐标为点相对原点的坐标。
- 在面上取点，"桥接方向"可选"等参数 U""等参数 V"和"截面"。
  - "等参数 U"：等参数 U 为点与 U 曲线起点的距离和 U 曲线总长度的百分比。
  - "等参数 V"：等参数 V 为点与 V 曲线起点的距离和 V 曲线总长度的百分比。
  - "截面"：角度为桥接曲线在此端点处相切方向与 U 曲线切线方向的角度。

5.3.7　分割线

单击"特征"工具栏中"三维曲线"右侧的下拉框，选择"分割线"，弹出"分割线"命令面板，如图5-22所示。
- "待分割的面"拾取框：选择待分割的实体表面、平面或曲面，可多选。
- "分割工具"拾取框：选择与待分割面完全相交的草图，可以含有多个开环或闭环。

● "单向"选项：可调整投影方向。

具体操作及效果如图 5-23 所示。

图 5-22 "分割线"命令面板

图 5-23 "分割线"命令面板及预览效果

5.4 综合实例

下面通过具体实例讲解 3D 草图的绘制方法，最终效果如图 5-24 所示。

步骤1 在零件模式中，单击"特征"工具栏中"绘制草图"右侧的下拉框，选择"3D草图"，进入 3D 草图状态。

步骤2 单击"直线" ，弹出命令面板后，在视口区域单击坐标原点，此时默认的绘图基准面为 XY 平面，向上移动鼠标并单击，此时长度变为蓝色，输入尺寸数值"80"并按〈Enter〉键确认尺寸，如图 5-25 所示。

步骤3 按〈Tab〉键，切换绘图基准面至 YZ 基准面，向右移动鼠标，沿 Z 轴绘制直线，输入尺寸数值"180"，按〈Enter〉键确认尺寸，如图 5-26 所示。

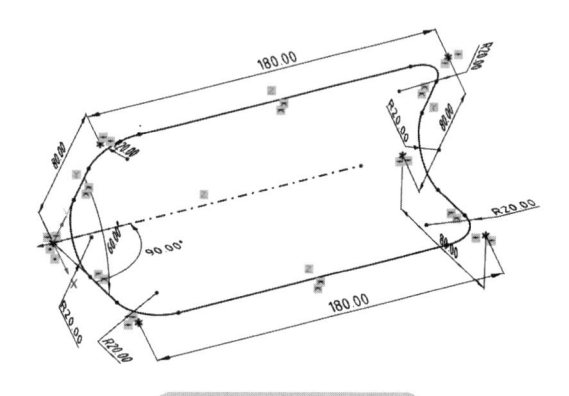

图 5-24 3D 草图实例

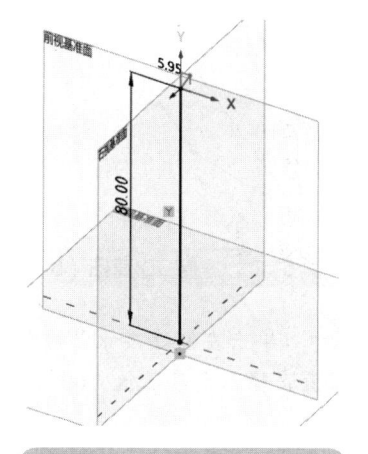

图 5-25 绘制 3D 草图（1）

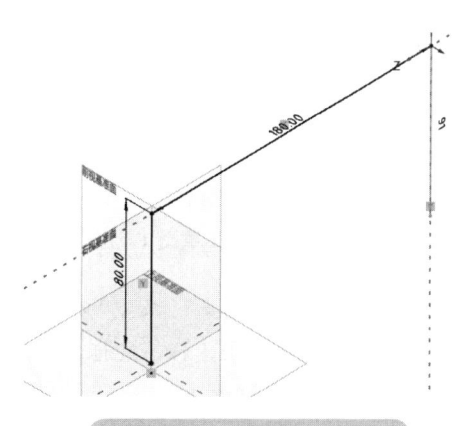

图 5-26 绘制 3D 草图（2）

步骤4 向下移动鼠标，沿Y轴绘制直线，输入尺寸数值"80"，按〈Enter〉键确认尺寸，如图5-27所示。

步骤5 按〈Tab〉键切换绘图基准面至XY基准面，鼠标向右上角移动后单击，输入尺寸数值"80"，按〈Enter〉键确认尺寸，如图5-28所示。

图5-27 绘制3D草图（3）

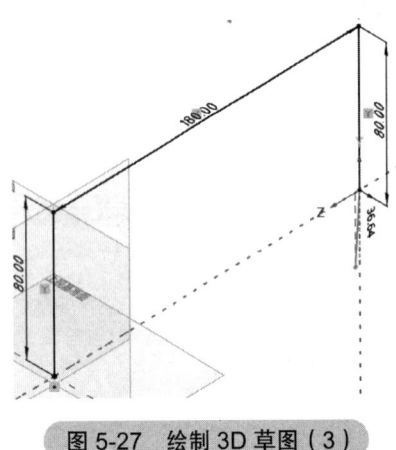

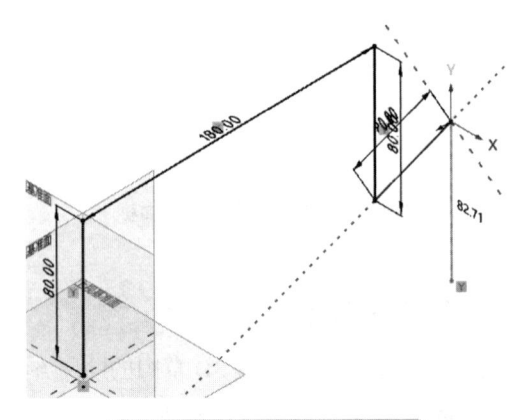

图5-28 绘制3D草图（4）

步骤6 鼠标向左下方移动，待线段的虚线范围框变为直线时单击，输入尺寸数值"180"，按〈Enter〉键确认尺寸，如图5-29所示。

步骤7 移动鼠标单击坐标原点，完成整体外轮廓的创建，如图5-30所示。勾选命令面板中的"作为参考线"选项，再次单击坐标原点，向右上方移动鼠标，显示沿Z时单击鼠标，按〈Esc〉键退出直线绘制状态，单击"关闭"关闭命令面板。

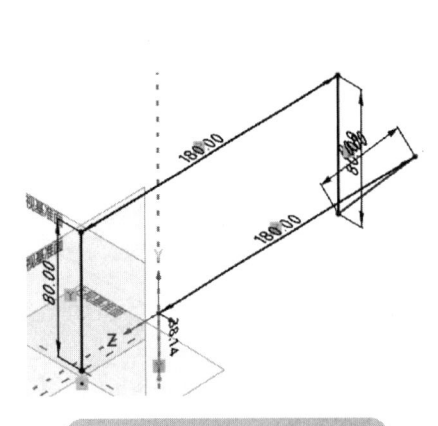

图5-29 绘制3D草图（5）

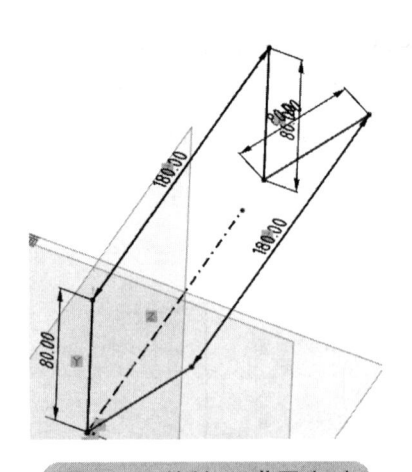

图5-30 绘制3D草图（6）

步骤8 单击"尺寸约束"，"尺寸约束"命令高亮显示。单击左侧连接原点的两直线元素，出现角度尺寸标注，向右上方移动鼠标，单击确认尺寸标注位置，输入角度数值"60"，按〈Enter〉键完成标注，如图5-31所示。

步骤9 单击步骤6绘制的直线与参考线，移动鼠标并单击确认尺寸标注位置，输入角度数值

"90"，如图 5-32 所示，按〈Enter〉键完成标注，按〈Esc〉键退出尺寸约束状态。

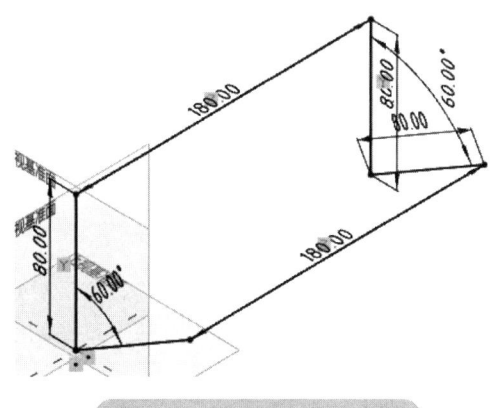

图 5-31 绘制 3D 草图（7）

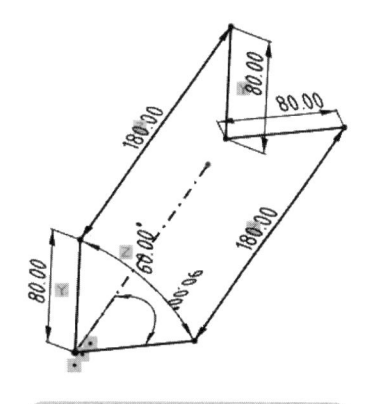

图 5-32 绘制 3D 草图（8）

步骤 10 单击"圆角" ，弹出"绘制圆角"命令面板，输入半径尺寸"20"，选择视口区域 3D 草图的 6 个顶点，单击"确定"，完成 3D 草图的创建，如图 5-33 所示。

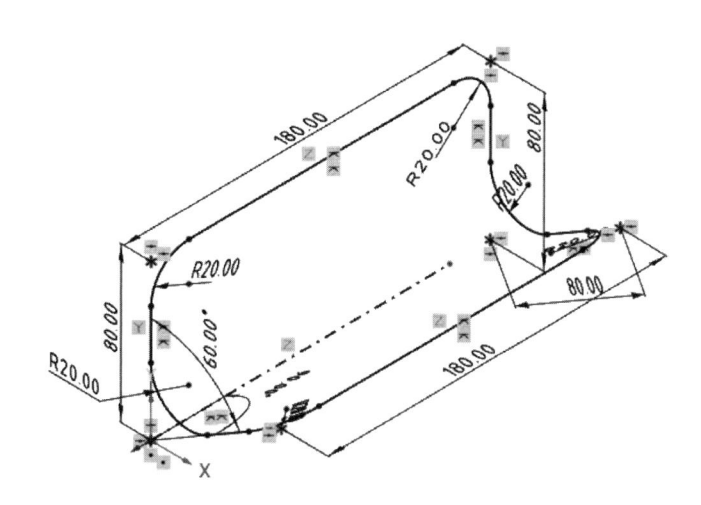

图 5-33 最终 3D 草图

第 6 章 实体设计

6.1 实体设计概述

实体设计是三维 CAD 设计软件的三大基础功能之一。实体建模命令分为两大类，第一类是需要草图才能建立的特征；第二类是在现有特征基础上进行编辑的特征。本章将讲解基于草图的实体建模命令，包括拉伸特征、旋转特征、扫描特征、放样特征、筋特征和孔特征。

6.2 特征创建工具

6.2.1 凸台/基体工具

在零件中生成的第一个特征为基体，此特征是生成其他特征的基础。基体一般可以由拉伸、旋转、扫描、放样等增材特征工具实现，这种增材特征工具是最基本的 3D 建模方式。

1. 拉伸凸台/基体特征

拉伸凸台/基体特征是以一个或两个方向拉伸草图轮廓来生成一个实体。单击"特征"工具栏中的"拉伸凸台/基体" ，弹出"拉伸凸台/基体"命令面板，如图 6-1 所示。

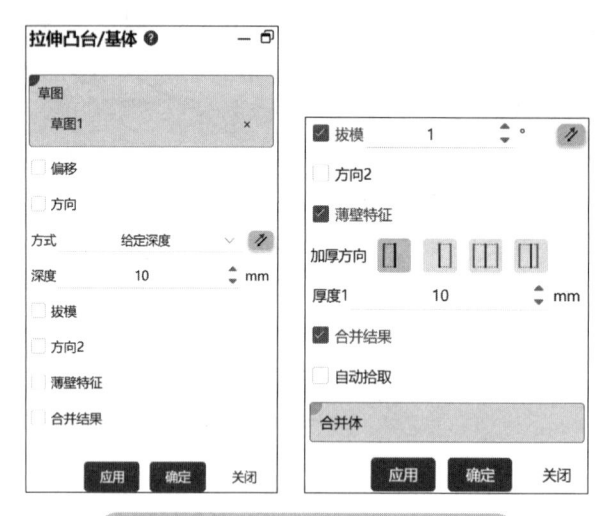

图 6-1 "拉伸凸台/基体"命令面板

（1）"拉伸凸台/基体"命令面板各选项含义

- "草图"拾取框：可拾取整个草图、草图部分轮廓或拾取基准面绘制截面草图。
- "偏移"选项：该选项用于设置特征拉伸的起始位置，可指定拉伸的基准面。
- "方向"选项：默认以垂直于草图轮廓的方向拉伸草图，也可以选择草图线、两个点、实体边线或参考基准线定义拉伸方向。

● "方式"选项:设置特征拉伸的终止条件,其选项含义见表 6-1。

表 6-1 "拉伸凸台/基体"命令面板"方式"选项含义

方式	说明	图解
给定深度	指定拉伸的深度	
成形到面	从草图基准面开始,拉伸到指定的某一平面/曲面	
成形到一点	拉伸到指定模型或草图的点	
两侧对称	从草图基准面向两个方向对称拉伸,"深度"为总深度	
离指定面指定的距离	拉伸到离指定面指定距离的面,可更改距离的方向	

● "拔模"选项:在拉伸的同时生成拔模斜度。

● "方向 2"选项:以草图基准面为基准,同时往两个方向进行拉伸,与"方向"中的方式进行不同组合,可实现不同的拉伸效果。

● "薄壁特征"选项:可将草图轮廓加厚并拉伸生成薄壁实体。所选轮廓草图存在开环线条时,默认勾选该选项。"加厚方向"包含"方向 1""方向 2""两侧对称"和"两侧不对称"。

● "合并结果"选项:当已有实体时,自动打开此选项;用于拉伸时与其他实体合并成一个,如果不勾选,特征将生成一单独实体。

● "自动拾取"选项:自动拾取文档中可与当前特征合并的实体并将其填充至拾取框中。

(2)拉伸凸台/基体特征的基础操作方法　在前视基准面上绘制一个实体截面的草图轮廓。单击"特征"工具栏中的"拉伸凸台/基体",弹出命令面板,设置"给定深度"为 40,"拔模"为 13°;"方向 2"选项使用相同的设置。单击"应用"或"确定"生成拉伸特征。操作流程如图 6-2 所示。

图 6-2 拉伸凸台/基体操作流程

2. 旋转凸台/基体特征

旋转凸台/基体特征是指绕旋转轴旋转一个或多个轮廓来生成特征。单击"特征"工具栏中的"旋转凸台/基体" ，弹出"旋转凸台/基体"命令面板，如图6-3所示。

（1）"旋转凸台/基体"命令面板各选项含义

● "选择草图或基准面绘制草图"拾取框：用于拾取特征旋转的草图，或者直接选择基准面绘制旋转草图。

● "旋转轴"拾取框：草图旋转的中心轴，支持选择直线、两点、圆形边线、圆柱面多种类型的元素作为旋转轴。

> **注意**：选择圆形边线时，以与圆所在平面垂直、过圆心的直线作为旋转轴；选择圆柱面时，以圆柱面的轴线作为旋转轴。

图6-3 "旋转凸台/基体"命令面板

● "方式"选项：以草图基准面为基准，定义旋转方向，其选项含义见表6-2。单击"反向" 可以更改旋转方向。

表6-2 "旋转凸台/基体"命令面板"方式"选项含义

方式	说明	图解
给定角度	以草图平面为基准，向正方向旋转角度。单击"反向"后，以当前旋转正方向的反向旋转	
成形到面	旋转到在图形区域中选择的一个面处；面可以是实体面、平面、曲面或基准面	
两侧对称	设置角度数值，按照所在平面的两侧对称角度生成旋转特征	

● "方向2"选项：以草图基准面为基准，同时往两个方向进行旋转，与第一个方向中的方式进行不同组合，可实现不同的旋转效果。

● "薄壁特征"选项：可将草图轮廓加厚并旋转生成薄壁实体。所选轮廓草图存在开环线条时，默认勾选该选项。

● "合并结果"选项：用于旋转时与其他实体合并成一个实体。

● "自动拾取"选项：自动拾取文档中可与当前特征合并的实体并将其填充至拾取框中。

（2）旋转凸台/基体特征的基础操作方法　　在前视基准面上绘制一个草图轮廓。单击"特征"工具栏中的"旋转凸台/基体" ，弹出命令面板，"旋转轴"默认自动选择中心线，设置"给定角度"为35°；"方向2"设置"给定角度"为60°。单击"确定"，生成旋转特征。操作流程如图6-4所示。

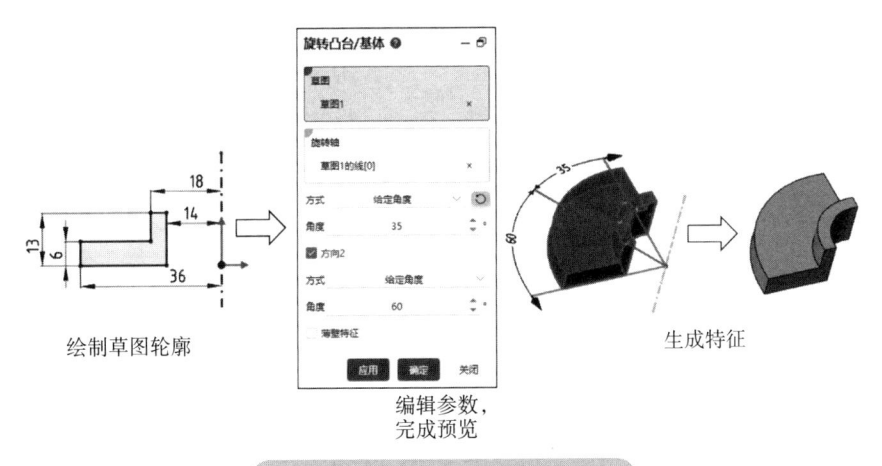

图 6-4　旋转凸台 / 基体操作流程

3. 扫描凸台 / 基体特征

扫描凸台 / 基体特征可将一个草图轮廓按照一条扫描路径的样式延展拉伸成体。单击"特征"工具栏中的"扫描凸台 / 基体"，弹出"扫描凸台 / 基体"命令面板，如图 6-5 所示。

（1）"扫描凸台 / 基体"命令面板各选项含义

● "扫描轮廓"拾取框：拾取闭环草图轮廓（圆形轮廓无此拾取框）。

● "扫描路径"拾取框：扫描轮廓与扫描路径不能同处一个平面中，但必须相交；勾选"选择链"选项，自动拾取相连的所有草图线。

● "轮廓方向"选项：控制扫描轮廓随扫描路径运动的姿态。

➢ "随路径变化"：截面相对于路径时刻保持同一角度。

➢ "保持法向不变"：截面时刻与开始截面平行，而与路径相切向量无关。

● "扫描方向"选项：扫描轮廓随扫描路径运动成体的方向，有三种方式，分别为"方向1""双向"和"方向2"，如图 6-6 所示。

图 6-5　"扫描凸台 / 基体"命令面板

图 6-6　扫描方向示意

（2）扫描凸台 / 基体特征的基础操作方法　分别在前视基准面、右视基准面上绘制一个草图轮廓及扫描路径。单击"特征"工具栏中的"扫描凸台 / 基体"，弹出命令面板，"扫描轮廓"选择前视基准面中的轮廓，"扫描路径"选择右视基准面中的草图线，设置"轮廓方向"为"随路径变化"，单击"确定"，生成扫描特征。操作流程如图 6-7 所示。

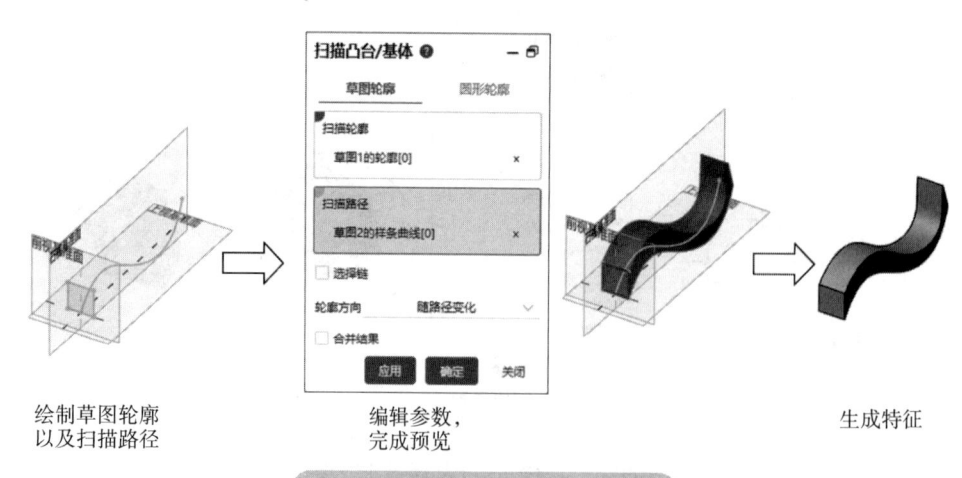

绘制草图轮廓
以及扫描路径　　　　　编辑参数，
　　　　　　　　　　　完成预览　　　　　　生成特征

图 6-7　扫描凸台 / 基体操作流程

4. 放样凸台 / 基体特征

放样凸台 / 基体特征是在两个或多个轮廓之间进行过渡生成实体特征。单击"特征"工具栏中的"放样凸台 / 基体"，弹出"放样凸台 / 基体"命令面板，如图 6-8 所示。

（1）"放样凸台 / 基体"命令面板各选项含义

●"草图轮廓"拾取框：选择两个及以上闭环草图生成放样的轮廓。

●"起始约束"和"终止约束"选项：控制过渡体与起始 / 终止轮廓的相切方式。

在放样预览效果下，每一个轮廓会有一个控标点，通过调整控标点来调整放样效果，如图 6-9 所示。

●"引导线"选项：通过引导线控制放样外部轮廓，可以是草图线、边线或曲线，支持选择多条引导线，所有引导线必须与起始 / 终止轮廓相交。

图 6-8　"放样凸台 / 基体"命令面板　　　　图 6-9　调整控标点

（2）放样凸台 / 基体特征的基础操作方法

步骤 1　在上视基准面上绘制一个草图轮廓 1。以上视基准面为基准，向上偏移 200 创建"基准面 1"，并在"基准面 1"上绘制草图轮廓 2。在前视基准面上绘制放样引导线，引导线与两草图轮廓相交，如图 6-10 所示。

草图轮廓 1　　　　　草图轮廓 2　　　　引导线

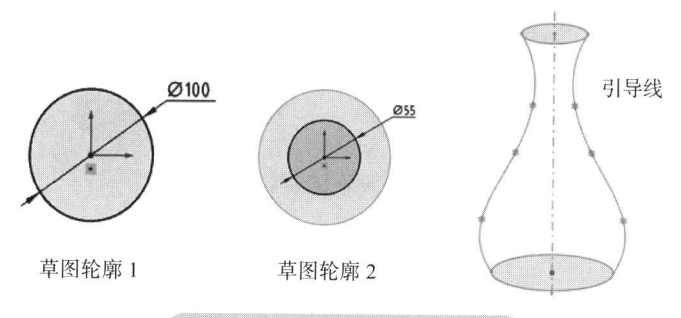

图 6-10　草图轮廓以及引导线

步骤 2　单击"特征"工具栏中的"放样凸台/基体" ，弹出命令面板,"草图轮廓"选择上视基准面及"基准面 1"中的草图轮廓,其余选项保持默认,单击"确定"。

步骤 3　勾选"引导线"选项,选择绘制的两条引导线,单击"确定",结果如图 6-11 所示。

a) 不勾选"引导线"选项　　　　b) 勾选"引导线"选项

图 6-11　放样结果

6.2.2　材料切除工具

对于零件实体的建模过程,在建立基体时还可以通过一些减材特征工具进一步建立零件实体模型。切除是去除材料的命令,因此切除必须基于已有的特征操作。

1. 拉伸切除特征

拉伸切除是以一个或两个方向拉伸所绘制的轮廓来切除实体模型。单击"特征"工具栏中的"拉伸切除" ，弹出"拉伸切除"命令面板,如图 6-12 所示。

"拉伸切除"命令面板各选项含义如下:

● "选择草图或基准面绘制草图"拾取框:可拾取整个草图、草图部分轮廓或拾取基准面绘制截面草图。

● "偏移"选项:用于设置特征拉伸的起始位置。

● "方向"选项:定义拉伸方向,可以是直线或两个点。

图 6-12　"拉伸切除"命令面板

● "方式"选项:设置特征拉伸的终止条件,其选项与"拉伸凸台/基体"命令一致,区别在于"拉伸切除"是去除材料的命令。如图 6-13 所示为设置"给定深度"为"20"进行拉伸切除。

图 6-13　拉伸切除示意图

- "拔模"选项：在拉伸的同时生成拔模斜度。
- "方向2"选项：以草图基准面为基准，同时往两个方向进行拉伸切除。
- "薄壁特征"选项：可将草图轮廓加厚生成薄壁实体以进行切除。
- "反侧切除"选项：用于切除草图轮廓之外的部分，如图6-14所示。
- "切除体"拾取框：自动拾取与拉伸实体相交的实体，也可手动选择。

2. 旋转切除特征

通过绕指定轴线旋转草图轮廓一定角度，切除现有实体中的材料。单击"特征"工具栏中的"旋转切除"，弹出"旋转切除"命令面板，如图6-15所示。

图 6-14　正常切除与反侧切除对比

"旋转切除"命令面板各选项含义如下：

- "选择草图或基准面绘制草图"拾取框：可拾取整个草图、草图部分轮廓或拾取基准面绘制截面草图。
- "旋转轴"拾取框：草图旋转的中心轴，与"旋转凸台/基体"命令相同，支持选择多种类型的元素作为旋转轴。
- "方式"选项：同"旋转凸台/基体"一致，包含"给定角度""成形到面"和"两侧对称"。
- "方向2"选项：以草图基准面为基准，同时往两个方向进行旋转。
- "薄壁特征"选项：可将草图轮廓加厚并旋转生成薄壁实体，如图6-16所示。

图 6-15　"旋转切除"命令面板

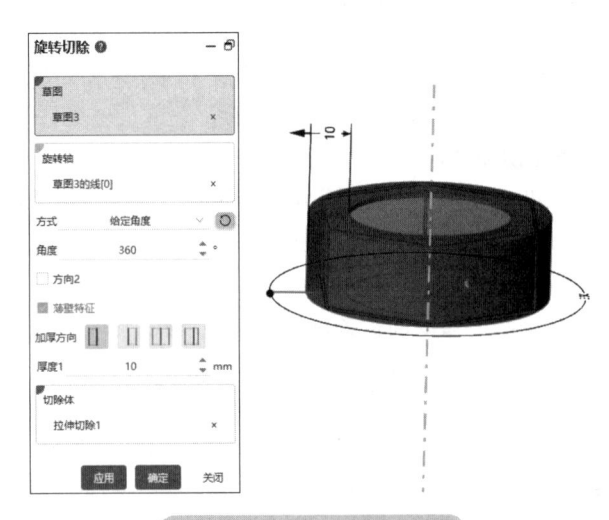

图 6-16　旋转切除示意图

- "切除体"拾取框：自动拾取与旋转预览实体相交的实体，也可手动选择。

3. 扫描切除特征

将一个草图轮廓沿扫描路径移动来切除实体。单击"特征"工具栏中的"扫描切除"，弹出"扫描切除"命令面板，如图6-17所示。

（1）"扫描切除"命令面板各选项含义

● "扫描轮廓"拾取框：拾取闭环草图轮廓（圆形轮廓无此拾取框）。

● "扫描路径"拾取框：可多选，扫描轮廓与扫描路径不能同处一个平面中，但必须相交。

● "轮廓方向"选项：与"扫描凸台/基体"相同，包括"随路径变化"和"保持法向不变"。

● "切除体"拾取框：自动拾取与扫描预览实体相交的实体，也可手动选择。

图6-17 "扫描切除"命令面板

（2）扫描切除特征的基础操作方法

步骤1 在实体的前视基准面绘制草图轮廓1。以草图轮廓1中的圆心为起点，在右视基准面绘制草图轮廓2，如图6-18所示。

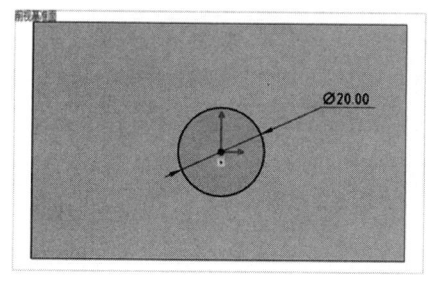

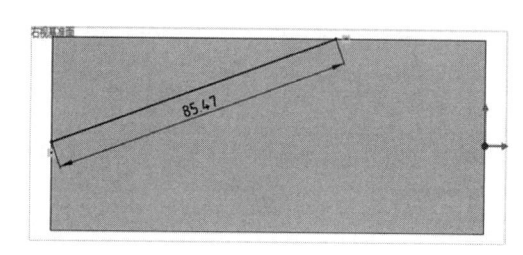

草图轮廓1　　　　　草图轮廓2

图6-18 扫描切除草图轮廓

步骤2 单击"特征"工具栏中的"扫描切除"，弹出命令面板，"扫描轮廓"选择草图轮廓1，"扫描路径"选择草图轮廓2，选择需要切除的实体，其余选项保持默认，单击"确定"，结果如图6-19所示。

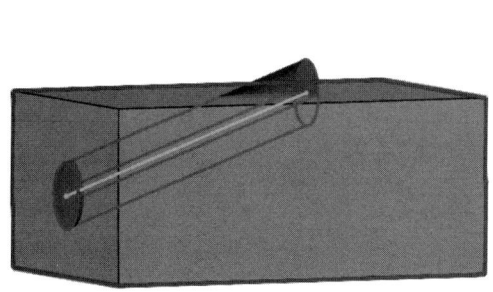

图6-19 扫描切除结果

4. 放样切除特征

通过两个或多个轮廓将实体进行切除，实现不同切除样式。单击"特征"工具栏中的"放样切除"，弹出"放样切除"命令面板，如图 6-20 所示。

（1）"放样切除"命令面板各选项含义

● "草图轮廓"拾取框：选择两个及以上闭环草图生成放样的轮廓。

● "起始约束"和"终止约束"选项：控制过渡体与起始/终止轮廓的相切方式。

● "引导线"选项：通过引导线控制放样外部轮廓，可以是草图线、边线或曲线，支持选择多条引导线，所有引导线必须与起始/终止轮廓相交。

图 6-20 "放样切除"命令面板

（2）放样切除特征的基础操作方法

步骤1 在实体的前视基准面绘制草图轮廓 1，在实体的后视基准面绘制草图轮廓 2，如图 6-21 所示。

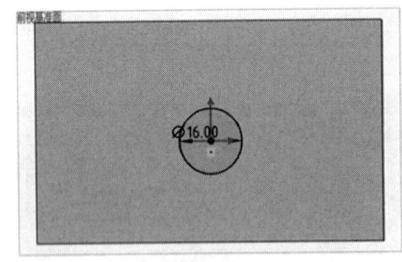

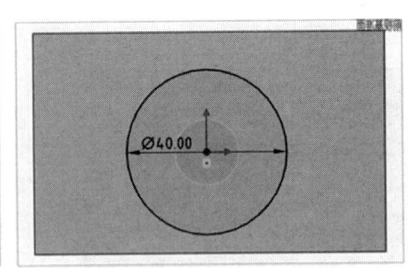

草图轮廓 1　　　　　　草图轮廓 2

图 6-21 放样切除草图轮廓

步骤2 单击"特征"工具栏中的"放样切除"，弹出命令面板，"草图轮廓"选择草图轮廓 1 和草图轮廓 2，选择需要切除的实体，其余选项保持默认，单击"确定"，结果如图 6-22 所示。

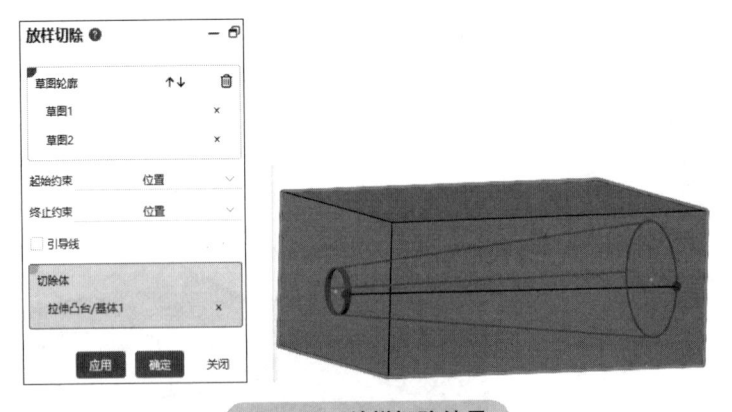

图 6-22 放样切除结果

5. 孔特征

使用自定义标准创建不同类型的孔。单击"特征"工具栏中的"孔"，弹出"孔"命令面板，如图 6-23 所示。

（1）"孔"命令面板各选项含义

1）"孔位置"选项组。

● "打孔面"拾取框：拾取需要打孔的实体面，可以为实体平面或实体曲面。

● "孔心点"拾取框：拾取打孔的中心点，可以是草图点、实体顶点、圆心点、面上点等。

➢ 当打孔面为平面时，单击拾取框后面的"绘制草图"，可进入草图绘制孔心点。

➢ 当打孔面为曲面时，在打孔面上直接单击即可拾取面上点。在命令面板中可修改其 UV 参数，改变面上点的位置，如图 6-24 所示。

2）"收藏"选项组：可选择"选择收藏""添加或更新收藏"和"删除收藏"三种方式。

3）"孔类型"选项组：可选择"直孔""沉头孔""埋头孔""螺纹孔""锥形螺纹孔""沉头孔槽口""埋头孔槽口"和"直孔槽口"8 种孔类型。

● "标准"选项：可自定义孔或选择 GB 孔。

➢ 选择自定义标准时，用户可自定义设置孔的各个尺寸。

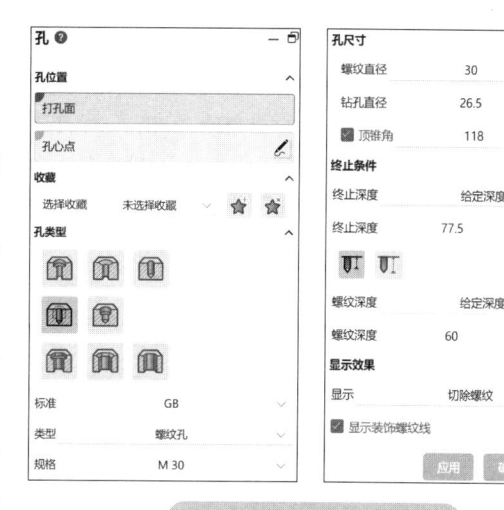

图 6-23 "孔"命令面板

图 6-24 在曲面上选择孔心点

➢ 选择 GB 标准时，根据所选孔样式、类型和大小，系统会给定对应规格孔的尺寸。用户手动修改该尺寸后，单击"恢复默认值"可以将自定义的尺寸数值恢复到 GB 标准值。

● "类型"选项：根据孔样式，有不同可选类型。

● "规格"选项：选择标准中的孔大小。

4）"孔尺寸"选项组：设置孔的具体尺寸。

● "顶锥角"选项：当终止条件选择"给定深度"时，可设置结束角度及角度值。

5）"终止条件"选项组。

● "终止深度"选项：可选择"给定深度""贯穿全部""到离指定面指定的距离"和"成形到面"4 种终止条件。

● "终止深度"选项：当螺纹孔螺纹深度终止条件为"给定深度"时，设定对应的螺纹底孔深度。

● "贯穿全部"选项：孔特征贯穿所选实体。

6）"显示效果"选项组。

● "显示"选项当"孔类型"选择"螺纹孔"和"锥形螺纹孔"时，显示效果支持"装饰螺纹""切除螺纹"和"忽略螺纹"三种。

➢ "装饰螺纹"：显示螺纹孔小径，螺纹公称直径以螺纹装饰线样式显示。

➢ "切除螺纹"：螺纹孔直径直接为螺纹公称直径。
➢ "忽略螺纹"：仅显示螺纹钻孔直径。

（2）孔特征的基础操作方法　单击"特征"工具栏中的"孔"，弹出命令面板，"打孔面"选择实体上平面，单击"孔心点"拾取框后面的"绘制草图"，绘制孔心点。"孔类型"选择"直孔"，设置"钻孔直径"为"10"，"终止条件"为"给定深度"，"终止深度"为"21"，单击"确定"完成孔特征的创建。操作流程如图 6-25 所示。

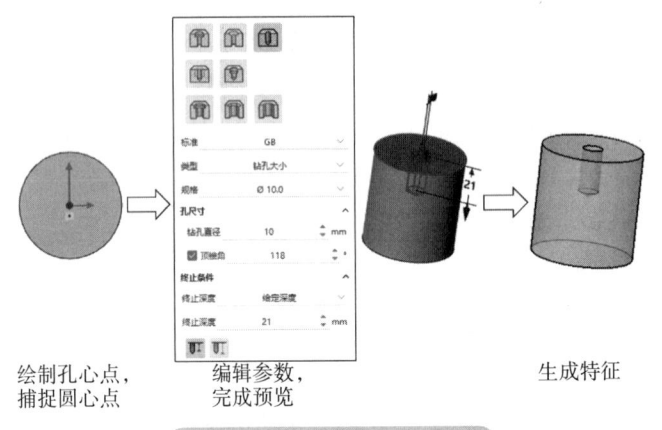

绘制孔心点，捕捉圆心点　　编辑参数，完成预览　　生成特征

图 6-25　创建直孔操作流程

6. 使用曲面切除特征

使用曲面或平面对实体进行切除。单击"特征"工具栏中的"使用曲面切除"，弹出"使用曲面切除"命令面板，如图 6-26 所示。

（1）"使用曲面切除"命令面板各选项含义

● "待切除的实体"拾取框：在视口中选择需要切除的一个实体。

● "切除工具"拾取框：可选曲面或基准面。

● "反向"选项：切除反方向实体部分。

图 6-26　"使用曲面切除"命令面板

（2）使用曲面切除特征的基础操作方法　单击"特征"工具栏中的"使用曲面切除"，弹出命令面板，"待切除的实体"选择长方体，"切除工具"选择曲面，然后勾选"反向"选项，单击"应用"。操作流程如图 6-27 所示。

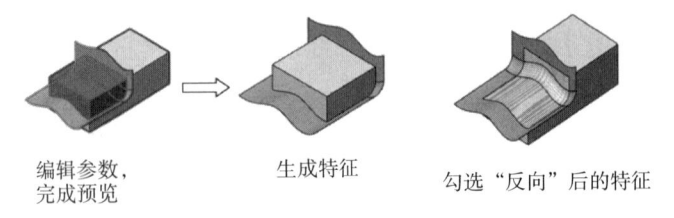

编辑参数，完成预览　　生成特征　　勾选"反向"后的特征

图 6-27　使用曲面切除操作流程

6.2.3　几何体创建工具

CrownCAD 支持创建各种常见的几何体元素，如长方体、圆柱体、球体等，通过直观的用户界

面和高效的命令系统，用户能够轻松选择所需的几何体类型，并设置尺寸、位置和方向等参数，进而通过布尔运算等功能，实现更为精细和复杂的设计。

1. 长方体

通过设定参数及定位直接创建长方体。单击"特征"工具栏中的"长方体"，弹出"长方体"命令面板，其命令面板及预览效果如图6-28所示。

2. 圆柱体

通过设定参数及定位直接创建圆柱体。单击"特征"工具栏中"长方体"右侧的下拉框，选择"圆柱体"，弹出"圆柱体"命令面板，其命令面板及预览效果如图6-29所示。

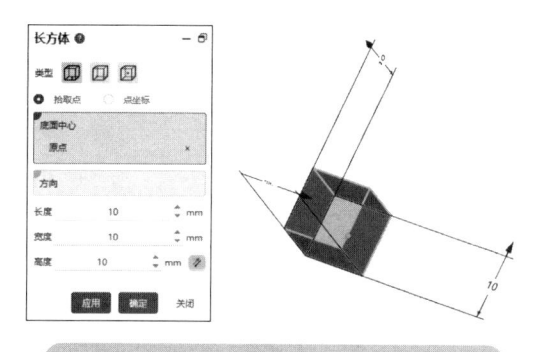

图6-28 "长方体"命令面板及预览效果

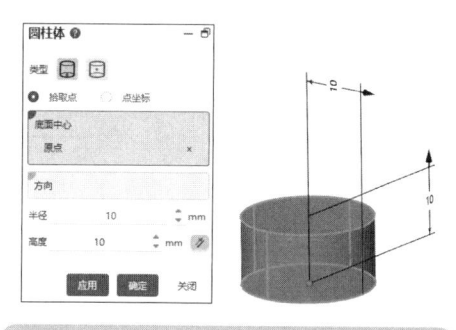

图6-29 "圆柱体"命令面板及预览效果

3. 圆锥体

通过设定参数及定位直接创建圆锥体。单击"特征"工具栏中"长方体"右侧的下拉框，选择"圆锥体"，弹出"圆锥体"命令面板，其命令面板及预览效果如图6-30所示。

4. 球体

通过设定参数及定位直接创建球体。单击"特征"工具栏中"长方体"右侧的下拉框，选择"球体"，弹出"球体"命令面板，其命令面板及预览效果如图6-31所示。

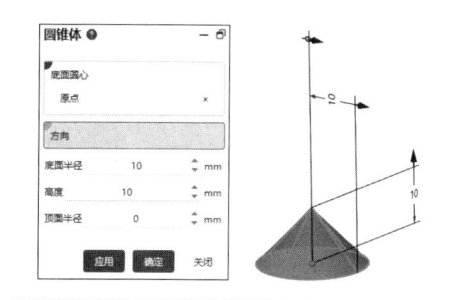

图6-30 "圆锥体"命令面板及预览效果

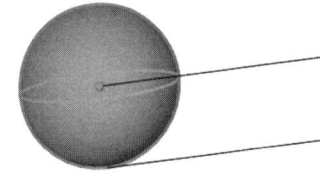

图6-31 "球体"命令面板及预览效果

5. 楔体

通过设定参数及定位直接创建楔体。单击"特征"工具栏中"长方体"右侧的下拉框，选择"楔体"，弹出"楔体"命令面板，其命令面板及预览效果如图6-32所示。

6. 棱锥体

通过设定参数及定位直接创建棱锥体。单击"特征"工具栏中"长方体"右侧的下拉框，选择"棱锥体"，弹出"棱锥体"命令面板，其命令面板及预览效果如图6-33所示。

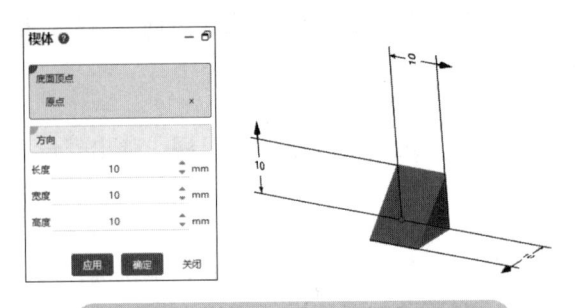

图 6-32 "楔体"命令面板及预览效果

图 6-33 "棱锥体"命令面板及预览效果

7. 圆环体

通过设定参数及定位直接创建圆环体。单击"特征"工具栏中"长方体"右侧的下拉框，选择"圆环体" ，弹出"圆环体"命令面板，其命令面板及预览效果如图 6-34 所示。

图 6-34 "圆环体"命令面板及预览效果

6.3 特征编辑工具

有些特征可在现有特征基础上进行二次编辑，这类特征基本不需要草图即可对实体进行编辑操作。本节主要介绍常规工程特征（圆角特征、倒角特征等）、特征阵列、特征镜像和直接建模工具（偏移面特征、删除面特征、替换面特征等）。

6.3.1 常规工程特征

1. 圆角

CrownCAD 包含"固定尺寸圆角""可变尺寸圆角"以及"面圆角"三种圆角特征工具。单击"特征"工具栏中的"圆角" ，弹出"圆角"命令面板。

（1）固定尺寸圆角 在所选边线上生成固定半径的圆角，其界面如图 6-35 所示。

"固定尺寸圆角"界面各选项含义如下：

● "边线、面"拾取框：拾取单个实体上的边线或面，支持多选。

● "切线延伸"选项：当所选边线为圆弧时，可沿弧线向其两侧切向方向延伸倒圆角。

图 6-35 "固定尺寸圆角"界面

- "半径"输入框：设置圆角的半径。
- "多半径圆角"选项：可选取同一实体上的不同边线或面生成不同半径的圆角。
- "显示选择工具栏"选项：倒圆角快速拾取边线预览效果如图 6-36 所示，单击图标 ，可以快速拾取与已选元素相关的边线。

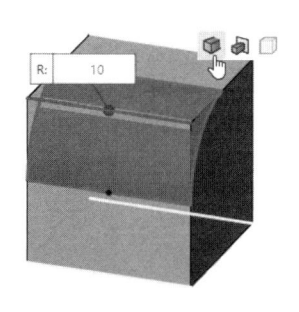

图 6-36　快速拾取边线预览效果

（2）可变尺寸圆角　在所选边线上生成可变半径值的圆角，可使用控制点帮助定义圆角。其界面如图 6-37 所示，可变尺寸圆角效果如图 6-38 所示。

图 6-37　"可变尺寸圆角"界面

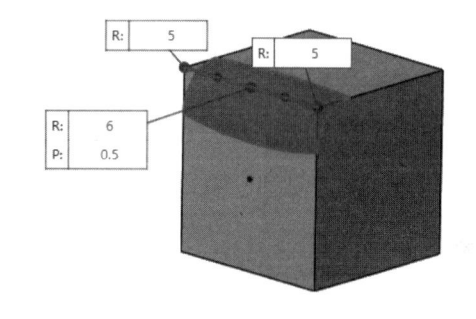

图 6-38　可变尺寸圆角效果

"可变尺寸圆角"界面各选项含义如下：
- "边线"拾取框：拾取单个实体上的边线，支持多选。
- "切线延伸"选项：当所选边线为圆弧时，可沿弧线向其两侧切向方向延伸倒圆角。
- "变半径控制点"拾取框：拾取边线后，显示边线上端点、内部点及圆角半径，实现不同顶点处不同圆角半径的调整。
- "内部点数"输入框：用于设置边线上的内部点个数。

> **技巧：**
> "变半径控制点"默认填充边线的两端点，内部点需单击边线上所显示的点进行拾取。可以单击拾取框中的点打开尺寸修改栏，或者双击视口中的尺寸对话框修改尺寸。其中 R 代表半径，P 代表内部点的位置（值的范围为 0~1）。

（3）面圆角　用于相邻、不相邻、不连续的两组面之间的圆角创建。其界面如图 6-39 所示，面圆角效果如图 6-40 所示。

图6-39 "面圆角"界面

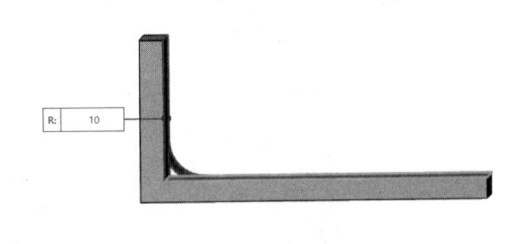

图6-40 面圆角效果

"面圆角"界面各选项含义如下：

● "面1"和"面2"拾取框：在图形区域中选择需要创建圆角的两组面；"面1"和"面2"应同为实体面或曲面，不可混合拾取。

技巧：

拾取曲面时显示"反向"图标，用于设置圆角相对于面组的方向。如图6-41所示，两个面组相交，4个方向均可生成圆角，单击命令面板中的"反向"，或双击视口中的箭头方向即可控制圆角的生成位置。

● "切线延伸"选项：控制是否自动在未选择的相切面处生成圆角。

● "半径"输入框：控制圆角半径。对于不相邻两个面的圆角，圆角半径要保证超过边界，才能修补生成圆角。

● "裁剪曲面"选项：裁剪所选曲面并与生成的圆角面合并为同一个面，如图6-42所示。

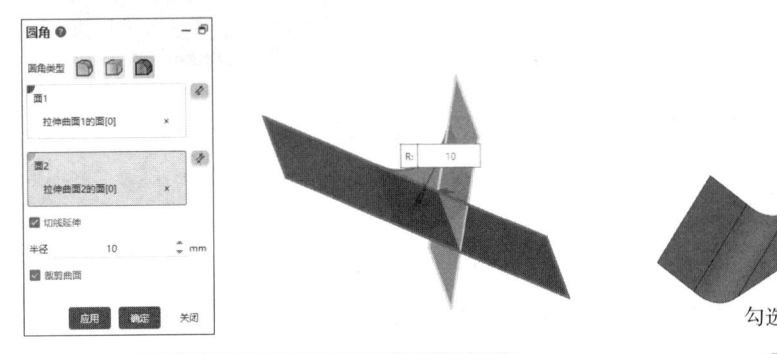

图6-41 设置圆角相对于面组的方向

图6-42 裁剪曲面

2. 倒角

倒角特征是将模型的一条或多条边线、面按照不同方式切削成一定斜面的特征。单击"特征"工具栏中的"倒角"，弹出"倒角"命令面板，如图6-43所示。

"倒角"命令面板各选项含义如下：

● "边线、面"拾取框：拾取单个实体上需要添加倒角的边线或面，支持多选。

● "倒角类型"选项：可选"距离/角度倒角"和"距离/距离倒角"两种倒角类型，如图6-44所示。

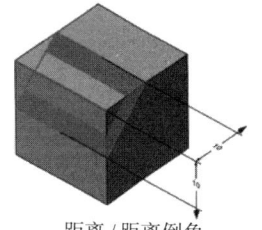

图 6-43 "倒角"命令面板　　　　　　　图 6-44 不同倒角类型

距离/角度倒角　　　距离/距离倒角

- "切线延伸"选项：当所选边线为圆弧时，可沿弧线向其两侧切向方向延伸倒角。
- "距离"和"角度"输入框：设置倒角边与所选边线间的距离、倒角边与所选边线组成的平面和倒角面间的角度。
- "反向"选项：倒角边与所选边线一侧为距离，另一侧为角度。

3. 筋

"筋"命令用来创建附属零件的辐板或肋片以提高结构强度。单击"特征"工具栏中的"筋"，弹出"筋"命令面板，如图 6-45 所示。

"筋"命令面板各选项含义如下：

- "选择草图或基准面绘制草图"拾取框：只适用于选取一个草图，该草图含且仅含有一个开环。

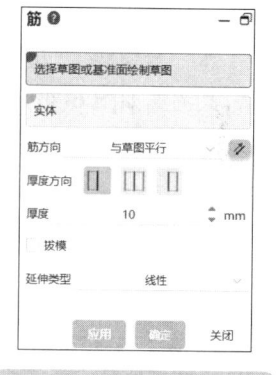

图 6-45 "筋"命令面板

- "实体"拾取框：选择需要做筋的实体。
- "筋方向"选项：支持"与草图平行""与草图垂直"和"自定义"三种方向。当选择"自定义"时，可以是一条直线或两个点作为筋的方向。
- "厚度方向"选项：有三种类型，分别是"第一边""两边"和"第二边"。
- "拔模"选项：可对所做的筋形成拔模斜度，可以设置角度值以及方向。
- "延伸类型"选项：有"线性"和"自然（切向）"两种。

示例：创建矩形实体，并在其面上创建一个草图，筋效果如图 6-46 所示。

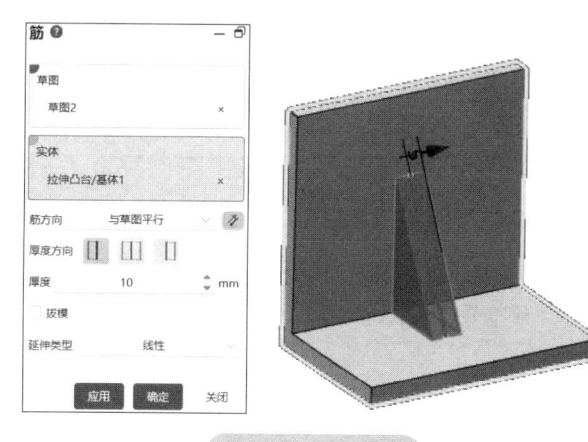

图 6-46 创建筋

4. 拔模

用于对模型的面做锥度调整，可以在基体、凸台或切除的拉伸特征中添加拔模角。单击"特征"工具栏中的"拔模" ![icon]，弹出"拔模"命令面板，如图 6-47 所示。

拔模有"中性面"及"分型线"两种类型。

（1）"中性面" 选择面作为参考基准创建拔模。

● "角度"输入框：控制拔模锥度的大小，可反向调整。
● "中性面"拾取框：选择一个面，以此面作为拔模参考。
● "拔模面"拾取框：选择图形区域中要拔模的面，可多选。

图 6-47 "拔模"命令面板

注意：选取的拔模面不能与中性面平行，拔模面与中性面要在同一实体上。

示例：绘制六边形实体，底面作为中性面，拔模预览效果如图 6-48 所示。

（2）"分型线" 选择边线作为参考基准创建拔模。单击"拔模"后，将"类型"切换至"分型线"，其界面如图 6-49 所示。

图 6-48 中性面拔模预览效果

图 6-49 "分型线"界面

● "角度"输入框：控制拔模锥度的大小，可反向调整。
● "拔模方向"拾取框：拾取边线作为拔模面参考方向。
● "分型线"拾取框：以此线和拔模方向进行拔模处理。

注意：分型线与拔模方向不能平行。

● "其他面"选项：以分型线的反向进行拔模处理。

示例：设置相关参数后，预览效果如图 6-50 所示。

5. 抽壳

"抽壳"是从实体移除材料来生成薄壁特征实体。单击"特征"工具栏中的"抽壳" ![icon]，弹出"抽壳"命令面板，如图 6-51 所示。

第 6 章　实体设计

图 6-50　分型线拔模预览效果

图 6-51　"抽壳"命令面板

"抽壳"命令面板各选项含义如下：
- "要移除的面"拾取框：移除此面，并在其他剩余的面上生成薄壁特征，可多选。
- "要加厚的实体"拾取框：形成中空的薄壁实体。

> 注意："要移除的面"和"要加厚的实体"命令独立存在，选择其一，另一个拾取框关闭。

- "厚度"输入框：剩余面的特征厚度。

> 注意：厚度值只能是正数；当有圆角时，厚度不能大于圆角半径。

- "壳厚朝外"选项：可反向向外扩展剩余面的厚度。
- "多厚度面"选项：可以拾取其他面添加不同厚度，形成多厚度的壳体，如图 6-52 所示。

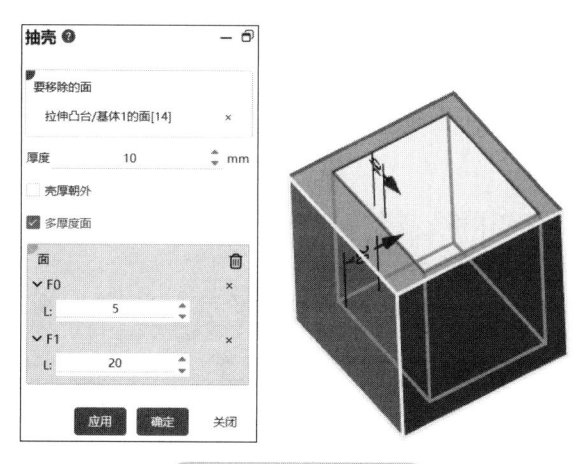

图 6-52　多厚度抽壳

6. 布尔运算

布尔运算是数字符号化的逻辑推演法，包括合并、减去、相交，对应三种不同运算方式。单击"特征"工具栏中的"布尔运算" ，弹出"布尔运算"命令面板，如图 6-53 所示。

（1）合并　将几个实体合并成一个实体。

● "工具"拾取框：用于拾取待合并的实体，可多选，如图 6-54 所示。

图 6-53 "布尔运算"命令面板

图 6-54 合并效果

注意：待合并的实体之间须有相交部分，只有一条线或一个点相交无法做合并。

（2）减去　以拾取某实体为工具，在目标上做减法处理，对目标进行分割。其界面如图 6-55 所示。

● "工具"拾取框：对目标进行分割的工具，可多选。
● "目标"拾取框：待处理的实体，运算中作为被减数。
● "保留工具"选项：减法处理后保留显示工具模型，如图 6-56 所示。

图 6-55 "减去"界面

图 6-56 减去效果

（3）相交　用于计算多个实体相交重合部分。其界面如图 6-57 所示。

● "工具"拾取框：计算实体相交部分，可多选。
● "保留工具"选项：计算相交后是否显示原实体模型，如图 6-58 所示。

图 6-57 "相交"界面

图 6-58 相交效果

7. 包覆

将草图中的封闭图案包覆到所选面上。单击"特征"工具栏中的"包覆" ，弹出"包覆"命令面板，如图 6-59 所示。

"包覆"命令面板各选项含义如下：

- "包覆类型"选项：有三种常见类型，从左到右依次为"浮雕""蚀雕"和"刻划"。
- ➤ "浮雕"：图案包覆到面上后向外凸出指定厚度，仅用于实体面，如图 6-60 所示。

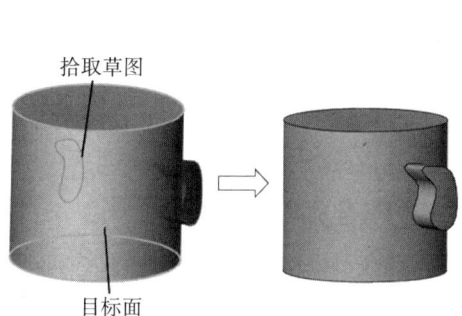

图 6-59 "包覆"命令面板

图 6-60 浮雕效果

- ➤ "蚀雕"：图案包覆到面上后向内凹陷指定厚度，仅用于实体面，如图 6-61 所示。

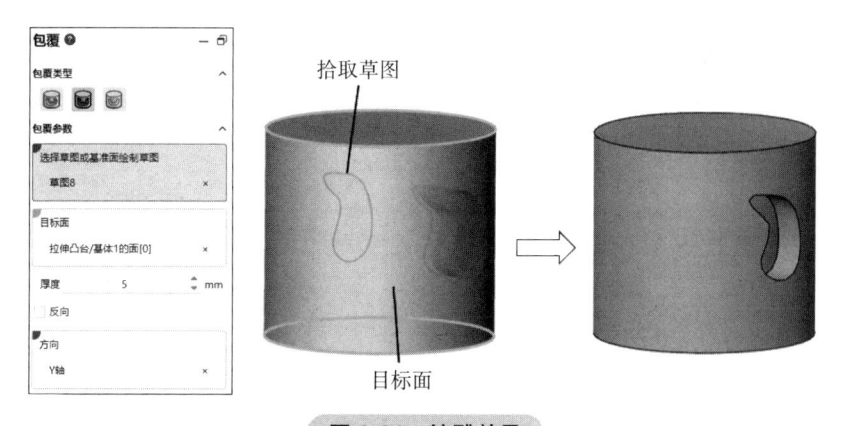

图 6-61 蚀雕效果

- ➤ "刻划"：图案包覆到面上，将面沿图案路径分割成多个面，形成对应图案的边线，可用于实体面和曲面，如图 6-62 所示。
- "包覆参数"选项组：当选择"浮雕"和"蚀雕"类型时，需设置厚度值，支持选择拔模方向。
- ➤ "选择草图或基准面绘制草图"拾取框：选择整个草图，或选择一个平面绘制符合要求的草图。
- ➤ "目标面"拾取框：选择实体面或曲面。

➤ "方向"拾取框：设置拔模方向，图案统一向所选方向凸出或切除，如图 6-63 所示。

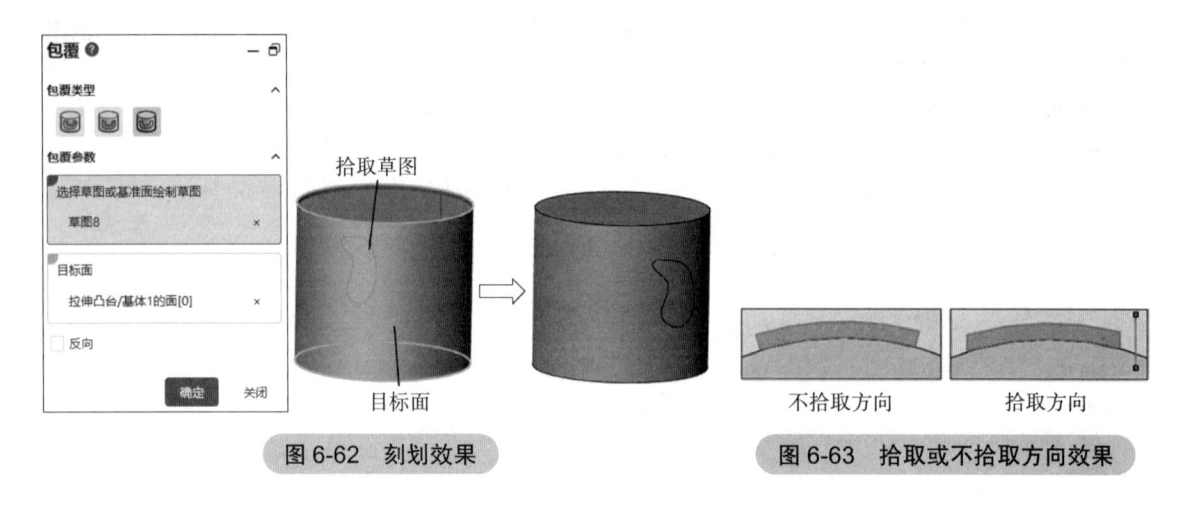

图 6-62　刻划效果

图 6-63　拾取或不拾取方向效果

6.3.2　特征阵列与镜像

1. 线性阵列

线性阵列可以将一实体或特征按照一定规律复制生成多个相同的实体或特征，分为"实体阵列"和"特征阵列"两种。单击"特征"工具栏中的"线性阵列" ，弹出"线性阵列"命令面板，如图 6-64 所示。

"线性阵列"命令面板各选项含义如下：

● "实体"/"特征"拾取框：拾取需要阵列的实体或特征。

● "方向"拾取框：以此方向作为线性阵列的排列方向。

● "距离"和"实例数"输入框：阵列实体之间的间距和个数。

● "方向 2"选项：当需要第二个方向上也阵列时，勾选"方向 2"选项。

● "跳过实例"选项：在阵列预览中选择要跳过的模型，不生成该模型。

● "几何体阵列"选项：仅利用特征的几何体（如面和边线）生成阵列，不重新解算每个实例的特征参数。

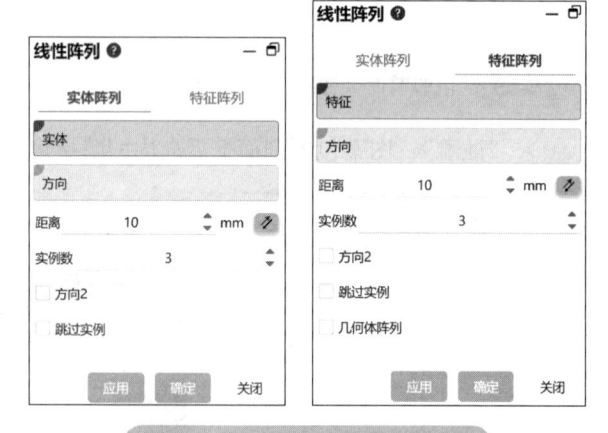

图 6-64　"线性阵列"命令面板

> **注意**："几何体阵列"选项可以加速特征的生成和重建。但是，若某些特征的面与零件的其余部分合并在一起，则不能勾选"几何体阵列"选项。

示例 1：拾取实体两条线作为第一、第二方向，设定参数，预览效果如图 6-65 所示。

示例 2：以拉伸切除特征为例，特征阵列预览效果如图 6-66 所示。

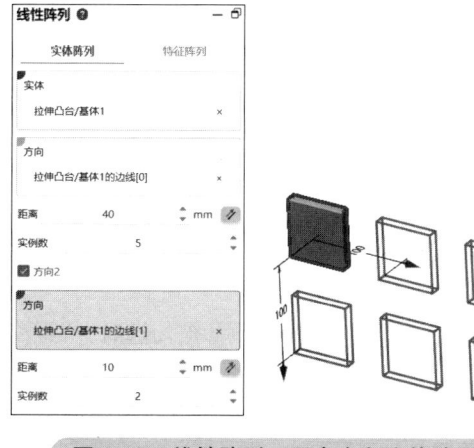

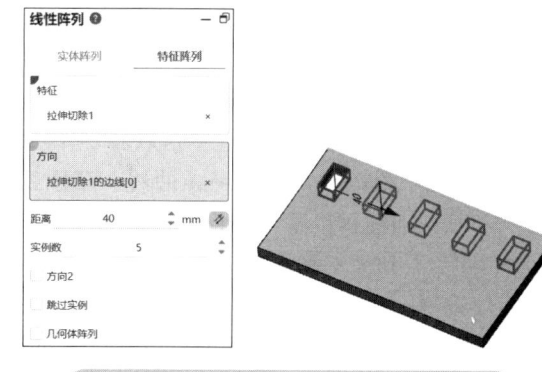

图 6-65　线性阵列—两个方向实体阵列

图 6-66　线性阵列—单个方向特征阵列

2. 圆周阵列

圆周阵列可以将一实体或特征以一条线或两个点为旋转轴,根据设定角度按轴均匀旋转复制生成有限个实体或特征。单击"特征"工具栏中"线性阵列"下拉框中的"圆周阵列" ,弹出"圆周阵列"命令面板,如图 6-67 所示。

"圆周阵列"命令面板各选项含义如下:

- "实体"/"特征"拾取框:拾取需要阵列的实体或特征。
- "轴"拾取框:拾取一根轴作为旋转轴,或选择一个实体圆周面或曲面。
- "角度"和"实例数"输入框:以此角度设定环形阵列旋转角度和个数,可配合"相等间距"使用。
- "相等间距"选项:根据实例数均分旋转角度。
- "两侧对称"选项:左右两侧同时阵列。
- "跳过实例"选项:在阵列预览中选择要跳过的模型,不生成该模型。
- "几何体阵列"选项:仅利用特征的几何体(如面和边线)生成阵列,不重新解算每个实例的特征参数。

示例:以拉伸切除特征为例,圆周特征阵列预览效果如图 6-68 所示。

图 6-67　"圆周阵列"命令面板

图 6-68　圆周特征阵列预览效果

3. 曲线阵列

曲线阵列可以将一实体或特征按照曲线形状阵列，按照设定距离复制生成有限个实体或特征。单击"特征"工具栏中"线性阵列"下拉框中的"曲线阵列" ，弹出"曲线阵列"命令面板，如图 6-69 所示。

"曲线阵列"命令面板各选项含义如下：

- "实体"/"特征"拾取框：拾取需要阵列的实体或特征。
- "曲线"拾取框：拾取一条曲线、草图线或实体边线作为阵列路径；多选线段必须是连续线段；拾取的曲线可以是开环也可以是闭环。
- "距离"和"实例数"输入框：设定曲线阵列的间距和个数。"相等间距"被勾选时，"距离"参数不能调整。
- "相等间距"选项：使用曲线段总距离均分实例数来计算间距，且"距离"参数不能调整。
- "曲线方法"选项：有"转换曲线"和"等距曲线"两种。
  - "转换曲线"：从源实体位置开始，沿所选曲线按一定距离阵列实例，源实体为第一个阵列体。
  - "等距曲线"：从曲线起点位置开始，每个实例都以源实例到所选曲线原点的垂直距离为基准沿曲线阵列，曲线起点为第一个阵列体。
- "对齐方法"选项：有"与曲线相切"和"对齐到源"两种。
  - "与曲线相切"：每个实例都沿曲线相切的方向阵列。
  - "对齐到源"：阵列的每个实例都与源阵列体的对齐方式相同。
- "跳过实例"选项：在阵列预览中选择要跳过的模型，不生成该模型。
- "几何体阵列"选项：仅利用特征的几何体（如面和边线）生成阵列，不重新解算每个实例的特征参数。

示例：以孔特征为例，以曲线作为路径，特征阵列预览效果如图 6-70 所示。

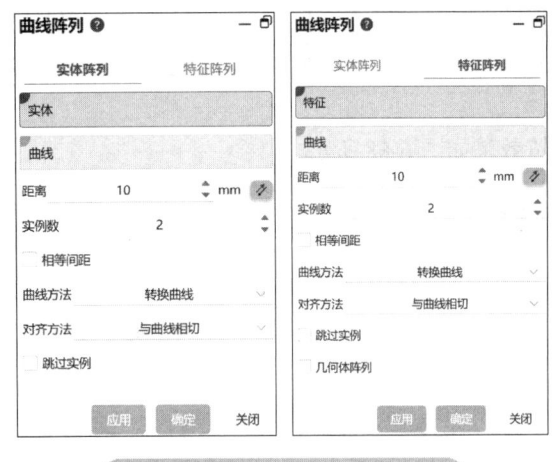

图 6-69 "曲线阵列"命令面板

图 6-70 曲线特征阵列预览效果

4. 草图阵列

草图阵列可以将一实体或特征按照草图点阵列摆放，复制生成多个相同的实体或特征。单击"特征"工具栏中"线性阵列"下拉框中的"草图阵列" ，弹出"草图阵列"命令面板，如图 6-71 所示。

"草图阵列"命令面板各选项含义如下：
- "实体"/"特征"拾取框：拾取需要阵列的实体或特征。
- "草图"拾取框：拾取一个带点的草图，草图可以包含多个点。
- "参考类型"选项：有"重心"和"指定点"两种。
  ➢ "重心"：根据实体重心阵列到每个点上。
  ➢ "指定点"：以指定点作为参考点，特征延伸的位置将改变。

示例：拾取孔特征和草图，特征按照草图的所有点进行阵列，预览效果如图 6-72 所示。

图 6-71 "草图阵列"命令面板

图 6-72 草图特征阵列预览效果

5. 填充阵列

填充阵列可以将一实体或特征在填充边界内按照阵列布局复制生成有限个实体或特征。单击"特征"工具栏中"线性阵列"下拉框中的"填充阵列"，弹出"填充阵列"命令面板，如图 6-73 所示。

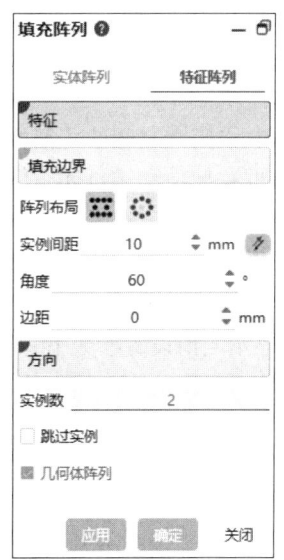

图 6-73 "填充阵列"命令面板

"填充阵列"命令面板各选项含义如下：
- "实体"/"特征"拾取框：拾取需要阵列的实体或特征。

- "填充边界"拾取框：拾取一个封闭区域作为阵列边界，填充边界所在平面须与实体相交或重合。
- "阵列布局"：用于设置阵列实例的分布样式，有"穿孔"和"圆周"两种。
- "穿孔"：常用于钣金穿孔的一种布局方式，通过源所在位置做一些与所选方向呈一定角度的辅助线，实例分布在这些线的交点处，其相关选项如图6-74所示。
  - "实例间距"输入框：设定实例中心间的距离。
  - "角度"输入框：设定阵列实例与所选方向的角度。
  - "边距"输入框：向内偏移收缩边界范围的距离。
  - "方向"拾取框：以此方向与角度配合作为阵列的排列方向；可以拾取草图线、两个点、实体边线或参考基准线作为方向依据。
  - "实例数"：边界内生成实例的数量（包括源），仅做显示，不可修改。
- "圆周"：以源为中心向外扩展多个圆形，实例分布在圆形边线上，其相关选项如图6-75所示。

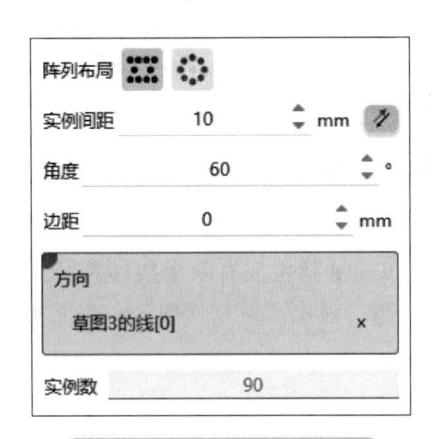

图6-74 穿孔布局相关选项

图6-75 圆周布局相关选项

  - "环间距"输入框：设定圆之间的"偏移"距离。
  - "实例间距"输入框：此项和"每环实例数"二选一，输入每个圆上实例的数量。
  - "边距"输入框：同"穿孔"边距。
  - "方向"拾取框：设置阵列方向参考；选择方向后，从源所在位置出发沿方向与每个圆相交的点作为每个圆上第一个实例的所在位置。
  - "实例数"：实时显示当前设置参数下，边界内生成实例的数量（包括源），仅做显示，不可修改。

> 注意：实例数＝阵列环数 × 每环实例数。

- "跳过实例"选项：在阵列预览中选择要跳过的模型，不生成该模型。

示例："阵列布局"选择"穿孔"，设置参数后，实体阵列预览效果如图6-76所示。

6. 镜像

镜像是将实体或特征基于某个平面生成对称模型，分为"实体镜像"和"特征镜像"两种。单击"特征"工具栏中的"镜像" ，弹出"镜像"命令面板，如图6-77所示。

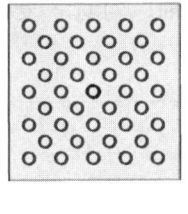

图 6-76 穿孔布局填充阵列预览效果

图 6-77 "镜像"命令面板

"镜像"命令面板各选项含义如下：

● "镜像面"拾取框：用于镜像体的中间基准面；镜像面可以是实体面、平面或基准面。

● "实体"/"特征"拾取框：拾取需要镜像的实体或特征。

● "合并实体"选项：可以将镜像后的两个实体合并，合并的实体需相交。

● "几何体阵列"选项：仅镜像特征的几何体（面和边线）。

示例：设置相关参数后，特征镜像预览效果如图 6-78 所示。

图 6-78 特征镜像预览效果

6.3.3 直接建模工具

1. 变换

变换用于调整零部件的位置和方向。单击"特征"工具栏中的"变换" ，弹出"变换"命令面板，如图 6-79 所示。

"变换"命令面板各选项含义如下：

● "变换对象"拾取框：可以是实体、曲面或网格，可以选择多个对象。

图 6-79 "变换"命令面板

> **注意**：多选实体/曲面时，每个实体/曲面分别变换，并非所有实体/曲面合并为一个整体。

● "方式"选项：有 4 种方式，分别为"按距离平动""旋转""按 XYZ 平动"和"坐标系"。

● "复制"选项：对变换对象进行复制，对副本进行变换。

（1）按距离平动　变换对象按照指定距离进行平动。

示例：以六边形实体为变换对象，"方式"选择"按距离平动"，其边线为方向，预览效果如图 6-80 所示。

101

（2）旋转　变换对象按照过重心的旋转轴进行旋转。
- "轴"拾取框：变换对象围绕着所选轴旋转；支持选择草图线、实体边线或两个点。
- "角度"输入框：沿着轴线旋转一定角度。

示例："方式"选择"旋转"，以实体边线为旋转轴，勾选"复制"选项，预览效果如图6-81所示。

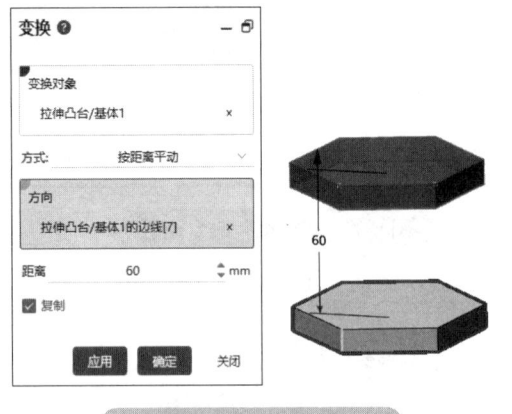

图6-80　按距离平动对象

图6-81　旋转对象

（3）按XYZ平动　变换对象在X、Y、Z三个坐标方向上平动。

示例：在"按XYZ平动"方式下，修改平动距离，勾选"复制"选项，预览效果如图6-82所示。

（4）坐标系　变换对象按照参考坐标系与目标坐标系移动。
- "参考坐标系"拾取框：通过特征面板或视口单击选择一个坐标系作为参考坐标系。
- "目标坐标系"拾取框：通过特征面板或视口单击选择一个坐标系作为目标坐标系。

示例：在"坐标系"方式下，勾选"复制"选项，预览效果如图6-83所示。

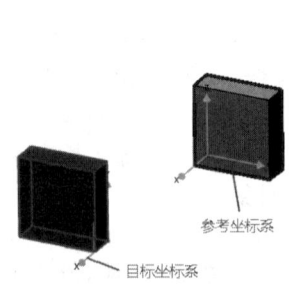

图6-82　按XYZ平动对象

图6-83　按坐标系变换对象

2. 分割

通过分割工具将零件分割成两个或多个实体。单击"特征"工具栏中"变换"下拉框中的"分割" ，弹出"分割"命令面板，如图6-84所示。

"分割"命令面板各选项含义如下：

- "要分割的实体、曲面"拾取框：拾取待分割的实体或曲面。
- "工具"拾取框：分割实体或曲面的工具。

> 注意：分割工具可以是基准面、平面、曲面；分割工具必须大于要分割的实体或曲面。

示例：选择矩形实体以及与其相交的基准面，预览效果如图6-85所示。

图6-84 "分割"命令面板

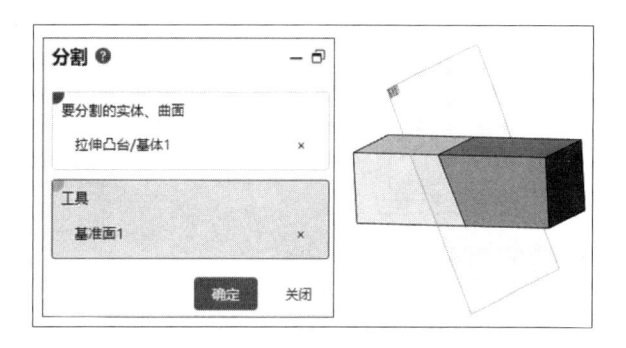

图6-85 分割实体预览效果

3. 偏移面

已有实体面按照设定距离偏移生成新的面，达到实体增减的结果。单击"特征"工具栏中"变换"下拉框中的"偏移面"◆，弹出"偏移面"命令面板，如图6-86所示。

"偏移面"命令面板各选项含义如下：
- "待偏移的面"拾取框：拾取需要偏移的一个或多个面，所选面只能是实体面。
- "偏移距离"输入框：输入面偏移的距离，可通过右侧的"反向" 控制偏移方向。

示例：选择待偏移的面，预览效果如图6-87所示。

图6-86 "偏移面"命令面板

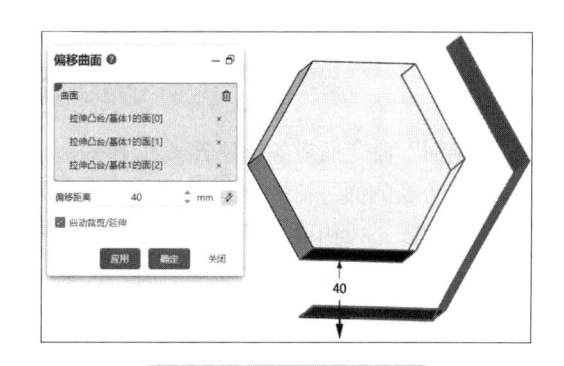

图6-87 偏移面预览效果

4. 删除面

从曲面中删除部分面，或从实体中删除一个或多个面来生成曲面。单击"特征"工具栏中"变换"下拉框中的"删除面"，弹出"删除面"命令面板，如图6-88所示。

"删除面"命令面板各选项含义如下：
- "待删除的面"拾取框：选择需要删除的一个或多个面，可以是实体面或曲面。
- "删除"选项：删除所选面，实体变为曲面类型。

● "删除并修补"选项：删除所选面，并自动修补和剪裁剩余面。

> **注意**：实体的面删除并修补后仍然是实体，曲面同理。

示例1：选择"删除"，预览效果如图6-89所示。

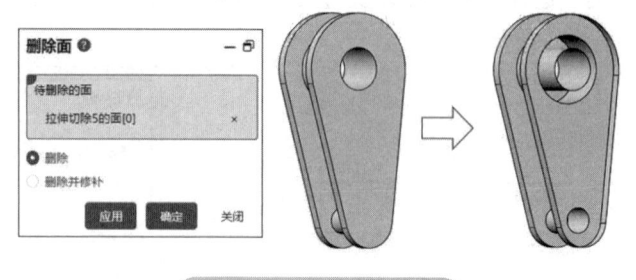

图6-88 "删除面"命令面板

图6-89 删除预览效果

示例2：选择"删除并修补"，预览效果如图6-90所示。

5. 替换面

用新曲面替换实体/曲面中的部分面，改变实体/曲面的外形。单击"特征"工具栏中"变换"下拉框中的"替换面"，弹出"替换面"命令面板，如图6-91所示。

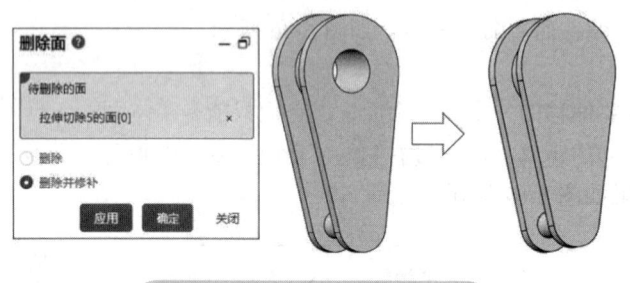

图6-90 删除并修补预览效果

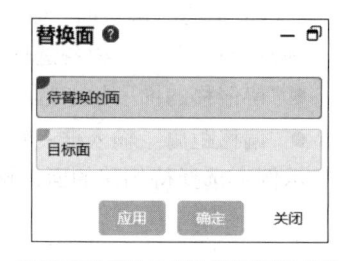

图6-91 "替换面"命令面板

"替换面"命令面板各选项含义如下：

● "待替换的面"拾取框：选择实体或曲面上的面，支持多选，所选面应相连且属于同一实体/曲面。选取时，曲面中的每个面片可以单独选择。

● "目标面"拾取框：单选一个面。选取时，多个面片组成的曲面视为一个面。

示例：选择待替换的面，选择目标面，预览效果如图6-92所示。

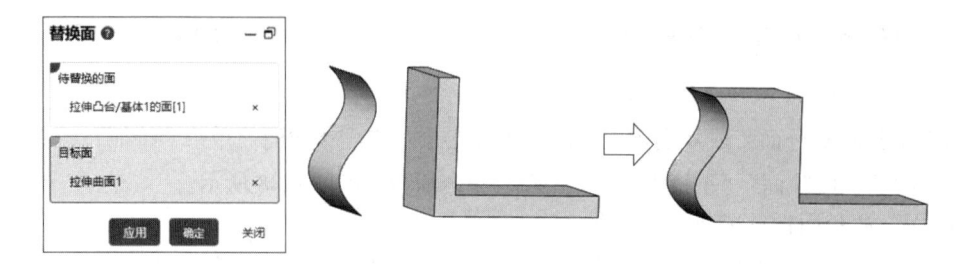

图6-92 替换面预览效果

6. 插入几何体

使用"插入几何体"命令，可以在零件中插入其他文档的几何体。单击"特征"工具栏中"变换"下拉框中的"插入几何体"，弹出"插入几何体"命令面板，如图6-93所示。

选择要插入的几何体文档和几何体类型，单击"确定"，完成几何体的插入。

> **注意**：插入的几何体与源文件模型不关联，修改源文件模型，不影响已经插入的几何体。

7. 比例缩放

使实体/曲面按设置的参数缩放。单击"特征"工具栏中"变换"下拉框中的"比例缩放"，弹出"比例缩放"命令面板，如图6-94所示。

图6-93 "插入几何体"命令面板

图6-94 "比例缩放"命令面板

"比例缩放"命令面板各选项含义如下：

- "要缩放的几何体"拾取框：选择几何体整体，可选择实体、曲面、网格类型的几何体。
- "比例缩放点"选项：可选择"重心""原点"及"坐标系"。
- "统一比例缩放"选项：X、Y、Z轴按统一比例缩放。
- "比例"输入框：控制缩放比例，>1表示放大，0~1表示缩小。

示例：拾取要缩放的几何体，以重心为比例缩放点，缩放比例设置为2，创建缩放的几何体，预览效果如图6-95所示。

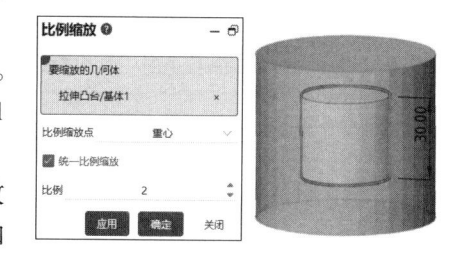

图6-95 比例缩放预览效果

6.4 基准

6.4.1 基准面

CrownCAD可根据拾取元素不同自动识别要创建的基准面的类型，也可先选择类型再拾取元素。创建的基准面可以用以绘制草图、生成模型的剖视图等。基准面包括偏移、平面点、线角度、点法向、三点、平面角度等多种类型。

单击"特征"工具栏中的"基准面"，弹出"基准面"命令面板，如图6-96所示。

图 6-96 "基准面"命令面板

基准面各类型说明及示意图见表 6-3。

表 6-3 基准面各类型说明及示意图

类型	说明	示意图
偏移	相对于一个选定平面，平行偏移固定距离	
平面点	基于一个平面和一个指定点，创建一个基准面	
线角度	基于一条线和线外的一个指定点，根据设定角度创建不同角度的平面	
点法向	基于一条线和线上的一个指定点，创建相互垂直的基准面	
三点	选择空间中不共线的三个点确定一个基准面	
平面角度	选择一个平面，绕轴线旋转一定角度，创建基准面	
中面	选择两个平面，生成两平面的中间面作为基准面	
相切	基于一个指定曲面和一个指定点/线/平面，创建与曲面相切的基准面	

> **注意：** 在零件或装配中，按住〈Ctrl〉键，同时在视口中单击任意基准面或拖拽任意基准面，可快速创建基准面。

6.4.2 基准线

生成一条轴线供其他命令参考使用，可以用于圆柱体以生成中心线，还可以用作旋转凸台的旋转轴线等。单击"特征"工具栏中"基准面"下拉框中的"基准线" 🗇 ，弹出"基准线"命令面板，如图6-97所示。

基准线各类型说明及示意图见表6-4。

图 6-97 "基准线"命令面板

表 6-4 基准线各类型说明及示意图

类型	说明	示意图
一直线/边线/轴	选择一直线、边线或轴线	
两平面	选择两个相交平面	
两点/顶点	选择任意两个点	
圆柱/圆锥面	选择一个圆柱面或圆锥面	
点和面	选择任意一个点和面	

6.4.3 基准点

根据拾取元素不同自动识别要创建的基准点的类型，元素可以是点（草图点/顶点）、线（草图线/边线）或面（平面或非平面），最多拾取 2 个元素。

单击"特征"工具栏中"基准面"下拉框中的"基准点" ，弹出"基准点"命令面板，如图 6-98 所示。

图 6-98 "基准点"命令面板

基准点各类型说明及示意图见表 6-5。

表 6-5 基准点各类型说明及示意图

类型	说明	示意图
圆弧中点	拾取一个圆相关元素，在该元素所在圆的中心点建立基准点	
面中点	拾取单个面，在面的质量中心生成基准点	
交叉点	选择两条线，在交叉处生成基准点	
投影点	选择一个点和一个面，将点按所选面的法向方向投影到面上生成基准点	
在点上	选择一个点，在所选点的位置生成基准点	
沿曲线	选择一条边线，输入距离/百分比，按所输入的距离/百分比生成基准点	

> **注意:**
> 1）所选线为两条不平行的直线时，可沿直线方向延伸，在延伸处生成交点。
> 2）所选线为一条直线和一条曲线，或两条曲线时，不可进行延伸。
> 3）所选线有两个或多个交点时，仅生成一个点，该点为拾取第一条线时，靠近鼠标单击位置处的点；投影结果有多个点时，生成与所选点最近的一个点。

6.4.4 坐标系

选择类型后，根据类型相应的拾取框拾取元素来创建坐标系。坐标系类型包括三点、一点两线、三平面、动态、偏置和当前视图。单击"特征"工具栏中"基准面"下拉框中的"坐标系"，弹出"坐标系"命令面板，如图6-99所示。

"操作类型"选项中各类型含义如下：

（1）三点　分别选择三个点作为原点、X点、Y点来创建坐标系；可通过勾选"反转选项"改变方向。点可以是草图点、原点、实体/曲面边线/空间曲线的顶点，效果如图6-100所示。

（2）一点两线　选择一个点作为原点及选择两条线设定方向来创建坐标系，第三个方向为计算求出，无法更改；可通过勾选"反转选项"改变方向，效果如图6-101所示。

图6-99　"坐标系"命令面板

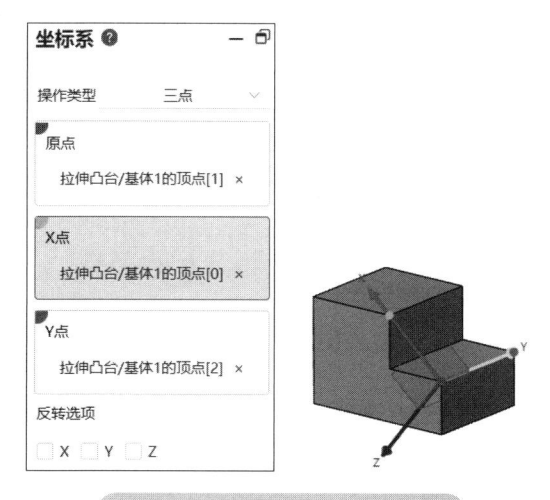

图6-100　通过三点创建坐标系

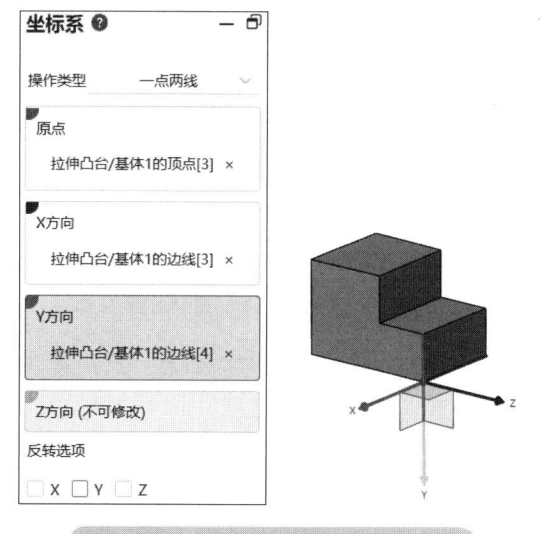

图6-101　通过一点两线创建坐标系

（3）三平面　通过指定三个不共面的平面来创建坐标系，三平面交点为原点，平面1法向为X方向；可通过勾选"反转选项"改变方向，效果如图6-102所示。

（4）动态　所选坐标系处出现坐标系箭头，拖动箭头平移/旋转至新位置，创建新坐标系；可通过勾选"反转选项"改变方向，效果如图6-103所示。

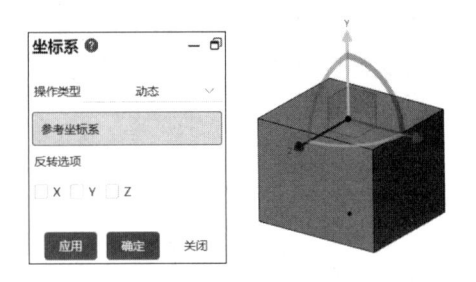

图 6-102　通过三平面创建坐标系　　　　图 6-103　通过动态创建坐标系

（5）偏置　沿现有坐标系通过平移、旋转等设定来创建坐标系，分为"先平移"和"先旋转"两种操作方式。

● "先平移"：沿所选坐标系未旋转前的 X、Y、Z 方向平移对应距离，然后绕圆心和旋转前的 X、Y、Z 轴方向旋转对应角度，效果如图 6-104 所示。

● "先旋转"：绕圆心和旋转前的 X、Y、Z 轴方向旋转对应角度，然后沿旋转后的 X、Y、Z 方向平移对应距离，效果如图 6-105 所示。

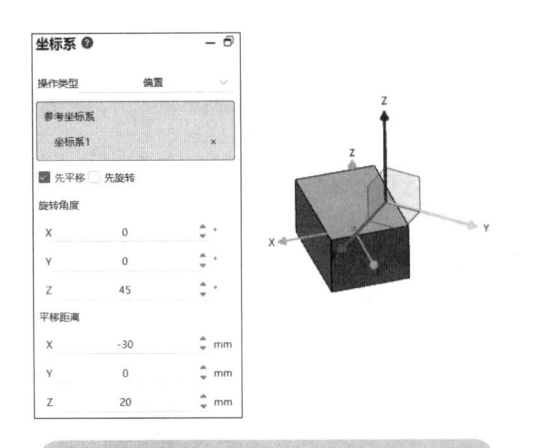

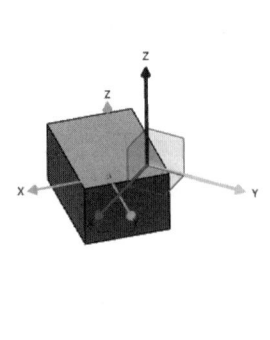

图 6-104　通过偏置-先平移创建坐标系　　　　图 6-105　通过偏置-先旋转创建坐标系

（6）当前视图　所选点为原点，当前视图的上方向为 Y 方向，当前视图的右方向为 X 方向，可通过勾选"反转选项"改变方向，效果如图 6-106 所示。

图 6-106　通过当前视图创建坐标系

6.4.5 质心和质心参考点

CrownCAD 支持在零件/装配中生成质心，支持在零件中生成质心参考点。

● 创建质心：通过单击"质心"或"质量属性"→"显示质心"，可创建质心。一个文档中只能有一个质心，如图 6-107 所示。

● 创建质心参考点：质心参考点表示截至创建质心参考点特征时，模型建模历史中的质心位置。生成质心后，在特征面板中右击质心特征，单击"创建参考质心"◆，即可创建质心参考点。一个文档中可以有多个质心参考点。

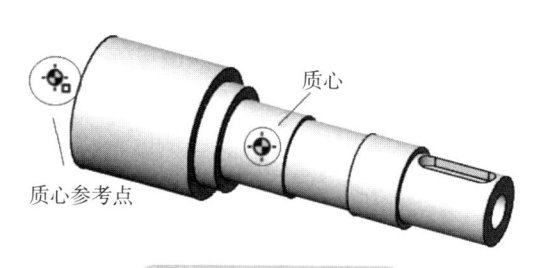

图 6-107 质心示意图

6.5 外观与材质

6.5.1 设置外观

1. 零部件外观设置

零部件外观支持实体及面颜色的设置。在文档名称上右击，选择如图 6-108 所示的"设置外观"，弹出"设置外观"命令面板，如图 6-109 所示。

图 6-108 右键快捷菜单

图 6-109 零部件"设置外观"命令面板

"设置外观"命令面板各选项含义如下：

● 类型：可选择"零件""实体/曲面"和"面"外观，拾取框对应进行切换，支持多选。
● "基础参数"选项组：指定颜色、透明度和贴图。
● "高级参数"选项组：可设置高光颜色、高光程度和发光强度，如图 6-110 所示。
➢ "移除外观"选项：移除所选实体或面的外观，恢复默认颜色。
➢ "继承外观"选项：所选实体或面继承其他实体或面的外观。

注意：给零件设置颜色时，外观显示优先级为零件外观＜体外观＜面外观。

2. 装配中实例的外观设置

装配中可设置"应用到零部件"和"应用到文档"外观,其命令面板如图 6-111 所示。

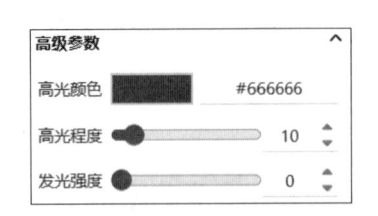

图 6-110 "高级参数"选项组

图 6-111 装配"设置外观"命令面板

(1)"应用到零部件" 拾取装配文档和顶级零部件设置外观,设置的外观不能应用到零件和子装配中,仅保存在当前装配中。

- "装配" ：仅拾取当前装配文档。
- "零部件" ：拾取装配中的顶级零件或子装配。

(2)"应用到文档" 拾取顶级零部件、实体、面设置外观,设置的外观直接作用到零件和子装配中。

- "零部件" ：拾取装配中的零件或子装配,可以是多层级。
- "实体" 和"曲面、面" ：与零件中设置外观的功能一致。

> 注意:总装文档中显示的优先级为装配外观 > 零部件(装配层)外观 > 面外观 > 体外观 > 零部件(零件层)外观。

6.5.2 设置材质

支持整个零件的材质设置,也可对零件中的单独特征进行材质设置。

(1)应用到整个零件 右击特征面板中的"材质",单击"编辑材质",弹出"材质库"命令面板,如图 6-112 所示,可对整个零件进行材质设置。

图 6-112 设置零件材质

第 6 章　实体设计

（2）应用到单独实体/曲面　支持对零件中单独实体/曲面进行材质设置。右击实体或曲面，选择"材质"→"编辑材质"如图 6-113 所示。

图 6-113　设置实体材质

6.5.3　装饰螺纹线

可在圆柱的孔或轴上添加螺纹线外观，而无须实际创建螺纹线本身。单击"特征"工具栏中"设置外观"下拉框中的"装饰螺纹线"，弹出"装饰螺纹线"命令面板，如图 6-114 所示。

"装饰螺纹线"命令面板各选项含义如下：
- "圆形边线"拾取框：拾取圆柱体/圆台体的圆形边线。
- "标准"选项：可选择"无"或"GB"。选择"无"时，不显示"类型"和"规格"，可自定义"螺纹小径"；选择"GB"时，需设置 GB 相关类型和规格，"螺纹小径"根据所选规格自行更新。
- "方式"选项：可选择"给定深度"和"完全贯穿"两种方式。
- "深度"输入框：设置螺纹线深度。

示例：拾取圆柱体边线，"标准"选择"GB"，"类型"选择"普通螺纹"，设置规格，"方式"选择"给定深度"，设置螺纹线深度，生成螺纹线外观，如图 6-115 所示。

图 6-114　"装饰螺纹线"命令面板

图 6-115　创建螺纹线外观

6.6　变量管理

通过"变量管理"命令创建变量或者管理变量。变量便于 CrownCAD 建模中的表达式与赋值的应用。

单击"特征"工具栏中的"变量管理"，弹出"变量管理"命令面板，如图 6-116 所示。

图 6-116 "变量管理"命令面板

6.6.1 创建变量

单击"输入变量",设置变量名称、变量数值等参数,即可完成创建,如图 6-117 所示。

● "变量名称":用户自定义变量名称。
● "变量数值":用户自定义变量值,支持输入公式。
● "估值":对变量数值的估值,保留小数点后三位,不可输入与修改。
● "变量类型":有 3 种类型,分别是"长度""角度"和"数值"。
● "变量单位":有 5 种,分别是"毫米""厘米""米""度"和"弧度"。

图 6-117 创建变量

6.6.2 修改/删除变量

可对界面中已有变量进行修改或删除。

● 修改变量:单击需要修改的变量参数,输入内容修改变量。
● 删除变量:右击需要删除的变量前的空白,如图 6-118 所示,在快捷菜单中选择"删除变量",即完成变量删除。

图 6-118 删除变量

6.6.3 导入/导出

CrownCAD 支持导入本地的变量表格，或将 CrownCAD 中的变量以表格形式导出至本地。

1. 导入

单击"导入"，弹出如图 6-119 所示的导入命令面板。用户可下载变量模板，按模板样式整理变量后，将表格拖拽至导入框中。

2. 导出

单击"导出"，则将该文档中的变量全部导出至表格中。

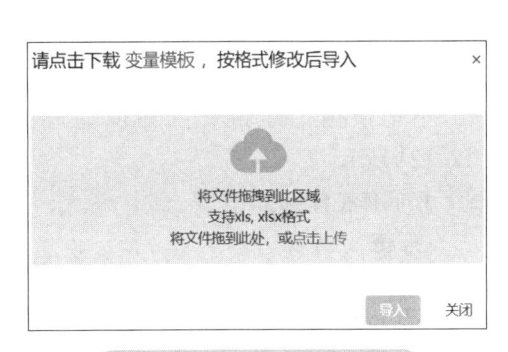

图 6-119 "导入"命令面板

6.6.4 运算符、函数和常数

在支持方程式的输入框中，可通过输入运算符、函数等公式直接计算出待输入值。支持的运算符及常用函数见表 6-6。

表 6-6 支持的运算符及常用函数

符号	注释	符号	注释
+、-、*、/	加法、减法、乘法、除法	sin、cos、tan、cot、sec、csc	正弦、余弦、正切、余切、正割、余割
^	求幂	sinh、asinh	双曲正弦、反双曲正弦
Abs	绝对值	cosh、acosh	双曲余弦、反双曲余弦
Exp	指数	coth、acoth	双曲余切、反双曲余切
log10	对数	asin、acos、atan、acot、asec、acsc	反正弦、反余弦、反正切、反余切、反正割、反余割
sqr	平方根	asech、acsch	反双曲正割、反双曲余割
pi	圆周率	tanh、csch	双曲正切、双曲余割
sech	指数函数		

- 变量支持使用 IF 函数，语法为"IF（条件，结果1，结果2）"，"条件"为一个表达式，"结果1"为条件是真时返回的结果，"结果2"为条件为假时返回的结果。
  - IF 函数中，条件可以是一个逻辑表达式，也可以是多个表达式的组合，可以使用 and、or 等运算符来构建条件，也可以嵌套使用。
  - IF 函数可通过条件控制尺寸，如 A=IF（'D1@草图1' > 30，10，8），表示如果"D1@草图1"的值大于30，A 变量取值10，否则为8。
- 用户可创建名为 pi 的变量，与系统预设的常量 pi 不冲突。在输入框中，变量 pi 与函数 pi 采用不同符号区分显示，如图 6-120 所示。

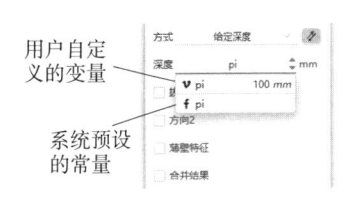

图 6-120 pi 变量与常量

6.7 综合实例

下面应用本章讲解的知识完成阀体的建模，最终效果如图 6-121 所示。

1. 阀体主体部分

步骤 1 在视口中单击"前视基准面"，选定为草图绘制平面。单击"特征"工具栏中的"绘制草图"，进入草图绘制状态。使用"草图"工具栏中的"直线"、"中心线"、"中心圆弧"、"三点圆弧"、"尺寸约束"和"添加约束"工具，绘制如图 6-122 所示的草图并标注尺寸，完成"草图 1"的绘制。单击"退出草图"，退出草图绘制状态。

图 6-121 阀体模型

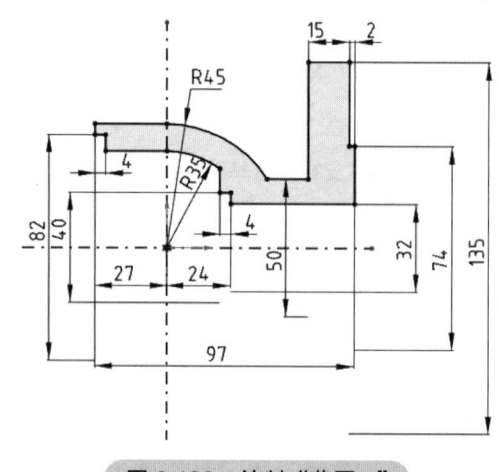

图 6-122 绘制"草图 1"

步骤 2 单击"特征"工具栏中的"旋转凸台/基体"，在"选择草图或基准面绘制草图"拾取框中选择"草图 1"，单击"旋转轴"拾取框，在图形中选择沿 X 轴的中心线，设置"角度"为"360°"，单击"确定"，生成旋转实体特征，如图 6-123 所示。

步骤 3 在视口中单击"旋转凸台/基体 1"中的实体面，如图 6-124 所示，选定为草图绘制平面。单击"特征"工具栏中的"绘制草图"，进入草图绘制状态。

图 6-123 旋转凸台/基体 1

图 6-124 选择草图绘制平面

第 6 章　实体设计

步骤 4　使用"草图"工具栏中的"中心线"、"中心点矩形"、"圆角"、"转换边界"、"尺寸约束"和"点"工具，绘制如图 6-125 所示的草图并标注尺寸，完成"草图 2"的绘制。单击"退出草图"，退出草图绘制状态。

步骤 5　单击"特征"工具栏中的"拉伸凸台/基体"，在"草图"拾取框中选择"草图 2"，"方式"选择"给定深度"，设定"深度"为"13"，单击"方式"后的"反向"调整拉伸方向，使其沿 X 轴正方向拉伸，勾选"合并结果"选项，"合并体"选择"旋转凸台/基体 1"，单击"确定"，生成拉伸实体特征，如图 6-126 所示。

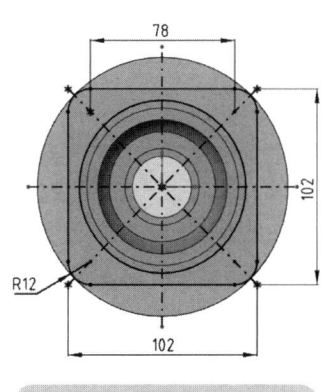

图 6-125　绘制"草图 2"

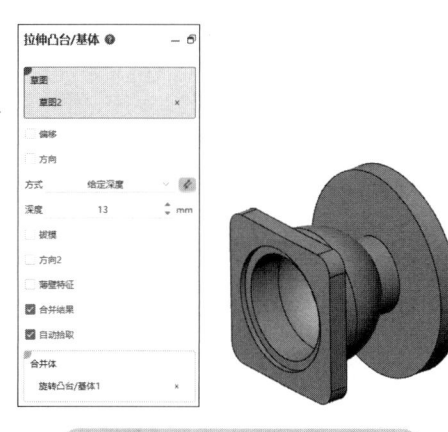

图 6-126　创建拉伸实体特征 1

步骤 6　单击"特征"工具栏中的"基准面"，"元素"选择"上视基准面"，"操作类型"选择"偏移"，设置"距离"为"65"，调整偏移方向，使其向 Y 轴正方向偏移，单击"确定"，生成"基准面 1"，如图 6-127 所示。

步骤 7　在视口中单击"基准面 1"，选定为草图绘制平面。单击"特征"工具栏中的"绘制草图"，进入草图绘制状态。使用"草图"工具栏中的"直线"、"中心线"、"中心圆"、"尺寸约束"和"添加约束"工具，绘制如图 6-128 所示的草图并标注尺寸，完成"草图 3"的绘制。单击"退出草图"，退出草图绘制状态。

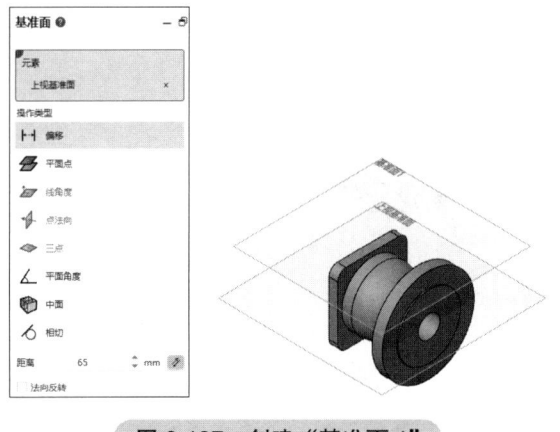

图 6-127　创建"基准面 1"

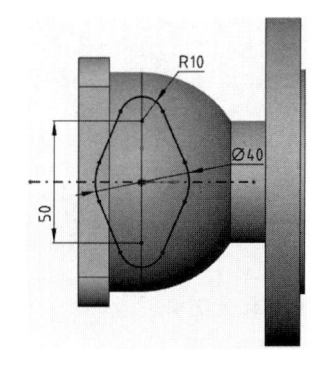

图 6-128　绘制"草图 3"

步骤8 单击"特征"工具栏中的"拉伸凸台/基体"，在"草图"拾取框中选择"草图3"，"方式"选择"给定深度"，设定"深度"为"12"，单击"方式"后的"反向"调整拉伸方向，使其沿Y轴负方向拉伸，取消勾选"合并结果"选项，单击"确定"，生成拉伸实体特征，如图6-129所示。

步骤9 在视口中单击"基准面1"，选定为草图绘制平面。单击"特征"工具栏中的"绘制草图"，进入草图绘制状态。使用"草图"工具栏中的"中心圆"工具，绘制如图6-130所示的草图并标注尺寸，完成"草图4"的绘制。

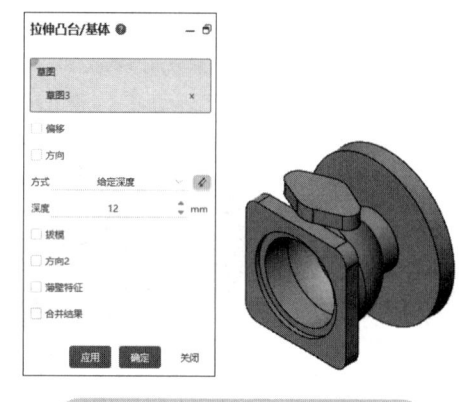

图6-129　创建拉伸实体特征2

图6-130　绘制"草图4"

步骤10 单击"特征"工具栏中的"拉伸凸台/基体"，自动拾取"草图4"为拉伸草图，"方式"选择"成形到面"，在视口中选择如图6-131所示的球面，勾选"合并结果"选项，单击"确定"，生成拉伸实体特征。

图6-131　创建拉伸实体特征3

2. 阀体其余部分

步骤1 单击"特征"工具栏中的"孔"，"打孔面"选择"拉伸凸台/基体2"的平面，"孔心点"选择"草图2"中绘制的点，"孔类型"选择"直孔"，"钻孔直径"设置为"11"，"终止深

度"选择"给定深度",设置值为"20",单击"确定",生成孔切除特征,如图6-132所示。

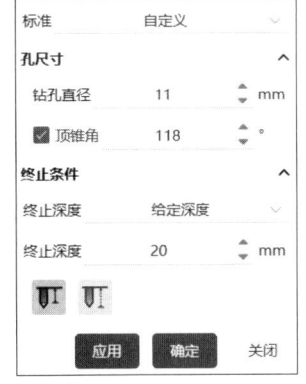

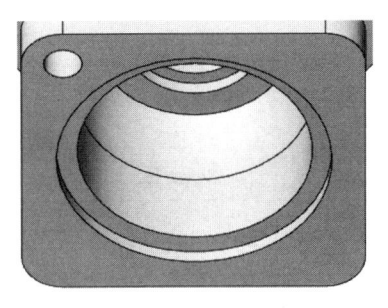

图 6-132 创建直孔1特征

步骤2 单击"特征"工具栏中的"线性阵列" ,"特征"选择刚才创建的孔,"方向"选择实体水平边线,"距离"设置为"78","实例数"设置为"2";勾选"方向2"选项,"方向"选择实体竖直边线,"距离"设置为"78","实例数"设置为"2"。单击"确定",生成孔阵列特征,如图6-133所示。

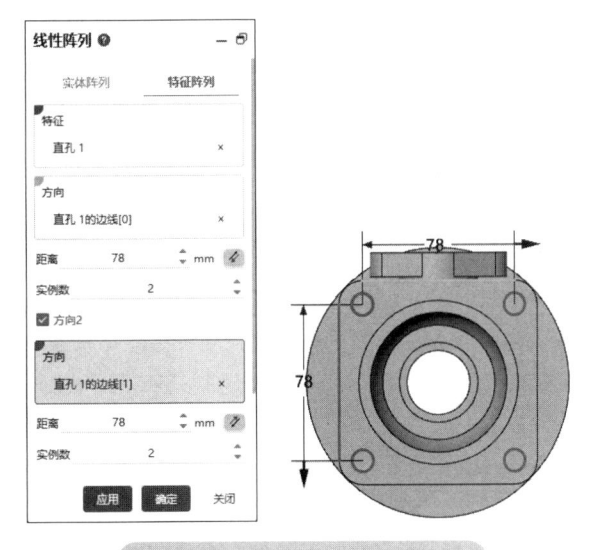

图 6-133 创建线性孔阵列特征

步骤3 单击"特征"工具栏中的"孔" ,"打孔面"选择"旋转凸台/基体1"的平面,单击"孔心点"后的"绘制草图" ,绘制孔心点草图,如图6-134所示,单击"退出草图"。"孔类型"选择"直孔","钻孔直径"设置为"8","终止深度"选择"给定深度",设置值为"20",单击"确定",生成孔切除特征,如图6-135所示。

119

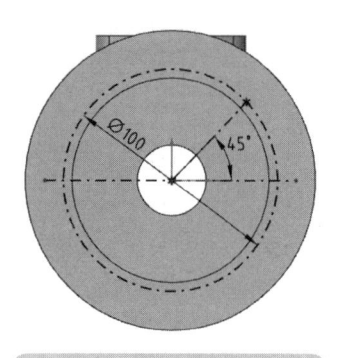

图 6-134　绘制孔心点草图

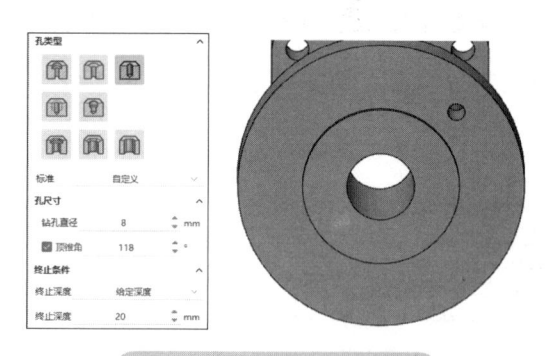

图 6-135　创建直孔 2 特征

步骤 4　单击"特征"工具栏中的"圆周阵列"，"特征"选择刚才创建的孔，"轴"选择"旋转凸台/基体 1"的任意圆周面，"角度"设置为"360°"，"实例数"设置为"4"，单击"确定"，生成孔阵列特征，如图 6-136 所示。

步骤 5　单击"特征"工具栏中的"孔"，"打孔面"选择"拉伸凸台/基体 2"的上平面，"孔心点"选择"原点"，"孔类型"选择"沉头孔"，"沉头直径"设置为"30"，"沉头深度"设置为"23"，"钻孔直径"设置为"18"，"终止深度"选择"给定深度"，设置值为"50"，单击"确定"，生成孔切除特征，如图 6-137 所示。

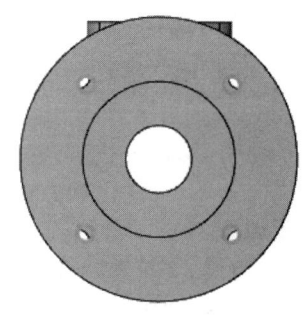

图 6-136　创建孔圆周阵列

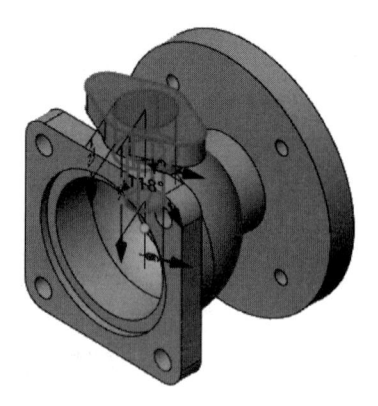

图 6-137　创建沉头孔特征

步骤 6　单击"特征"工具栏中的"孔"，"打孔面"选择"拉伸凸台/基体 2"的上平面，选择"孔心点"时，将鼠标放置在圆弧边线上，待出现圆心点时，单击圆心点。"孔类型"选择"底部螺纹孔"，"规格"选择"M6"，"螺纹深度"选择"给定深度"，设置值为"12"，"显示"选择"装饰螺纹"，单击"确定"，生成孔切除特征，如图 6-138 所示。

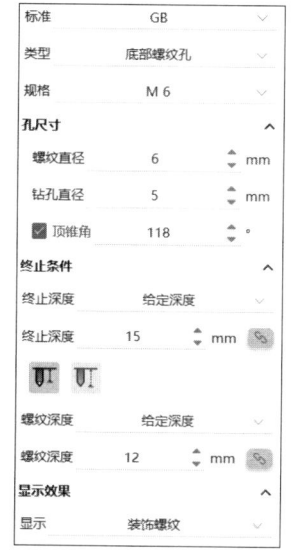

图 6-138 创建螺纹孔特征

步骤7 单击"特征"工具栏中的"旋转切除"，在"草图"拾取框中选择"前视基准面"为草图绘制平面，绘制如图 6-139 所示的草图。

步骤8 单击"退出草图"。"旋转轴"自动拾取草图中的中心线，在图形中选择沿 X 轴的中心线，设置"角度"为"360°"，单击"确定"，生成旋转切除特征，如图 6-140 所示。

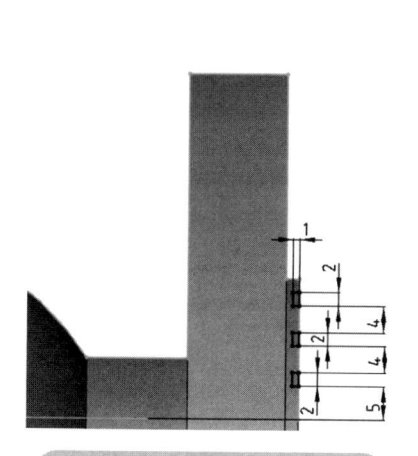

图 6-139 绘制旋转切除草图

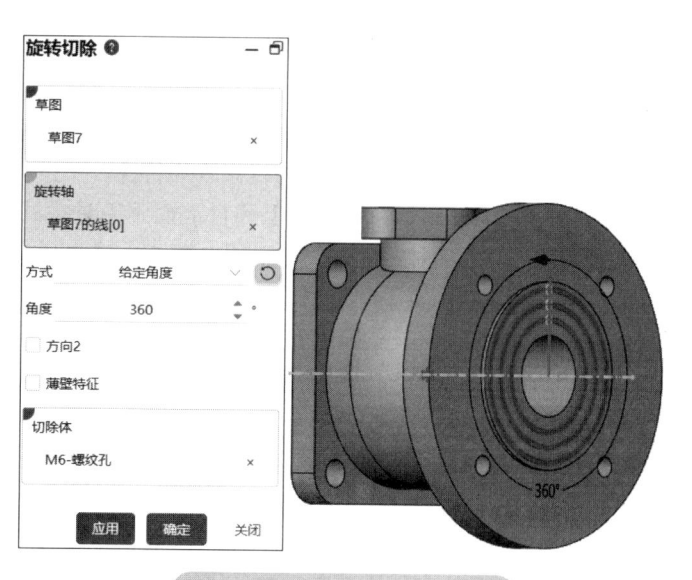

图 6-140 创建旋转切除特征

第 7 章 装配设计

7.1 装配概述

装配设计是三维 CAD 设计软件的三大基础功能之一，可将多个独立的零部件按照实际的工作要求组合成一个完整的产品或系统，并进行相关分析，从而提高设计效率和质量。

本章主要介绍 CrownCAD 装配设计的基础知识，包括零部件的管理、建立配合、干涉检查、装配统计、爆炸视图、运动动画、BOM 管理等内容。

7.1.1 装配设计思想

1. 三维装配设计模式

在 CAD 设计软件中，三维装配设计模式可分为两种，即自上而下（Top-Down）和自下而上（Bottom-Up）。

（1）自上而下（Top-Down）装配设计模式 以装配为中心，从产品的整体结构和功能出发，先确定产品的整体框架和布局，然后再逐步细化到每个零件的设计。自上而下设计模式的优点是可以更好地把握产品的整体性能和效果，同时也能够更好地进行整体优化。

（2）自下而上（Bottom-Up）装配设计模式 以零件为中心，从主要的结构元素或功能元素开始装配设计，先设计出单独的零件，然后再将这些零件装配到一起形成完整的产品。自下而上设计模式的优点是可以对每个零件进行优化，以达到最佳的性能和效果。同时，由于每个零件都是单独设计和制造的，因此可以更容易地进行修改和替换。

在实际的三维设计中，自下而上和自上而下两种模式并不是孤立的，而是需要相互结合和平衡。设计师需要根据具体的产品需求和设计要求，选择适合的设计模式。

2. 产品导航

CrownCAD 中的"产品导航"功能是一个在设计前用于产品规划的概念模块。它适用于设计管理者和普通设计人员，方便用户快速建立项目，以及对项目后期的整体设计进行核对检查，导出相关的信息；新建装配结构树还可以与现有装配结构进行交互与组装。

在项目管理界面中，单击"产品导航" ，即可进入产品导航界面，如图 7-1 所示。通过简单的拖拽操作，即可快速搭建装配结构树；支持零件、

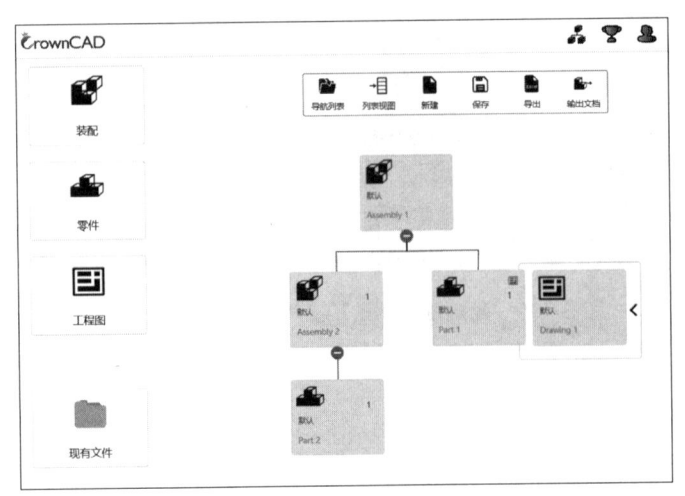

图 7-1 产品导航界面

装配、工程图的创建；支持现有项目文档的插入。

> **注意**：零件和装配只能拖拽至装配上，工程图只能拖拽至零件和装配上。对于不需要的文档，拖拽至左下角的"删除"🗑上，即可删除。

在产品导航窗口上方有工具列表，具体功能见表7-1。

表7-1 产品导航工具及功能

工 具	图 标	功 能
导航列表		查看当前账号内保存的导航列表
列表视图		以表格形式查看当前装配的结构和零部件信息
新建		创建一个新的空白产品导航
保存		将当前结构树保存至导航列表中，保存名称可自定义
导出		将当前装配结构和零部件信息以Excel表格形式导出
输出文档		生成一个包含产品导航内文档的项目，项目名称可自定义

7.1.2 创建装配体

在CrownCAD中，通过以下两种方式可快速创建装配体：
- 单击文档管理界面或产品设计界面中的"新建"，选择"装配"，弹出"新建文档"命令面板，输入装配文档名称，选择模板后单击"创建"，即可创建装配体。
- 单击产品设计界面中的"新建"，选择"生成装配体"，弹出"新建文档"命令面板，输入装配文档名称，选择模板后单击"创建"，即可创建装配体，并将刚才打开的零部件插入当前装配中，零部件原点与装配原点重合。

7.2 开始装配体

7.2.1 插入零件或装配

单击"装配"工具栏中的"插入零件或装配"📁，弹出"插入零件或装配"命令面板，如图7-2所示。

"插入零件或装配"命令面板各选项含义如下：
- "当前项目"选项：从当前项目的所有文档中选择零件或装配进行插入。
- "所有项目"选项：从用户所创建的所有项目以及被分享的项目中选择零件或装配进行插入，如图7-3所示。

> **技巧：**
> 1）选定项目后，可切换显示项目中的零件或装配，按〈Ctrl〉或〈Shift〉键可多选。
> 2）选择待插入的零件/装配后，单击图标 可选择插入零部件的哪个节点或分支。

图 7-2 "插入零件或装配"命令面板

图 7-3 "所有项目"界面

- "在原点插入"选项：插入零件原点与装配原点重合。
- "角度"输入框和"旋转轴"选项：可根据设定条件将零部件旋转至指定角度。

7.2.2 新建零件

在当前装配文档下创建一个新的零件文档，该文档会自动添加到装配中，且可以保存为单独的文档。单击"装配"工具栏中"插入零件或装配"的下拉框，选择"新建零件"，弹出"新建零件"命令面板，如图 7-4 所示。

输入文档名称，单击"创建"。将鼠标指针移到视口中，当鼠标指针移动至平面或基准面上时显示为 ，其余位置时都显示为 。

- 鼠标指针为 时，单击该平面或基准面即可创建空白文档。新零件文档的前视基准面与所选面重合，并自动添加一个重合约束，如图 7-5 所示。

图 7-4 "新建零件"命令面板

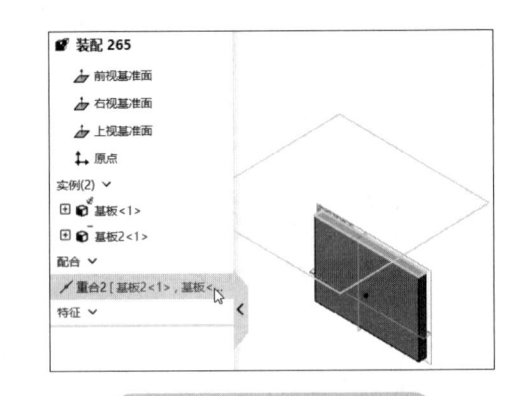

图 7-5 选择平面新建零件

> 注意：选择其他零部件中的平面或基准面时，才自动添加约束。

- 鼠标指针为 时，单击即可创建空白文档，文档的原点与装配的原点重合，且自带固定约束。

7.2.3 新建装配

在当前装配文档下创建一个新的装配文档，该文档会自动添加到装配中，且可以保存为单独的文档。单击"装配"工具栏中"插入零件或装配"的下拉框，选择"新建装配"，弹出"新建装配"命令面板，如图 7-6 所示。

图 7-6 "新建装配"命令面板

> **注意**：默认子装配的原点和装配的原点重合。

7.2.4 替换零件或装配

CrownCAD 支持替换当前装配中已有的零部件。单击"装配"工具栏中的"替换零件或装配"，弹出"替换零件或装配"命令面板，如图 7-7 所示。

"替换零件或装配"命令面板各选项含义如下：
- "替换零件"拾取框：在视口中选择要替换的零部件。
- "替换选项"选项：提供"仅选定的实例""实例所在父装配中的全部"和"全部"三种方式。
- 项目选项：可从"当前项目"和"所有项目"中选择新的零部件。

图 7-7 "替换零件或装配"命令面板

> **注意**：新的零部件位置与原零部件基准位置重合。

7.3 装配配合

7.3.1 配合

"配合"命令用于在装配体零部件之间生成重合、平行、垂直等几何关系，并可在其自由度之内移动零部件。单击"装配"工具栏中的"配合"，弹出"配合"命令面板，如图 7-8 所示。

"配合"命令面板各选项含义如下：
- 提供三种配合类型，分别为标准配合、机械配合和高级配合。
- "零件"拾取框：选择待添加配合的两个零件，支持选择不同零件上的点、线、面、基准面或坐标系。

1. 标准配合
- "重合"：将所选点、线、面定位，使两个零部件共享同一个点、线、面元素。
- "平行"：放置所选项，彼此间保持等间距。
- "相切"：所选项以彼此间相切的方式放置。
- "同轴心"：将所选项放置以共享同一中心线。
- "垂直"：将所选实体以垂直方式放置。
- "距离"：将所选项以彼此间指定的距离放置。
- "角度"：将所选项以彼此间指定的角度放置。

2. 机械配合

（1）"齿轮"　使两个零部件绕所选轴按一定速度比率相对转动。单击"机械"配合中的"齿轮"配合，显示齿轮配合相关参数，如图7-9所示。

图7-8　"配合"命令面板

图7-9　齿轮配合相关参数

齿轮配合相关参数的含义如下：
- "零件"拾取框：选择两个不同零件上的圆柱面、圆锥面、轴、直线/圆形线（包括草图线、实体/曲面边线）。
- "比率"输入框：输入两个数值，两数之比为零部件转动速度之比。
- "反转"选项：控制两个零部件的转动方向。

示例：拾取两个齿轮的圆柱面，创建齿轮配合，效果如图7-10所示。

（2）"槽口"　支持将圆柱/轴配合到直口/圆弧槽，或将两槽进行配合。单击"机械"配合中的"槽口"配合，显示槽口配合相关参数，如图7-11所示。

槽口配合相关参数的含义如下：
- "零件"拾取框：选择两个不同零件上的元素。
- "约束"选项：选择两个元素之间的位置约束关系。
  - "自由"：圆柱可以在槽口内自由运动。
  - "在槽口中心"：圆柱只能位于槽口内的中心位置。
  - "沿槽口的百分比"：需要设置百分比，圆柱只能位于槽口内的固定位置。

图 7-10 创建齿轮配合

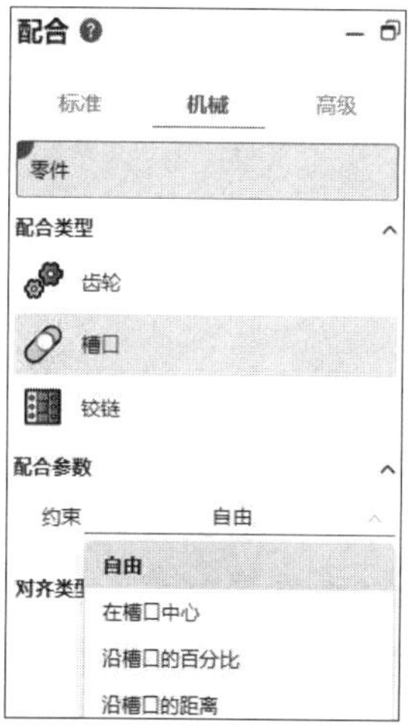

图 7-11 槽口配合相关参数

➢ "沿槽口的距离"：需要设置距离，圆柱只能位于槽口内的固定位置。

示例：拾取圆柱面和槽口内平面，创建槽口配合，效果如图 7-12 所示。

（3）"铰链" 可以将两个零部件之间的移动限制在一定的旋转范围内，相当于同时添加同轴心配合和重合配合，也可以选择是否同时添加限制角度配合。单击"机械"配合中的"铰链"配合，显示铰链配合相关参数，如图 7-13 所示。

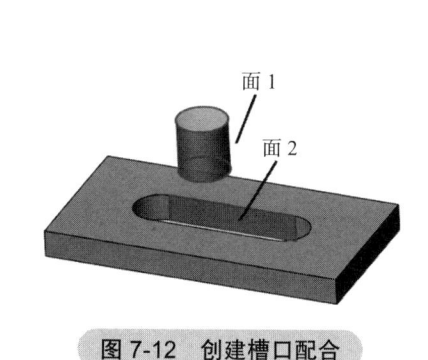

图 7-12 创建槽口配合

图 7-13 铰链配合相关参数

铰链配合相关参数的含义如下：
- "同轴心"选项：拾取要添加同轴心的零件元素。
- "重合"选项：拾取与同轴心相同零件的元素添加重合配合。
- "限制角度"选项：显示限制角度的拾取框和参数。
- "配合参数"选项：包括"限制角度""最大值"和"最小值"。

示例：拾取要添加同轴心和重合配合的零件元素，创建铰链配合，效果如图 7-14 所示。

3. 高级配合

（1）"限制距离" ⊩⊟　允许零部件在距离配合的一定数值范围内移动。单击"高级"配合中的"限制距离"配合，显示限制距离配合相关参数，如图 7-15 所示。

图 7-14　创建铰链配合

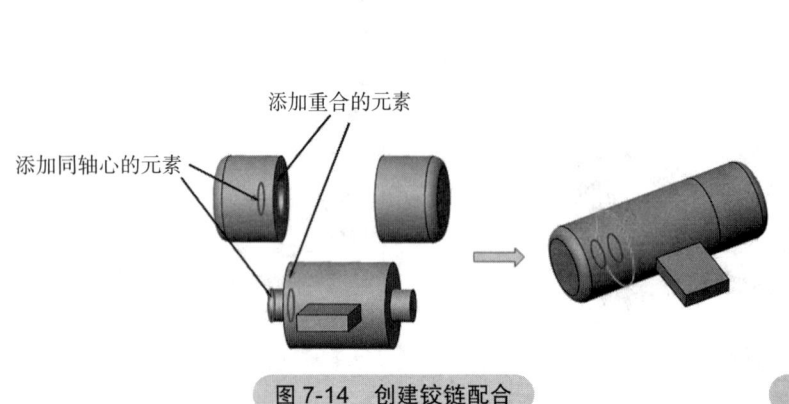

图 7-15　限制距离配合相关参数

限制距离配合相关参数的含义如下：
- "零件"拾取框：选取两个不同零件上的点、线、面元素。
- "限制距离"输入框：所选元素当前状态下的距离。
- "最大值"和"最小值"输入框：所选元素可活动范围内的极限距离。

示例：拾取需配合的面，设置配合参数，创建限制距离配合，效果如图 7-16 所示。

（2）"限制角度" ⊿　允许零部件在角度配合的一定数值范围内移动。单击"高级"配合中的"限制角度"配合，显示限制角度配合相关参数，如图 7-17 所示。

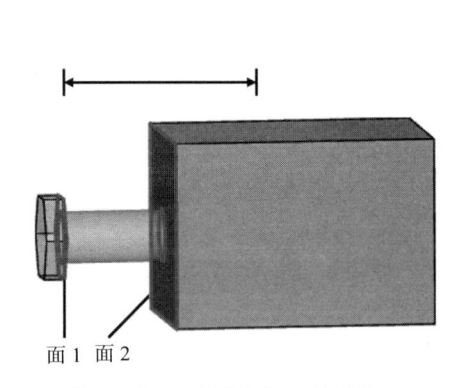

图 7-16　创建限制距离配合

图 7-17　限制角度配合相关参数

限制角度配合相关参数的含义如下：
- "零件"拾取框：选取两个不同零件上的线、面元素。
- "限制角度"输入框：所选元素当前状态下的角度。

●"最大值"和"最小值"输入框：所选元素可活动范围内的极限角度。

示例：拾取两零件的元素，设置配合参数，创建限制角度配合，效果如图 7-18 所示。

（3）"对称" ◻ 使两个实体元素相对于基准面或平面对称。单击"高级"配合中的"对称"配合，显示对称配合相关参数，如图 7-19 所示。

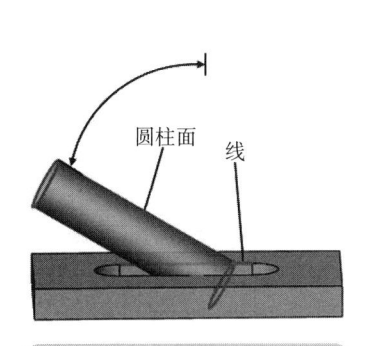

图 7-18 创建限制角度配合

图 7-19 对称配合相关参数

对称配合相关参数的含义如下：

- "对称面"拾取框：选择一个平面或基准面。
- "零件"拾取框：拾取两个属于不同零部件的元素进行配合，效果如图 7-20 所示。

（4）"轮廓中心" ◉ 将几何轮廓中心对齐并完全定义零部件。单击"高级"配合中的"轮廓中心"配合，显示轮廓中心配合相关参数，如图 7-21 所示。

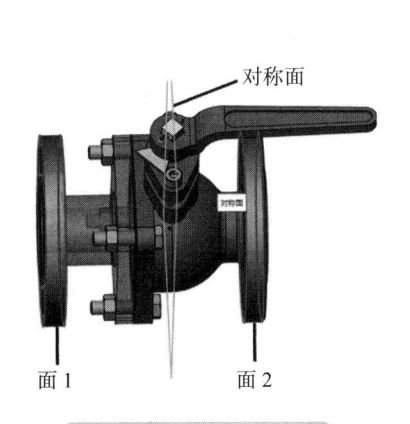

图 7-20 对称配合示例

图 7-21 轮廓中心配合相关参数

轮廓中心配合相关参数的含义如下：

- "零件"拾取框：拾取两个实体的草图线、边线或实体面。
- "配合参数"选项组：可设置"偏移距离""锁定旋转"和"方向"。
  ➤ "偏移距离"：设置两轮廓中心的偏移距离。
  ➤ "锁定旋转"：锁定零部件的旋转。

➢ "方向"：选择两个非圆形轮廓时可使用此功能更改零部件方向。
● "对齐类型"选项：控制两个元素的相对方向，包含"同向对齐"和"反向对齐"。
示例：拾取两零件轮廓，创建轮廓中心配合，效果如图 7-22 所示。

（5）"宽度" 以两个平面作为参考，约束与其他零部件之间的距离。单击"高级"配合中的"宽度"配合，显示宽度配合相关参数，如图 7-23 所示。

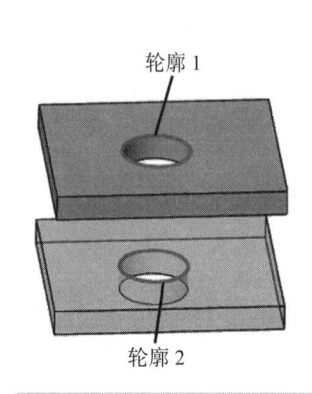

图 7-22　创建轮廓中心配合

图 7-23　宽度配合相关参数

宽度配合相关参数的含义如下：
● "宽度参考"拾取框：拾取两个平行或非平行的面。
● "标签参考"拾取框：选择两个平行或非平行的面，或者一个圆柱面。
● "约束"选项：选择约束类型，可选择"中心""自由""百分比"和"尺寸"。
➢ "中心"：标签与宽度参考中心位置重合。
➢ "自由"：不限制标签在宽度参考中的位置，可以在宽度参考范围内移动/旋转。
➢ "百分比"：按百分比限制标签在宽度参考中的位置。
➢ "尺寸"：按尺寸限制标签在宽度参考中的位置。
示例：拾取两个宽度参考面和两个标签参考面，创建宽度配合，效果如图 7-24 所示。

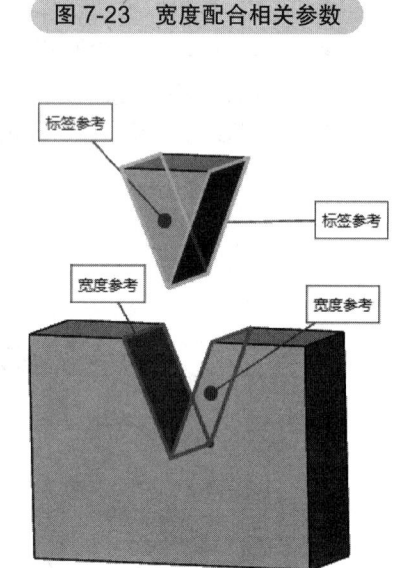

图 7-24　创建宽度配合

7.3.2　随配合复制

"随配合复制"命令用于在装配文档中复制零部件的同时，复制零部件的配合关系。

单击"装配"工具栏中的"插入零件或装配"的下拉框，选择"随配合复制"，或右击待复制对象，选择快捷菜单中的"随配合复制"，弹出"随配合复制"命令面板，如图 7-25 所示，在命令面板中的"配合类型"处，自动列出所选零部件已添加的全部配合关系。

● "重复"选项：勾选后"零件"拾取框和"对齐类型"选项将不可选择，配合元素和对齐类型与原配合相同。

● 角度/距离类型的配合仍可以单独设置角度/距离值。

图 7-25 "随配合复制"命令面板

> **注意**：仅能选择顶层零部件，支持多选零部件进行复制。当拾取的零部件之间存在配合关系时，复制生成的实例间会自动添加相应的配合。若所选的零部件不存在任何配合关系，则不能被填入拾取框中。

7.4 衍生装配体

7.4.1 零部件的阵列

1. 线性阵列

线性阵列可以实现在装配环境中将零部件在一个或两个方向上均匀排列复制生成有限个实例。单击"装配"工具栏中的"线性阵列" ，弹出"线性阵列"命令面板，如图 7-26 所示，具体参数含义可参考 6.3.2 小节中的线性阵列。

装配线性阵列特征的创建方法如下：

步骤 1 在"线性阵列"命令面板中，单击"零部件"拾取框，在视口中选择螺栓组合件作为待阵列零件，如图 7-27 所示。

步骤 2 单击"方向"拾取框，拾取固定板上一条边线作为阵列方向。

步骤 3 勾选"方向 2"，"方向"选择与第一个方向垂直的边线，其余设置如图 7-27 所示。单击"确定"，生成两个方向线性阵列。

图 7-26 "线性阵列"命令面板

2. 圆周阵列

圆周阵列可以实现将一实例以一直线或基准线为旋转轴，按设定角度均匀旋转复制生成有限个实例。单击"装配"工具栏中的"圆周阵列" ，弹出"圆周阵列"命令面板，具体参数含义可参考 6.3.2 小节中的圆周阵列。指定需要阵列的零部件、轴、角度和实例数后，就可以生成零部件的圆周阵列，"圆周阵列"命令面板及效果示意如图 7-28 所示。

图 7-27　创建两个方向线性阵列

图 7-28　"圆周阵列"命令面板及效果示意

3. 曲线阵列

曲线阵列可以实现将一实例以曲线形状阵列摆放，按照设定距离复制生成有限个实例。单击"装配"工具栏中的"曲线阵列" ，弹出"曲线阵列"命令面板，具体参数含义可参考 6.3.2 小节中的曲线阵列。指定需要阵列的零部件和阵列的曲线路径，设置距离和实例数后即可完成零部件的曲线阵列，"曲线阵列"命令面板及效果示意如图 7-29 所示。

4. 草图阵列

草图阵列可以实现将一实例按照草图中的草图点阵列摆放，复制生成有限个实例。单击"装配"工具栏中的"草图阵列" ，弹出"草图阵列"命令面板，具体参数含义可参考 6.3.2 小节中的草图阵列。指定需要阵列的零部件和阵列路径草图，即可生成零部件的草图阵列，"草图阵列"命令面板及效果示意如图 7-30 所示。

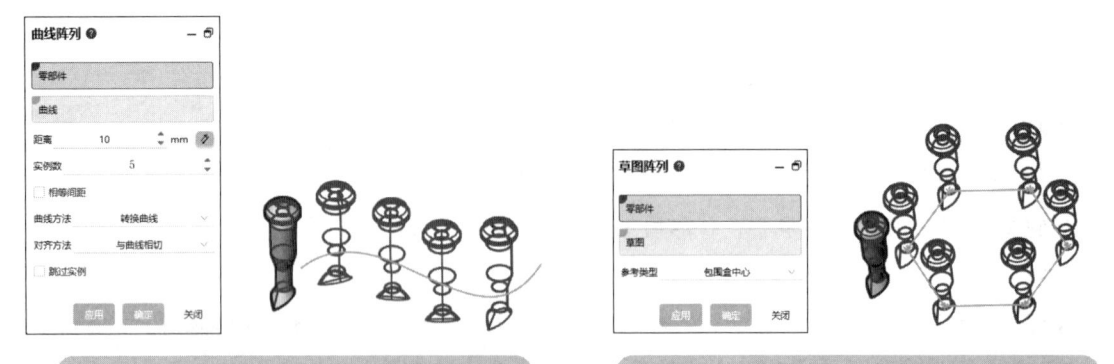

图 7-29　"曲线阵列"命令面板及效果示意

图 7-30　"草图阵列"命令面板及效果示意

> 注意："参考类型"有两种，"包围盒中心"指所选零件的包围盒的中心与草图中的点重合；"指定点"是指定与草图中的点重合的点。

5. 阵列驱动阵列

装配体中，阵列驱动阵列通过参照一组阵列将零部件进行相似的阵列。单击"装配"工具栏中的"阵列驱动阵列"，弹出"阵列驱动阵列"命令面板，如图 7-31 所示。

（1）"阵列驱动阵列"命令面板各选项含义

- "要阵列的零部件"拾取框：拾取需要阵列的零部件。
- "驱动特征或零部件"拾取框：选择一阵列特征或零部件作为阵列驱动源。
- "修改源位置"选项：源阵列的每个实例（包括源阵列中跳过的实例）上出现拾取点，选择一个点，则要阵列的零部件在新阵列中的位置对应该点。
- "跳过实例"选项：在阵列预览中选择要跳过模型的原点，不生成该模型。

（2）阵列驱动阵列示例　选择需要阵列的零部件，指定驱动特征或零部件，即可实现阵列驱动阵列的创建，如图 7-32 所示。

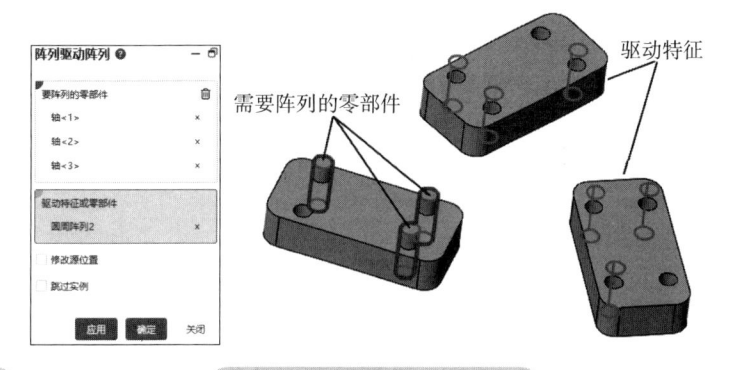

图 7-31　"阵列驱动阵列"命令面板

图 7-32　阵列驱动阵列示例

7.4.2　零部件的镜像

通过镜像功能，可以进行选择、指定镜像实例的方向以及创建装配体零部件的相反方位文档。单击"装配"工具栏中的"镜像"，弹出"镜像"命令面板，如图 7-33 所示。

图 7-33　"镜像"命令面板

"镜像"命令面板各选项含义如下：
- 零部件定向选项：通过选择不同的定向基准生成不同的镜像效果。
  - "X、Y 镜像"：绕基准面镜像实体的 X 轴和 Y 轴，效果如图 7-34 所示。

➢ "X 镜像且反向，Y 镜像"：绕基准面镜像实体的 X 轴和 Y 轴，且反转 X 轴方向，效果如图 7-35 所示。

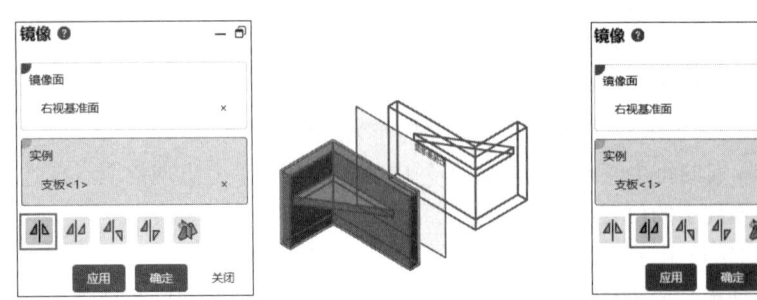

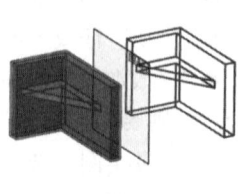

图 7-34 "X、Y 镜像"效果

图 7-35 "X 镜像且反向，Y 镜像"效果

➢ "X 镜像，Y 镜像且反向"：绕基准面镜像实体的 X 轴和 Y 轴，且反转 Y 轴方向，效果如图 7-36 所示。

➢ "X、Y 镜像且反向"：绕基准面镜像实体的 X 轴和 Y 轴，且反转 X 轴、Y 轴方向，效果如图 7-37 所示。

图 7-36 "X 镜像，Y 镜像且反向"效果

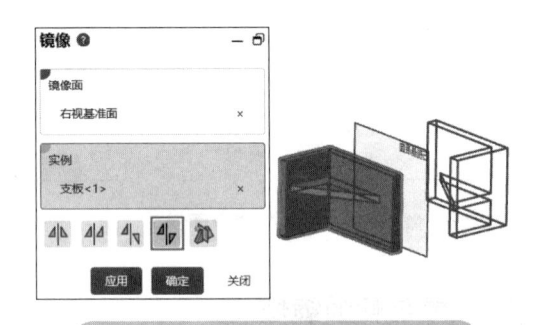

图 7-37 "X、Y 镜像且反向"效果

➢ "生成相反方位新文档"：生成相反方位的实例并创建为一个新文档，如图 7-38 所示。单击"确定"后，弹出"修改文档名称"命令面板，如图 7-39 所示，可修改镜像实例的文档名称。

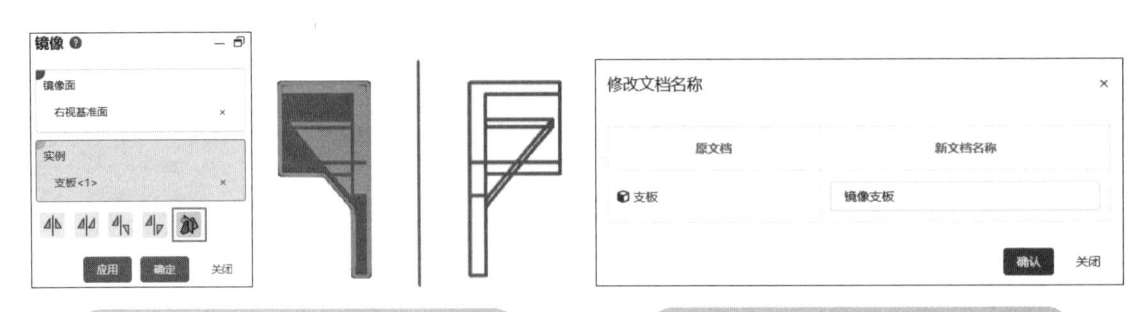

图 7-38 "生成相反方位新文档"效果

图 7-39 "修改文档名称"命令面板

7.5 标准件库

CrownCAD 为用户提供了丰富的标准件库，涵盖国家标准（GB）及 HG、JB、NB、SH 等行业标准的常用标准件，如紧固件、密封件、法兰、阀门等类别，方便用户在设计过程中快速调用。单

击"装配"工具栏中的"标准件库" ，弹出"标准件库"命令面板，如图 7-40 所示。

图 7-40 "标准件库"命令面板

1. "最近插入"列表

"最近插入"列表显示最近插入的标准件。将鼠标移动至列表中的标准件缩略图，单击"收藏" ，可将此规格标准件添加至"个人收藏夹"；单击"添加固定" ，可将此规格标准件固定至"最近插入"列表中。

2. 分类列表

分类列表位于"标准件库"面板左侧，可查看标准件分类、详细标准件名称等信息。选定规格后，单击"预览"，鼠标移动至视口中，零件将跟随鼠标指针出现预览，单击任意位置即可放置零件。

7.6 装配体检查

7.6.1 干涉检查

"干涉检查"用于检查零部件之间的干涉，可显示选中零部件干涉的部分。在装配设计环境下，单击"评估"工具栏中的"干涉检查" ，弹出"干涉检查"命令面板，如图 7-41 所示。

"干涉检查"命令面板各选项含义如下：

- "待检查实例"拾取框：选择两个及两个以上需要检查的实例。
- "计算结果"选项：单击"计算"后，干涉位置会在视口中高亮显示，如图 7-42 所示，单击干涉结果，可切换查看干涉位置。

单击展开干涉检查结果下拉框，可查看干涉对应零部件，如图 7-43 所示。

图 7-41 "干涉检查"命令面板　　图 7-42 干涉检查结果列表　　图 7-43 查看干涉零部件

135

● "隐藏不干涉的零部件"选项：视口中不干涉的零部件将不显示，只显示干涉的零部件。

7.6.2 间隙检查

"间隙检查"用于测量零部件之间的间隙，显示所选零部件之间设置的最小间隙值。在装配设计环境下，单击"评估"工具栏中的"间隙检查"，弹出"间隙检查"命令面板，如图7-44所示。

"间隙检查"命令面板各选项含义如下：

● "待检查的实例或面"拾取框：拾取要检查的实例或面。通过单击"选择体"或"选择面"来切换当前选取何种元素。

● "间隙值"输入框：设置间隙检查的标准，只有小于间隙值的间隙才会被识别并显示。

● "计算结果"选项：单击"计算"后，显示当前所选项中所有小于"间隙值"的间隙，如图7-45所示。单击展开间隙检查结果下拉框，可查看间隙对应实例。

图7-44 "间隙检查"命令面板

图7-45 间隙检查计算结果

7.6.3 统计

"统计"用于统计装配体中的总零部件数量、除去重复零部件后的零件数量、子装配数量、顶层配合数量等。在装配设计环境下，单击"评估"工具栏中的"统计"，弹出"统计"命令面板，如图7-46所示。

图7-46 "统计"命令面板

> 注意：被卸载的零部件或被抑制阵列特征的零部件不包括在统计中。

7.6.4 变换实例

在装配环境中，在遵循配合约束关系的前提下移动/旋转零部件实例，移动/旋转过程中可实时检测是否有干涉，在发生干涉时可停止移动/旋转操作。单击"装配"工具栏中的"变换实例" ，弹出"移动零部件"命令面板，如图7-47所示。

1. 移动零部件

单击"方式"右侧下拉框，可查看移动零部件的方式，包括自由拖动、沿装配体XYZ、沿实体、到XYZ位置、XYZ变量和坐标系6种方式。

- 自由拖动：与直接拖拽移动零部件相同，鼠标指针移动至零部件上，长按左键后拖动鼠标，即可移动零部件位置。

图 7-47 "移动零部件"命令面板

- 沿装配体XYZ：直接拖拽零部件，每次只会沿装配体X、Y、Z方向移动零部件。
- 沿实体：选择平面或直线，零部件在平面上移动或沿直线移动。
- 到XYZ位置：选择一个零部件，输入目标位置的X、Y、Z值，单击"应用"，零部件移动至原点与目标坐标重合的位置。
- XYZ变量：选择一个零部件，输入X、Y、Z变量值，单击"应用"，零部件在装配的X、Y、Z方向上移动相应距离。
- 坐标系：选择分别属于两个零部件的坐标系，单击"应用"，零部件从参考坐标系移动到目标坐标系。

2. 旋转零部件

单击"旋转零部件"，切换至"旋转零部件"命令面板，如图7-48所示。

单击"方式"右侧下拉框，可查看旋转零部件的方式，包括自由拖动、沿实体、XYZ变量和坐标系4种方式。

- 自由拖动：直接拖拽零部件，零部件绕自身重心旋转。
- 沿实体：选择一条直线，拖拽零部件，零部件绕直线旋转。
- XYZ变量：选择一个零部件，输入X、Y、Z变量值，单击"应用"，零部件绕装配的X、Y、Z轴旋转相应角度。

图 7-48 "旋转零部件"命令面板

- 坐标系：选择两个坐标系，单击"应用"，零部件从参考坐标系位置沿原点旋转至与目标坐标系方向一致。

3. 动态干涉检查

"动态干涉检查"用于控制零部件在移动/旋转时是否进行动态干涉检查。勾选后，零部件在移动/旋转时同步进行动态干涉检查，如图7-49所示。

- "检查范围"选项：用于选取对哪些零部件进行干涉检查。
  - "全部零部件"：对当前装配内的全部零部件进行干涉检查。
  - "指定零部件"：仅对选定的零部件和当前正在移动/旋

图 7-49 动态干涉检查

转的零部件进行干涉检查。

选择"指定零部件"后,"选择零部件"处于激活状态,在视口内单击或框选可选择零部件;单击"恢复拖动"后,可在视口内拖拽移动/旋转零部件。

- "干涉时停止"选项:用于控制发生干涉时是否停止移动/旋转零部件。

7.7 爆炸视图

7.7.1 默认爆炸视图

每个装配文档都含有一个默认爆炸视图,激活此视图时,系统会根据一定规律自动分散装配中的零部件。默认爆炸视图与用户新建的视图一起保存在"视图面板"中,不允许进行编辑/重命名/删除操作。右击"视图面板"中的"默认爆炸视图",如图 7-50 所示,在快捷菜单中可选择"激活"或"动画激活"。

- "激活":系统会根据一定规律自动分散装配中的零部件,如图 7-51 所示。
- "动画激活":展示动画播放界面,演示爆炸过程动画,出现如图 7-52 所示动画控制器。

图 7-50 默认爆炸视图　　图 7-51 激活默认爆炸视图　　图 7-52 动画控制器

动画控制器相关功能说明见表 7-2。

表 7-2 动画控制器相关功能说明

图标	名称	说明
⏮	开始	将动画返回到第一个画面
⏪	上一步	单击"暂停"后将动画返回到上一个画面
▶	播放/暂停	播放/暂停动画
⏩	下一步	单击"暂停"后将动画移到下一个画面
⏭	结束	将动画移到最后一个画面
→	单次播放	从开始到结束显示动画一次,然后停止
↻	循环播放	连续循环播放(从开始到结束),直至单击"暂停"
↔	往复播放	往复连续循环播放(从开始到结束,从结束到开始),直至单击"暂停"
▶×0.5	慢速播放	以正常速度的一半播放动画
▶×2	快速播放	以正常速度的两倍播放动画

7.7.2 新建爆炸视图

CrownCAD 装配除包含默认爆炸视图外,也支持用户自定义爆炸视图。单击"装配"工具栏中的"新建爆炸视图" ,弹出"新建爆炸视图"命令面板,如图 7-53 所示。

（1）"新建爆炸视图"命令面板各选项含义

● "爆炸步骤"选项：用于记录爆炸的顺序。选择爆炸步骤后，单击如图 7-54 所示的右侧图标，可进行"回滚""向前推进""抑制/取消抑制"和"删除"操作。

图 7-53 "新建爆炸视图"命令面板

图 7-54 调整爆炸步骤

● "智能新建步骤"选项：满足条件时自动保存并新建步骤。
● "步骤名称"输入框：自定义爆炸步骤名称。
● "变换对象"拾取框：用于拾取要移动的实例，可多选。
● "方式"选项：支持 3 种移动方式，分别为"按 XYZ 平动""按距离平动"和"旋转"。

（2）新建爆炸视图操作示例

步骤1 在视口中选择圆螺钉零件，"方式"选择"按 XYZ 平动"，零件上会显示可操作的蓝色坐标系，通过拖动坐标系箭头或输入 X、Y、Z 值移动零件至合适位置，如图 7-55 所示。

步骤2 将零件移动到所需位置后，单击"下一步"，保存当前变换参数为"爆炸步骤 1"，"爆炸步骤 1"显示在列表中，如图 7-56 所示。

图 7-55 移动圆螺钉

图 7-56 创建"爆炸步骤 1"

步骤3 在视口中选择"动掌","方式"选择"按XYZ平动",拖动坐标系箭头或输入X、Y、Z值改变零件的位置。单击"下一步",保存当前变换参数为"爆炸步骤2","爆炸步骤2"显示在列表中,如图7-57所示。

步骤4 继续操作,直至完成所有爆炸步骤,如图7-58所示。

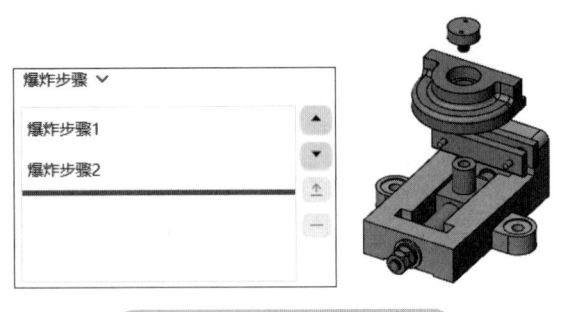

图7-57 创建"爆炸步骤2"

图7-58 虎钳爆炸视图

（3）新建爆炸视图右键快捷菜单 在"视图面板"中右击"新建爆炸视图1",如图7-59所示,其快捷菜单中主要包括"激活""动画激活""编辑""重命名"和"删除"命令。

图7-59 新建爆炸视图1右键快捷菜单

7.8 运动动画

CrownCAD提供基于装配的运动仿真模块,帮助用户快速查看零部件之间的运动状态,以优化零部件设计。

1. 启动动画

1）通过创建动画文档启动动画模块。单击视口右侧工具列表中的"动画列表" ，打开动画列表,然后单击后侧的"新建"+,即可在装配文档底部打开动画面板,如图7-60所示。

2）在装配设计环境下,单击"评估"工具栏中的"动画"可快速启动动画。

2. 动画面板

动画面板中包括装配文档的实例列表、动画设置、播放放置等,如图7-61所示。

图7-60 启动动画

图7-61 动画面板

- 实例列表：在面板中显示该装配文档中的实例,实例列表与动画设置相对应。

- 动画设置：可定义各零部件在关键时间帧的位置。
- 播放设置：可设置动画播放的循环方式和播放速度等。

3. 动画设置

CrownCAD 通过拖拽方式设置零部件在某些时间点的位置，通过配合关系自动计算出从动件与主动件之间的运动方式，从而模拟动画。因此，设置零部件在时间点的位置是动画设置的首要步骤。

各零部件默认时间为 0s，此时时间帧显示为蓝色，即表明各零部件位置为当前视口中的位置，即为动画的初始位置。

以 2s 为例，若想在 2s 处设置一零部件位置，则在 2s 位置单击创建关键时间节点，此时会显示红色的线，如图 7-62 所示，需要在视口中拖拽某一零部件确定关键位置。

若此时在 2s 位置处选择在视口中拖拽"零件 4"，则"零件 4"为主动件，其对应的位置生成蓝色关键帧，该关键帧可拖拽至其他时间点，运动时间线以绿色显示，其关联的从动件则以黄色线表明其运动线，如图 7-63 所示，且从动件对应的关键帧为灰色，不可以进行拖拽。

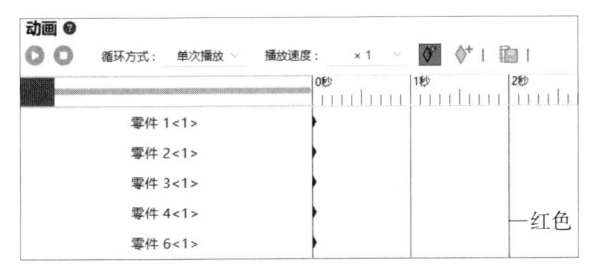

图 7-62　创建关键时间节点　　　　　图 7-63　运动时间线显示

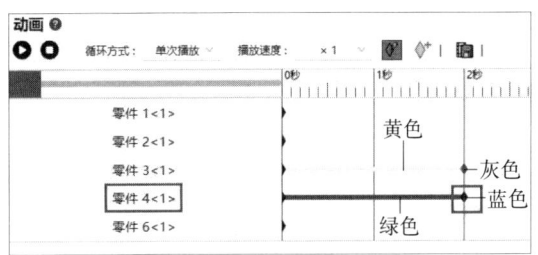

若继续在 2s 或其他时间点再次设置零部件位置，则需在该时间点处再次单击，显示如图 7-64 所示的线时，可继续设置零部件位置。

图 7-64　再次设置零部件位置

4. 动画播放

CrownCAD 提供多种动画播放方式，可调整循环方式、播放速度等，用户可根据需求进行选择。

7.9　BOM

7.9.1　自定义属性

单击"BOM"工具栏中的"自定义属性"　，或右击特征面板中的文档名称，单击"自定义属性"，出现如图 7-65 所示的命令面板，默认通用属性内容为图号、名称、材质（仅限于零部件，装配无此选项）、质量和类型。

单击"属性模板"可切换为其他文档属性模板。在下拉框中选择模板后单击"确定"进行替换。切换模板时，系统会询问用户是否清空已有属性。

打开文档时，可在视口右侧打开"属性面板" 🔧 ，如图 7-66 所示。在"属性面板"中设置的属性与通过文档属性命令设置的属性效果相同。

图 7-65 "自定义属性"命令面板

图 7-66 属性面板

7.9.2 BOM 工具

装配环境下显示"BOM 工具"，单击"BOM 工具"弹出如图 7-67 所示的命令面板。

图 7-67 "BOM 工具"命令面板

- "级别表"：显示装配体中的所有部件的级别及属性。
- "材料明细表"：按照特征面板中的零部件顺序整合统计各零部件属性，如图 7-68 所示。

标号	文件名	分支名	数量	图号	名称	质量	材质
1	丝杠	Main	1		丝杠		
2	垫圈	Main	1		垫圈		
3	滑块	Main	1		滑块		
4	钳口	Main	2				
5	圆螺钉	Main	1		圆螺钉		
6	垫圈1	Main	1		垫圈1		
7	螺母	Main	2				
8	锥螺丝钉	Main	2				
9	动掌	Main	1				
10	虎钳底座	Main	1				

图 7-68 材料明细表

- "导出 Excel"：单击"导出 Excel"，弹出选择模板命令面板，选择模板后单击"导出"，BOM 表以所选模板样式导出（BOM 表导出模板的自定义可参考 2.5.1 小节）。

> **注意**：材质栏显示文档材质；单件质量＝零部件中各实体材质对应密度 × 各实体体积；总质量＝单件质量 × 该零部件数量。

7.10 综合实例

下面应用本章讲解的知识完成球阀的装配过程。

步骤 1 插入阀体。新建装配文档，单击"装配"工具栏中的"插入零件或装配"，在零件列表中选择阀体，默认勾选"在原点插入"，在视口任意位置单击，完成阀体的插入，如图 7-69 所示。

步骤 2 插入阀芯。在"插入零件或装配"的零件列表中选择阀芯，在视口中合适位置单击，完成阀芯的插入，如图 7-70 所示。

图 7-69 插入阀体

图 7-70 插入阀芯

步骤3 为阀体和阀芯添加配合。单击"装配"工具栏中的"配合"，分别拾取元素添加同轴心和重合配合，如图7-71所示。

步骤4 插入阀芯密封圈。在"插入零件或装配"的零件列表中选择阀芯密封圈，在视口中合适位置单击，完成阀芯密封圈的插入。

步骤5 为阀芯和阀芯密封圈添加配合。单击"装配"工具栏中的"配合"，分别拾取元素添加同轴心和相切配合，如图7-72所示。

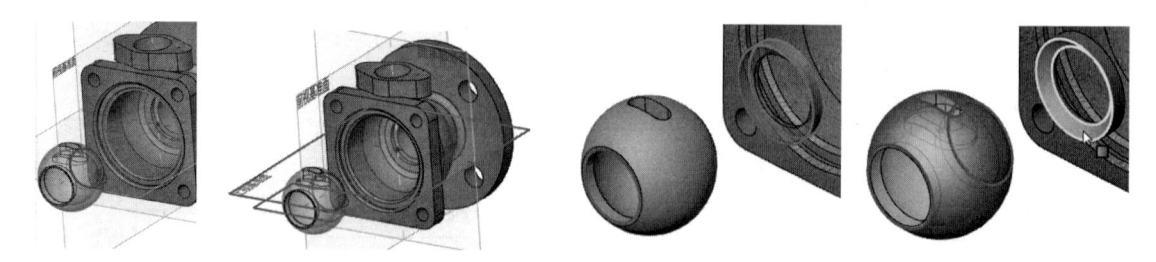

图 7-71 为阀体和阀芯添加配合

图 7-72 为阀芯和阀芯密封圈添加配合

步骤6 镜像阀芯密封圈。单击"装配"工具栏中的"镜像"，"镜像面"选择阀芯中的前视基准面，"实例"选择阀芯密封圈，镜像类型选择"X、Y镜像"，如图7-73所示，单击"确定"，完成镜像。

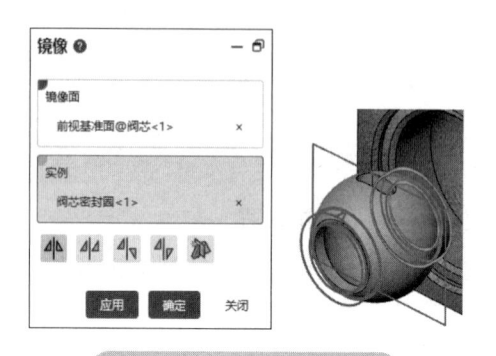

图 7-73 镜像阀芯密封圈

步骤7 插入阀杆。在"插入零件或装配"的零件列表中选择阀杆，在视口中合适位置单击，完成阀杆的插入。

步骤8 为阀芯、阀杆和阀体添加配合。单击"装配"工具栏中的"配合"，分别拾取元素添加同轴心和重合配合，如图7-74所示。

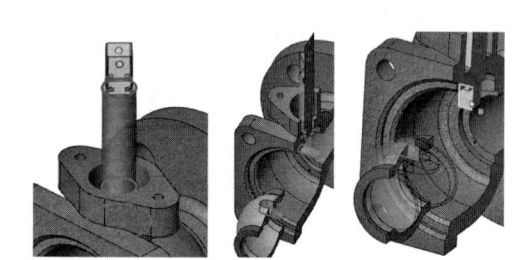

图 7-74 为阀芯、阀杆和阀体添加配合

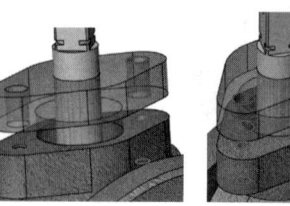

图 7-75 为压盖和阀体添加配合

第 7 章　装配设计

步骤 9　插入压盖。在"插入零件或装配"的零件列表中选择压盖,在视口中合适位置单击,完成压盖的插入。

步骤 10　为压盖和阀体添加配合。单击"装配"工具栏中的"配合"，分别拾取元素添加同轴心和距离配合,如图 7-75 所示。

步骤 11　插入内六角圆柱头螺钉。单击"装配"工具栏中的"标准件库",选择"内六角圆柱头螺钉","型号"选择 M8×35,如图 7-76 所示。单击"预览",在视口中合适位置单击,完成内六角圆柱头螺钉的插入。

图 7-76　选择"内六角圆柱头螺钉"

步骤 12　为内六角圆柱头螺钉添加配合。单击"装配"工具栏中的"配合"，分别拾取元素添加同轴心和重合配合,如图 7-77 所示。

步骤 13　随配合复制内六角圆柱头螺钉。单击"装配"工具栏中的"随配合复制"，选择插入的内六角圆柱头螺钉,同轴心配合及重合配合元素的选择如图 7-78 所示,单击"确定",完成零部件的随配合复制。

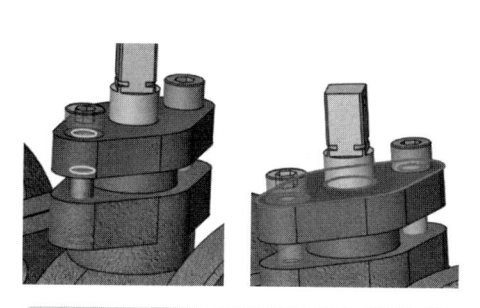

图 7-77　为内六角圆柱头螺钉添加配合

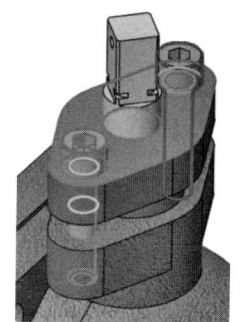

图 7-78　随配合复制内六角圆柱头螺钉

145

步骤 14 插入限位块。在"插入零件或装配"的零件列表中选择限位块,在视口中合适位置单击,完成限位块的插入。

步骤 15 为限位块和阀杆添加配合。单击"装配"工具栏中的"配合"，分别拾取元素添加重合配合,如图 7-79 所示。

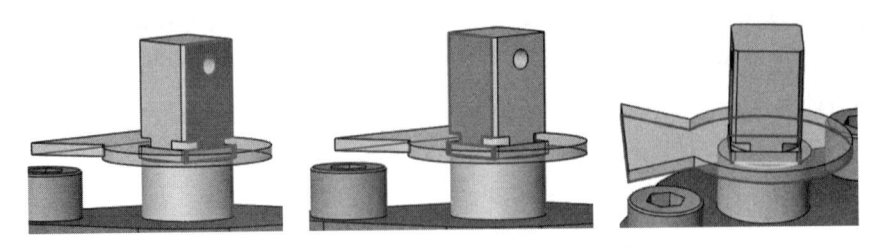

图 7-79 为限位块和阀杆添加配合

步骤 16 插入扳手。在"插入零件或装配"的零件列表中选择扳手,在视口中合适位置单击,完成扳手的插入。

步骤 17 为扳手和阀杆添加配合。单击"装配"工具栏中的"配合"，分别拾取元素添加重合配合,如图 7-80 所示。

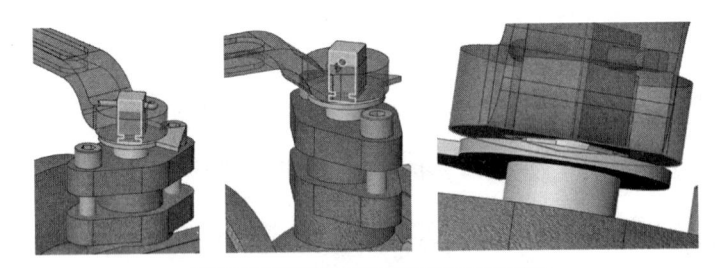

图 7-80 为扳手和阀杆添加配合

步骤 18 插入开口销。单击"装配"工具栏中的"标准件库"，选择"开口销","型号"选择 3.2×18,如图 7-81 所示。单击"预览",在视口中合适位置单击,完成开口销的插入。

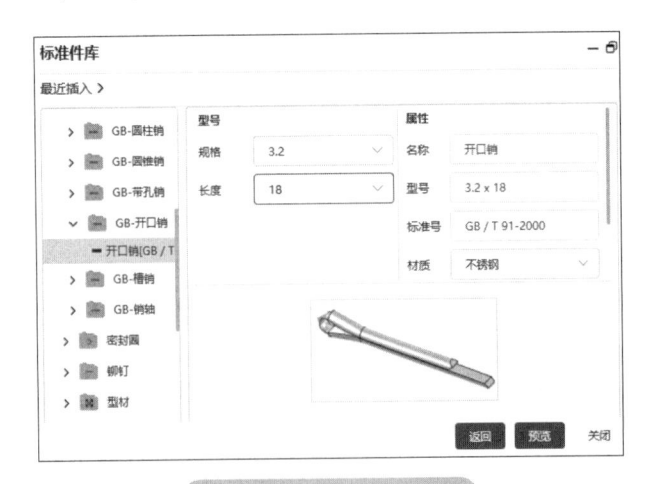

图 7-81 插入"开口销"

步骤 19 为阀杆和开口销添加配合。单击"装配"工具栏中的"配合"按钮，分别拾取元素添加同轴心、平行和重合配合，如图 7-82 所示。

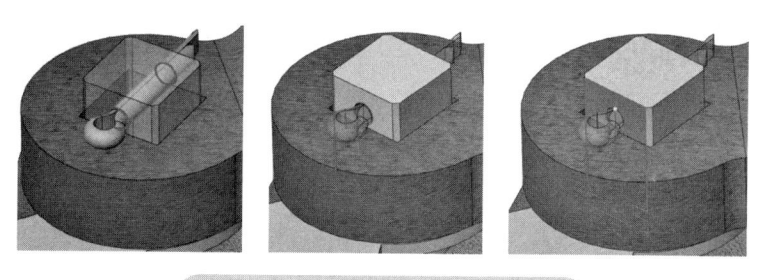

图 7-82　为阀杆和开口销添加配合

步骤 20 按照步骤 11~13 的操作方式，完成六角头螺栓（M8×45）和 1 型六角螺母的装配，最终结果如图 7-83 所示。

图 7-83　球阀装配结果

第8章 工程图

8.1 工程图概述

工程图设计是 CrownCAD 的三大基础功能之一。一个工程图文件可以包含多张图纸，这使得用户可以利用同一个文件生成一个零件的多张图纸或多个零件的工程图。本章主要介绍工程图基本设置、建立工程视图、标注尺寸以及添加注释等内容。

通过单击导航栏中的"新建"→"工程图"或文档列表中的图标+，弹出"新建文档"界面，输入文档名称，选择图纸模板，单击"创建"即可。或在文档列表中的模型文档名称上右击，选择"生成工程图"，弹出"新建文档"界面，文档名称与模型一致，文档类型默认为工程图。

8.2 标准视图

8.2.1 标准三视图

"标准三视图"可快速生成所选模型的主视图、俯视图和左视图。单击"视图布局"工具栏中的"标准三视图"，弹出"标准三视图"命令面板。当创建工程图的方式为"生成工程图"时，命令面板如图 8-1 所示，其中默认显示引用的模型，单击"浏览"可选择其他模型；当创建工程图的方式为"新建"→"工程图"时，命令面板如图 8-2 所示，其中默认显示当前项目下的文档，单击"所有项目"可选择其他项目内的零部件文档。

图 8-1 "标准三视图"命令面板（1）

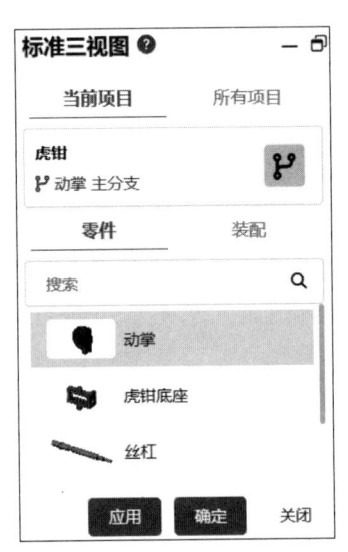

图 8-2 "标准三视图"命令面板（2）

选择模型后单击"确定"，生成适当比例的三视图，如图 8-3 所示。

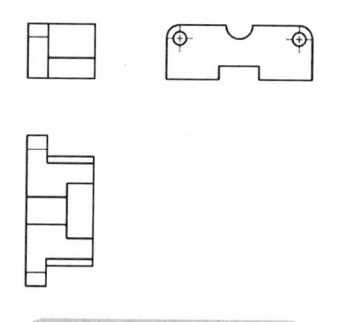

图 8-3　生成标准三视图

8.2.2　模型视图

"模型视图"可根据预定义的视向和比例生成单一视图。单击"视图布局"工具栏中的"模型视图" ，弹出"模型视图"命令面板。当创建工程图的方式为"生成工程图"时,命令面板如图 8-4 所示,其中默认显示引用的模型;需要切换生成其他模型的视图时,单击"重新选择"显示最近使用的模型,继续单击"浏览"可以在当前项目或其他项目中选择模型。当创建工程图的方式为"新建"→"工程图"时,命令面板如图 8-5 所示,其中默认显示当前项目下的文档,单击"所有项目"可选择其他项目内的零部件文档。

图 8-4　"模型视图"命令面板（1）　　　　图 8-5　"模型视图"命令面板（2）

"模型视图"命令面板各选项含义如下：
- "视图方向"选项：选择模型的视图方向。
- "视图比例"选项：可使用默认的图纸比例，或更改为自定义比例。
- "显示样式"选项：选择视图的显示样式。

注意：放置模型视图后，"投影视图"命令将自动启动，方便连续创建视图。

8.2.3　视图调色板

"视图调色板"可快速插入一个或多个预定义的视图到工程图中。单击视口右侧工具列表中的"视图调色板" ，打开"视图调色板"命令面板。在当前项目或所有项目中选择要生成视图的模型文档和分支，如图8-6所示，选择方式与模型视图功能相同。单击"确定"后出现该模型对应的几个预定义的视图，如图8-7所示，直接将所需视图拖拽至图纸中即可生成该方向的模型视图。单击已生成的视图会弹出"模型视图"命令面板，可以修改视图方向、视图比例和显示样式。

图8-6 "视图调色板"命令面板（1）

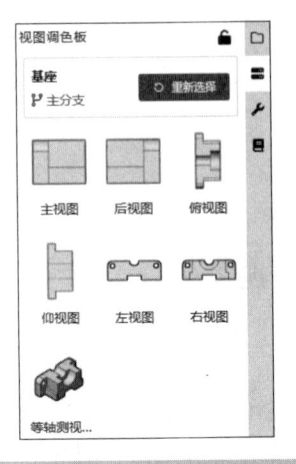

图8-7 "视图调色板"命令面板（2）

> 注意：当所选模型满足创建钣金平板型式或爆炸视图的要求时，视图调色板中将自动显示相应的视图。

8.3 派生视图

8.3.1 投影视图

"投影视图"可通过8个投影方向产生视图，CrownCAD中GB图纸默认从第一视角进行投影。单击"视图布局"工具栏中的"投影视图"，弹出"投影视图"命令面板，如图8-8所示。在当前视口中单击要投影的工程视图，将鼠标指针移至要投影的方向一侧即可预览效果，如图8-9所示。

图8-8 "投影视图"命令面板

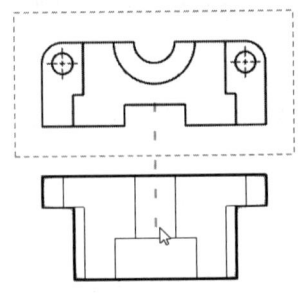

图8-9 创建投影视图

在"投影视图"命令面板中可设置视图比例和显示样式。

● 若需要解除与父视图之间的水平/竖直约束，可右击待解除对齐关系的视图，在快捷菜单中单击"视图对齐"→"解除视图对齐"。

8.3.2 剖视图

剖视图是通过一条剖切线切割父视图而生成的，可以显示模型内部的形状和尺寸。剖视图可以是剖切面或是用阶梯剖切线定义的等距剖视图，并可以生成半剖视图。单击"视图布局"工具栏中的"剖视图"，弹出"剖视图"命令面板，如图8-10所示。

（1）创建直切/等距剖视图　单击"剖视图"，默认选择普通剖视图，然后单击"剖切线"右侧下拉框，选择"水平""竖直"或"角度"，在要生成剖视图的视图待剖切位置单击以生成剖切线。若选择水平和竖直方向，单击一次即可在选择位置处生成水平或竖直的剖切线，如图8-11所示；若选择角度方向，则需要单击两次，两个点相连生成剖切线。

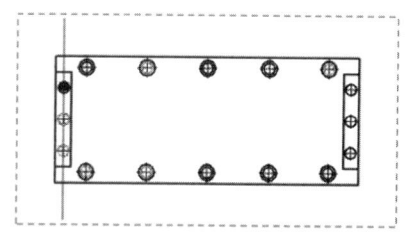

图8-10　"剖视图"命令面板

图8-11　生成剖切线

- "单偏移"：如果要在剖切线上添加单向偏移，则单击"单偏移"，然后在视图上指定两个点生成一个单偏移的剖切线，如图8-12所示。
- "凹口偏移"：如果要在剖切线上添加凹口偏移，则单击"凹口偏移"，然后在视图上指定三个点生成一个凹口偏移的剖切线，如图8-13所示。

图8-12　生成单偏移的剖切线

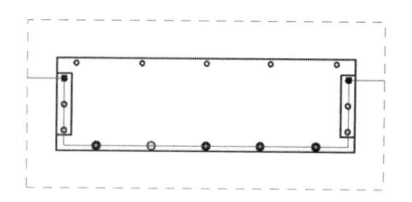

图8-13　生成凹口偏移的剖切线

单击"确定"即可完成剖切线的创建，移动鼠标放置剖视图。

（2）创建半剖视图　在"剖视图"命令面板中单击"半剖图"，如图8-14所示。

图8-14　"半剖图"界面

单击选择半剖的方向，支持"顶部右侧""顶部左侧""底部右侧""底部左侧""左侧向下""右侧向下""左侧向上"和"右侧向上"8种半剖方向。在要生成剖视图的视图上单击以生成剖切线，单击位置即剖切线转折位置，如图8-15所示。

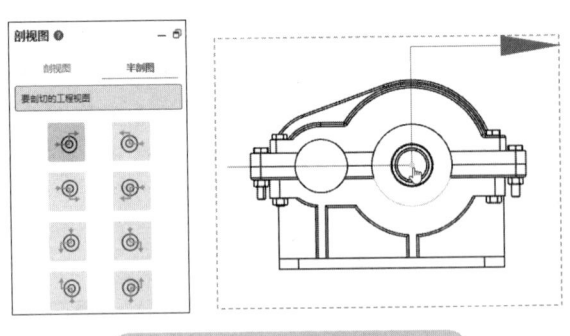

图 8-15　生成半剖视图剖切线

注意：
1）支持模型视图、投影视图、辅助视图、剖视图作为剖视图的父视图。
2）创建剖切线时支持拾取点，便于准确拾取所需位置。
3）普通剖视图指定剖切线时，鼠标指针放在圆形边线上，剖切线将自动通过圆心。

8.3.3　局部视图

局部视图主要用来显示父视图的某一局部形状，通常采用放大比例生成一个局部视图来显示一个视图的某个部分；支持模型视图、投影视图、辅助视图、局部视图、剖视图作为局部视图的父视图。

单击"视图布局"工具栏中的"局部视图" ⓐ，弹出"局部视图"命令面板，如图8-16所示。

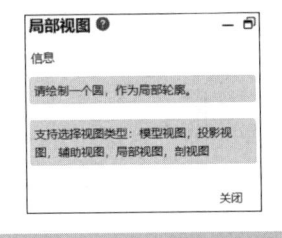

图 8-16　"局部视图"命令面板

（1）创建局部视图的方法

步骤1 在要生成局部视图的视图上单击两个点，生成一个圆，如图8-17所示。

步骤2 移动鼠标，鼠标指针处出现局部视图预览，如图8-18所示，移动至合适位置处单击，即可生成局部视图。单击"取消"或按〈Esc〉键关闭"局部视图"面板。

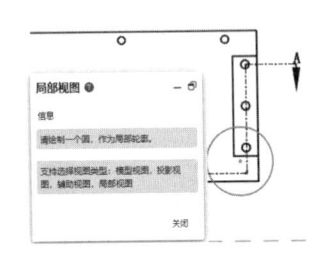

图 8-17　绘制局部视图轮廓　　　　图 8-18　局部视图预览

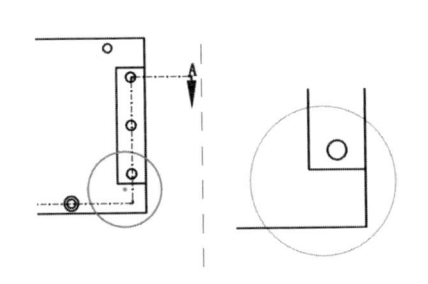

（2）修改局部视图轮廓　右击父视图中局部视图的轮廓，在快捷菜单中选择"编辑局部视图轮廓"，如图 8-19 所示，进入编辑草图状态。拖拽调整圆的位置或大小，或者绘制并选中一个新的封闭草图轮廓后退出草图，即可完成轮廓的修改。

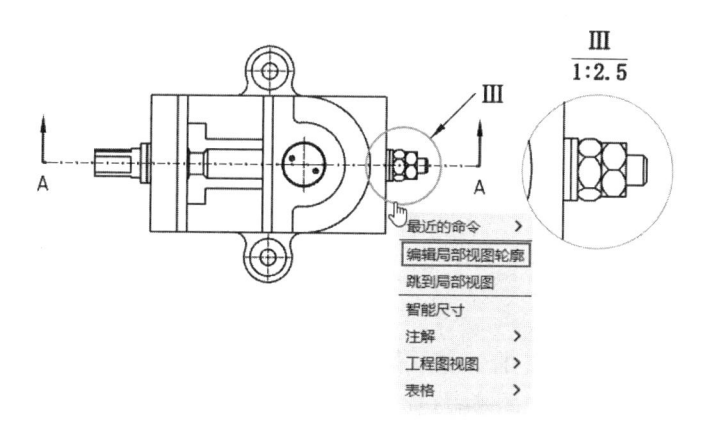

图 8-19　编辑局部视图轮廓

> **注意：**
> 1）编辑轮廓时，如果要选择其他封闭草图轮廓作为范围轮廓，则必须在退出草图前选中该封闭草图轮廓。
> 2）当轮廓非圆形时，可设置父视图中轮廓的样式，如图 8-20 所示；此选项仅影响父视图中轮廓的样式，不影响局部视图的显示效果。

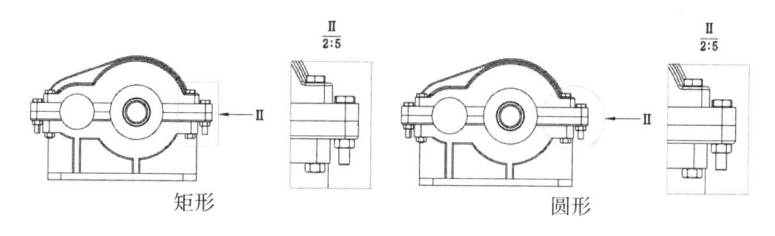

图 8-20　设置父视图中轮廓的样式

8.3.4　辅助视图

辅助视图类似于投影视图，它的投影方向垂直于所选视图的参考边线。辅助视图相当于技术制图表达方法中的斜视图，可以用来表达零件的倾斜结构。单击"视图布局"工具栏中的"辅助视图" ，弹出"辅助视图"命令面板，如图 8-21 所示。

单击已有视图上的一条边线，辅助视图的生成方向会与该边线垂直。移动鼠标，鼠标指针处出现辅助视图预览，如图 8-22 所示。单击已经生成的辅助视图，可修改标号、视图比例和显示样式。

图 8-21　"辅助视图"命令面板

153

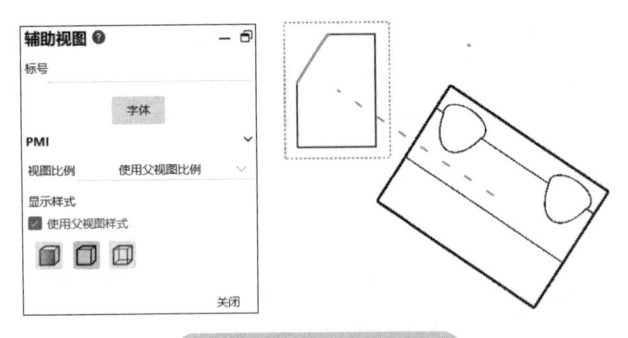

图 8-22 辅助视图预览

8.3.5 断裂视图

对于一些较长的零件（如轴、杆、型材等），如果沿着长度方向的形状统一（或按一定规律）变化时，可以用折断显示的断裂视图来表达，这样就可以将零件以较大比例显示在较小的工程图纸上。单击"视图布局"工具栏中的"断裂视图"，弹出"断裂视图"命令面板，如图 8-23 所示。

（1）创建断裂视图　"断裂方向"包含"竖直断裂"和"水平断裂"两种。"缝隙大小"，指模型断开后，两根断裂线之间的距离。"断裂线样式"包含"直线切断""曲线切断""锯齿线切断""小锯齿线切断"和"锯齿状切断"5 种。

在视口中要断裂的视图上单击两次，指定要断裂的位置，视图即转换为断裂视图，如图 8-24 所示。单击已经生成的断裂视图，可修改缝隙大小和断裂线样式。

图 8-23 "断裂视图"命令面板

图 8-24 创建断裂视图

（2）取消断裂视图　在视口中右击已创建的断裂视图，单击快捷菜单中的"取消断裂视图"，如图 8-25 所示，即可将视图恢复至原状态。

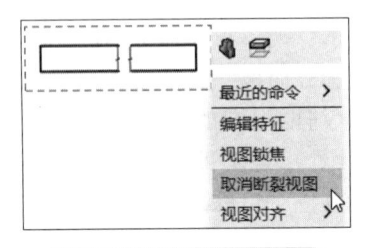

图 8-25 取消断裂视图

8.3.6 断开的剖视图

支持在现有视图上添加断开的剖视图特征，剖开显示视图中的部分区域。单击"视图布局"工具栏中的"断开的剖视图" ，弹出"断开的剖视图"命令面板，如图 8-26 所示。当选择剖切区域轮廓草图后，单击"断开的剖视图"，其命令面板如图 8-27 所示。

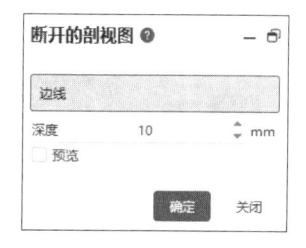

图 8-26 "断开的剖视图"命令面板（1）　　图 8-27 "断开的剖视图"命令面板（2）

（1）"断开的剖视图"命令面板各选项含义

● "边线"拾取框：将所选边线所在的平面的深度作为剖切深度；拾取当前视图中的一条模型边线，要求边线位于与当前视图投影平面平行的平面上。

● "深度"输入框：定义剖切深度。

➢ 当拾取边线时，此处显示所选边线对应深度，不可修改。

➢ 当未拾取边线时，可手动输入数值设定深度。

● "预览"选项：控制是否显示剖切位置及方向预览。

> 注意：剖切区域要求是单个闭环区域，且草图须在视图内创建。

（2）创建断开的剖视图的方法

步骤 1 双击待创建断开的剖视图的视图，进入锁焦状态（视图边框显示为粉色），如图 8-28 所示。

步骤 2 工具栏切换至"草图"，通过"绘制草图"命令绘制闭合的轮廓，如图 8-29 所示。绘制的轮廓为待剖切的区域。

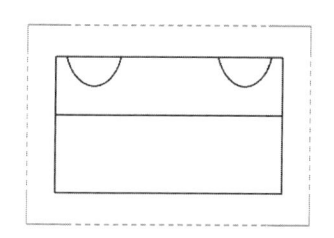

图 8-28 视图进入锁焦状态　　图 8-29 绘制闭合轮廓

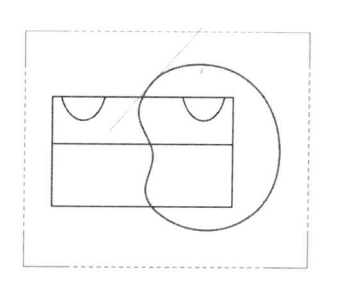

步骤 3 选择上一步绘制的闭合轮廓，然后单击"断开的剖视图" ，弹出"断开的剖视图"

命令面板，如图 8-30 所示。

步骤 4 设置剖面范围。与创建剖视图一样，可以选择哪些零部件不需要进行剖切，如图 8-31 所示。单击"确定"即可进入下一步（该步骤仅针对装配模型）。

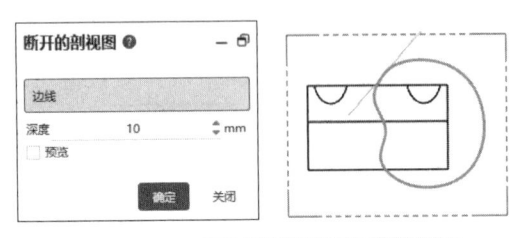

图 8-30 "断开的剖视图"命令面板

图 8-31 设置剖面范围

步骤 5 设置剖切深度。通过选择边线或输入深度值，确认剖切深度，如图 8-32 所示。

步骤 6 勾选"预览"，查看剖切位置、剖切方向，如图 8-33 所示，单击"确定"完成创建。在图纸空白处双击，退出视图锁焦状态。

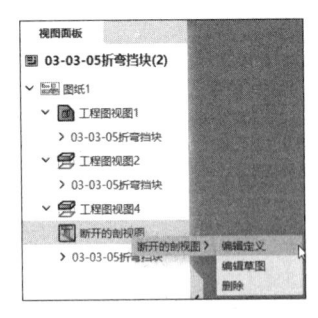

图 8-32 设置剖切深度

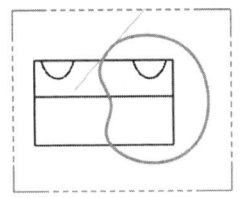

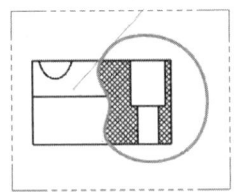

图 8-33 创建断开的剖视图

（3）编辑断开的剖视图

● 编辑剖切深度。右击视口左侧特征面板中的"断开的剖视图"特征，选择"编辑定义"，如图 8-34 所示。在命令面板中重新选择边线或直接设置深度，改变剖切深度，如图 8-35 所示。单击"确定"，完成剖切深度的编辑。

图 8-34 "断开的剖视图"右键快捷菜单

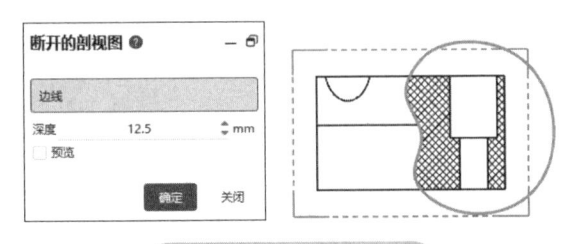

图 8-35 改变剖切深度

● 编辑剖切区域。右击视口左侧特征面板中的"断开的剖视图"特征，选择如图 8-36 所示的"编辑草图"，进入草图编辑状态。选择当前区域草图，拖拽控制点或边线改变区域。修改完成后选择草图线，确保组成区域的草图线被选中且高亮显示。

第 8 章　工程图

图 8-36　编辑草图

8.3.7　剪裁视图

在 CrownCAD 工程图中，剪裁视图是由模型视图、投影视图、辅助视图、剖视图、断开的剖视图等工程视图经剪裁而生成的。剪裁视图类似于局部视图。但是由于剪裁视图没有生成新的视图，也没有放大原视图，因此可以减少视图生成的操作步骤。单击"视图布局"工具栏中的"剪裁视图"，弹出"剪裁视图"命令面板，如图 8-37 所示。

（1）创建剪裁视图的方法

步骤 1　双击待创建剪裁视图的视图，进入锁焦状态（视图边框显示为粉色），如图 8-38 所示。

图 8-37　"剪裁视图"命令面板　　　　图 8-38　视图进入锁焦状态

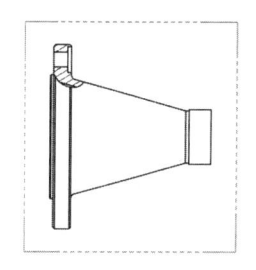

步骤 2　工具栏切换至"草图"，通过"绘制草图"命令绘制闭合的轮廓，如图 8-39 所示。绘制的轮廓为待剪裁的区域。

步骤 3　选择上一步绘制的闭合轮廓，然后单击"剪裁视图"，完成剪裁视图的创建，如图 8-40 所示。

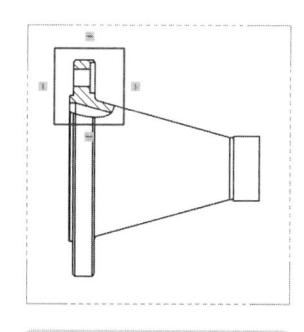

图 8-39　绘制闭合区域　　　　图 8-40　创建剪裁视图

（2）移除与编辑剪裁视图
● 移除剪裁视图：右击特征面板中添加了剪裁视图的视图，选择"剪裁视图"→"移除剪裁视图"，如图 8-41 所示，剪裁视图将被移除，视图恢复至原状态。
● 编辑剪裁视图：右击特征面板中添加了剪裁视图的视图，选择"剪裁视图"→"编辑剪裁视图"，如图 8-42 所示。

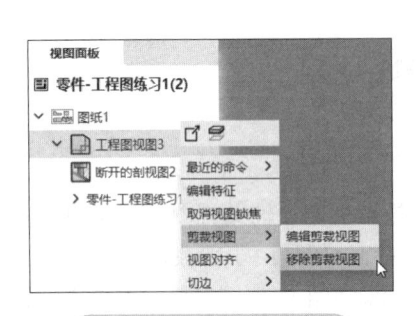

图 8-41　移除剪裁视图

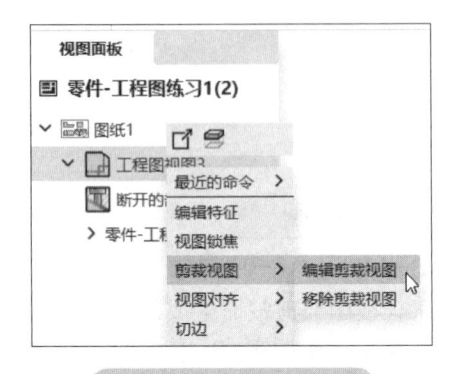

图 8-42　编辑剪裁视图

➢ 修改剪裁区域：选择当前区域草图，拖拽控制点或边线改变区域。修改完成后选择草图线，确保组成区域的草图线被选中且高亮显示。

8.3.8　移出断面图

移出断面图是一种用于表达零件上某一部分断面形状的图形，它通过假想用剖切面将零件的某处切断，只画出剖切面与零件接触部分的图形。这种图形主要用来表达轴和杆上槽或孔的深度、零件上肋和轮辐以及型材的断面等。单击"视图布局"工具栏中的"移出断面图" ，弹出"移出断面图"命令面板，如图 8-43 所示。

创建移出断面图的方法如下：

步骤1　通过指定两条边线确定剖切范围，边线之外的模型不进行剖切，如图 8-44 所示。

步骤2　移动鼠标，鼠标指针处出现移出断面图预览，如图 8-45 所示。

图 8-43　"移出断面图"命令面板

图 8-44　绘制移出断面图轮廓

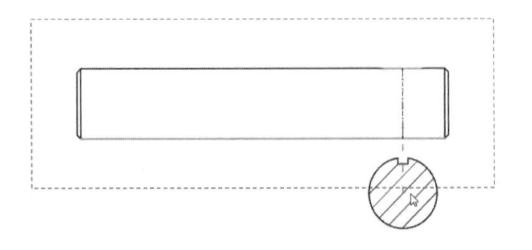

图 8-45　移出断面图预览

步骤3　移动至合适的位置后单击，即可生成移出断面图。

8.4 工程图标注

8.4.1 尺寸标注

1. 智能尺寸

"智能尺寸"用于在工程图中生成长度、角度、距离、半径、直径标注。单击"注解"工具栏中的"智能尺寸"，弹出"智能尺寸"命令面板，如图 8-46 所示。在视口中单击要标注的元素，根据待标注元素的不同，显示不同的尺寸。

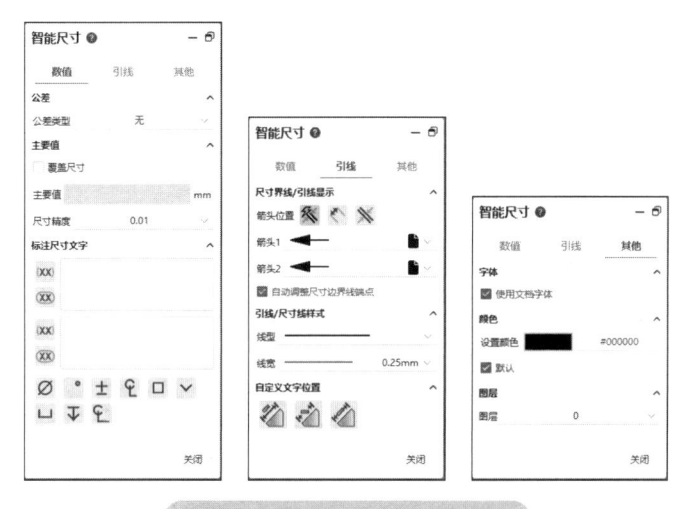

图 8-46 "智能尺寸"命令面板

"智能尺寸"命令面板各选项含义如下：

1）数值。

● "公差类型"选项：选择所需的公差类型，支持"基本""双边""对称""限制""套合""公差和套合"和"套合（仅显示公差）"7 种类型，详细内容请参考 8.4.2 小节。

● "覆盖尺寸"选项：可输入自定义的字符，覆盖真实尺寸。

● "主要值"输入框：显示当前尺寸数值。

● "尺寸精度"选项：设置尺寸值的小数点位数。

● "标注尺寸文字"输入框：在其中输入任意文本，文本出现在尺寸周围。单击输入框左侧的"参考尺寸" XX 和"审查尺寸" XX ，可更换尺寸类型。将光标定位在"标注尺寸文字"输入框中，单击下方的符号，可快速插入常用符号。

2）引线。设置标注的箭头位置、箭头类型、引线 / 尺寸线样式。标注圆 / 圆弧时，可切换"半径、直径、线性"标注样式，如图 8-47 所示。

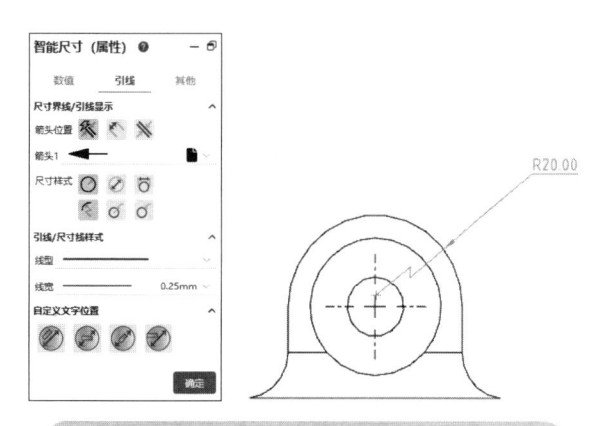

图 8-47 切换"半径、直径、线性"标注样式

3）其他。设置标注的字体、颜色等。

> **注意：**
> 1）标注曲线长度时，命令面板中的内容将变为注释样式。
> 2）只能标注同一视图内的元素，不可在视图之间进行标注。

2. 倒角尺寸

通过倒角尺寸功能，可以直接标注倒角并选择倒角样式。单击"注解"工具栏中的"倒角尺寸" ，弹出"倒角尺寸"命令面板，如图 8-48 所示。启动"倒角尺寸"命令后，依次拾取倒角斜边和参考边，移动鼠标出现倒角标注预览，如图 8-49 所示。可在如图 8-50 所示的位置单击，切换倒角尺寸显示样式。

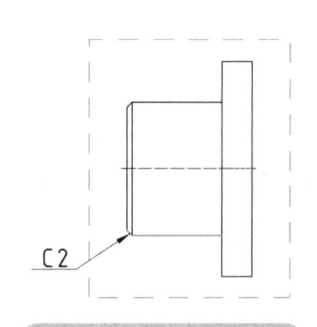

图 8-48 "倒角尺寸"命令面板   图 8-49 倒角标注预览   图 8-50 切换倒角尺寸显示样式

3. 尺寸链标注

CrownCAD 支持创建如图 8-51 所示的尺寸链标注样式。

（1）创建尺寸链标注下的方法

步骤 1 单击"智能尺寸"下拉框中的"尺寸链" 。

步骤 2 在视口中选择点或直线作为尺寸链 0 尺寸的标注元素，移动鼠标后再次单击，放置 0 尺寸。

步骤 3 继续选择其他要标注的元素，生成尺寸链标注。

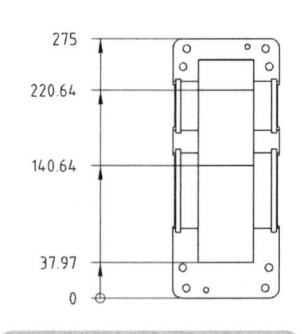

图 8-51 尺寸链标注样式

> **注意：** 只能标注同方向的元素，不能标注角度。

（2）编辑尺寸链

● 添加尺寸：右击已经创建完成的尺寸链，在快捷菜单中选择"添加到尺寸链"，即可选择其他元素添加到尺寸链中。

- 删除尺寸：选择尺寸链的尺寸，通过〈Delete〉键或右键快捷菜单即可删除。选择非 0 尺寸，则仅删除所选尺寸；选择 0 尺寸，则删除整个尺寸链。
- 转折线：当两个标注元素之间距离较近时，系统自动转折尺寸边界线，如图 8-52 所示。右击尺寸链可以手动开启/关闭转折线，开启转折线的尺寸可以沿尺寸线方向移动调整。
- 隐藏尺寸线：通过"尺寸链"命令面板或右键快捷菜单可以控制是否显示尺寸链中的尺寸线，以创建符合绘图标准要求的尺寸链，其对应显示效果如图 8-53 所示。
- 解除对齐关系：尺寸链的尺寸线默认相互对齐。右击尺寸，选择"解除对齐关系"，使所选尺寸可以独立拖拽而不保持对齐关系，如图 8-54 所示。

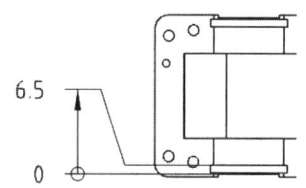

图 8-52 自动转折尺寸边界线

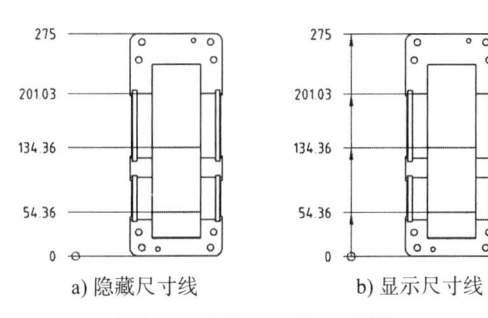

a) 隐藏尺寸线　　b) 显示尺寸线

图 8-53 尺寸线显示效果

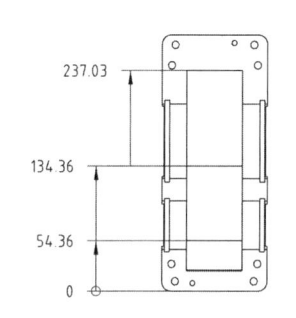

图 8-54 解除对齐关系

4. 基准尺寸

CrownCAD 支持创建如图 8-55 所示的基准尺寸标注。

单击"智能尺寸"下拉框中的"基准尺寸"，弹出"基准尺寸"命令面板，如图 8-56 所示。依次拾取要标注的元素，第一个元素为基准元素，系统自动标注后续元素和第一个元素之间的尺寸；相同方向的距离尺寸将组合在一起，角度尺寸不组合。沿尺寸边界线方向拖动组中任意尺寸，组中的所有尺寸一起移动。

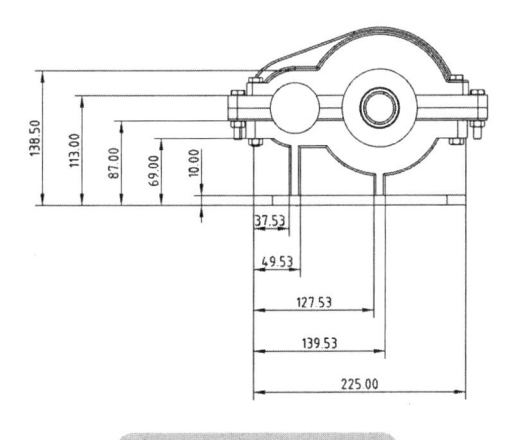

图 8-55 基准尺寸标注

图 8-56 "基准尺寸"命令面板

右击已创建的基准尺寸，在快捷菜单中可对基准尺寸进行"删除""添加到基准组"和"解除对齐关系"操作。

- "添加到基准组":拾取其他元素以添加新尺寸到基准组。
- "解除对齐关系":使其成为独立的尺寸标注,不再属于该基准尺寸。不随基准尺寸中的其他尺寸移动,可以独立拖拽位置。

5. 孔标注

CrownCAD 支持在工程图中选择圆形轮廓生成专业的孔标注。单击"注解"工具栏中的"孔标注" ⌴⌀,弹出"孔标注"命令面板,如图 8-57 所示。标注使用孔命令生成的孔时,可以自动标注沉头／锥孔／螺纹的相关参数,标注效果如图 8-58 所示。

图 8-57 "孔标注"命令面板

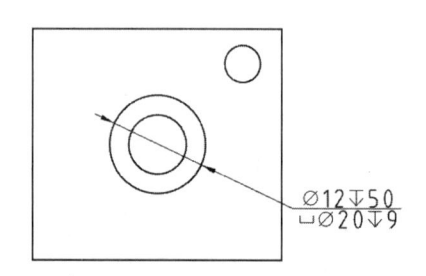

图 8-58 自动标注孔的相关参数

6. 弧长标注

CrownCAD 支持创建如图 8-59 所示的弧长标注。

单击"智能尺寸"下拉框中的"标注弧长" ⌒,弹出"标注弧长"命令面板。选择圆弧边线,显示圆弧尺寸预览,移动鼠标后再次单击,放置圆弧尺寸;继续选择其他要标注的圆弧,进行连续标注。

- "尺寸界线"选项:在"引线"界面中如图 8-60 所示的位置可修改尺寸界线样式。
- "圆弧符号位置"选项:在"数值"界面中如图 8-61 所示的位置可修改弧长标注的圆弧符号位置。

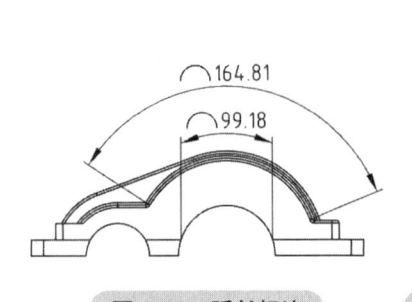

图 8-59 弧长标注

图 8-60 修改尺寸界线样式

图 8-61 修改圆弧符号位置

7. 尺寸自动对齐

按住〈Ctrl〉键或使用框选选择要对齐的尺寸后，鼠标指针附近弹出尺寸工具栏图标。鼠标指针指向图标，弹出如图 8-62 所示的尺寸对齐工具栏，其中包括"自动排列尺寸""线性/径向均匀等距""共线对齐""上对齐文字""下对齐文字""左对齐文字"和"右对齐文字"对齐方式。单击工具栏中的对齐方式，尺寸按所选方式自动对齐，效果如图 8-63 所示。

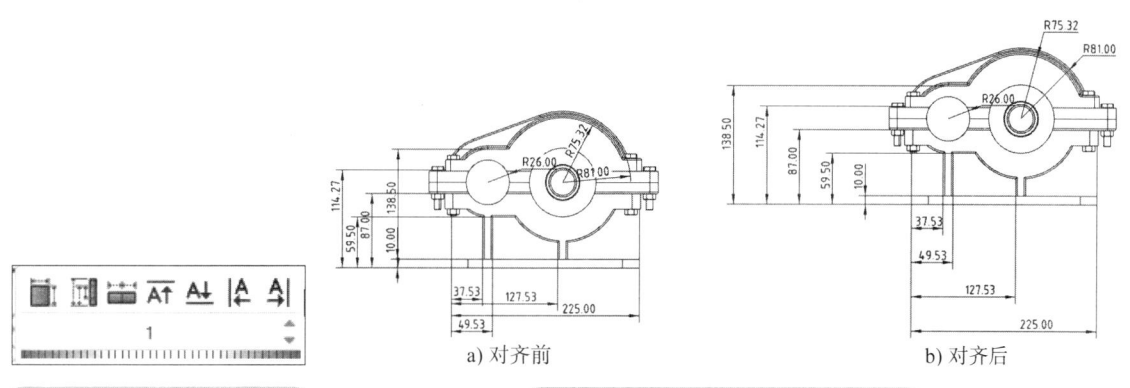

图 8-62 尺寸对齐工具栏

图 8-63 尺寸按所选方式自动对齐
a) 对齐前　　b) 对齐后

8.4.2 公差标注

在"智能尺寸"→"数值"→"公差类型"中，包含"无""基本""双边""对称""限制""套合""公差和套合"和"套合（仅显示公差）"7 种类型，如图 8-64 所示。

1. 基本

选择"基本"类型，在尺寸值周围显示方框，如图 8-65 所示。

图 8-64 公差类型

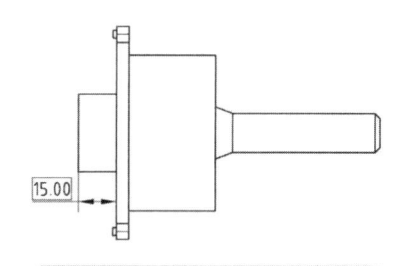

图 8-65 "基本"公差类型标注

2. 双边

通过设置"上限变量""下限变量"和"公差精度",显示对应的双边公差,如图 8-66 所示。

3. 对称

通过设置"上限变量"和"公差精度",显示对应的对称公差,如图 8-67 所示。

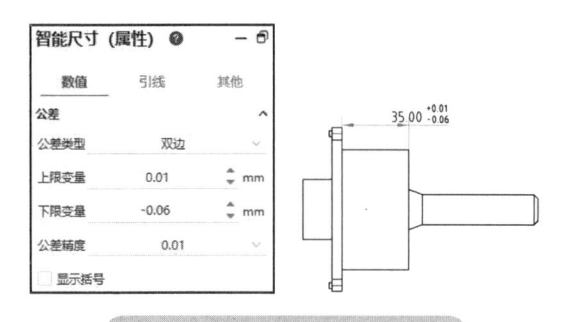

图 8-66 "双边"公差类型标注

图 8-67 "对称"公差类型标注

4. 限制

通过设置"上限变量""下限变量"和"公差精度",显示对应的限制公差,如图 8-68 所示。

5. 套合

通过设置"分类""孔套合""轴套合"和"显示方式",显示对应的套合公差,如图 8-69 所示。

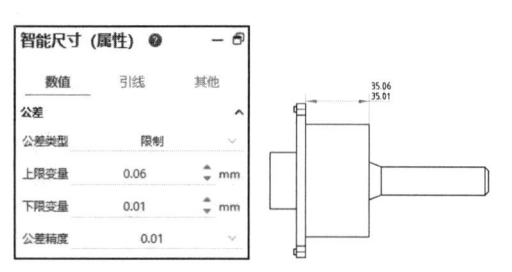

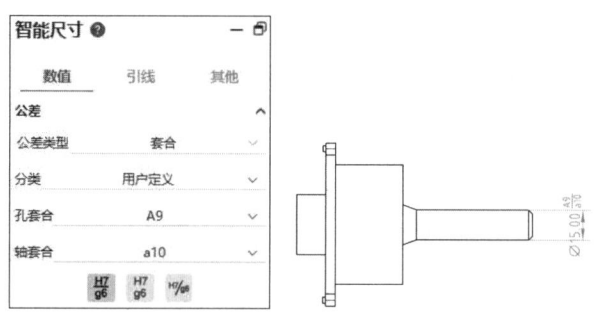

图 8-68 "限制"公差类型标注

图 8-69 "套合"公差类型标注

- "分类":可以选择"用户定义""间隙""过渡"和"过盈"。
- "孔套合""轴套合":分别设置孔和轴的公差等级代号。
- "显示样式":可以选择"以直线显示层叠""无直线显示层叠"和"线性显示"。"孔套合"显示在上 / 前方,"轴套合"显示在下 / 后方。

6. 公差和套合

选择此类型,同时显示公差等级和公差上下限数值。该类型仅适用于长度 / 距离尺寸,不适用于角度尺寸。

- 当"孔套合""轴套合"两项都不设置时,仅显示尺寸值。
- 当"孔套合""轴套合"两项同时设置时,与"套合"类型效果一致,仅显示尺寸和公差等级,不显示公差上下限数值。
- 当"孔套合""轴套合"仅设置其中一项时,按照尺寸值大小和所选公差等级,计算相应的公差上下限数值,并且显示在公差等级后,如图 8-70 所示。

7. 套合（仅显示公差）

选择此类型，根据所选等级显示计算的公差上下限数值。该类型仅适用于长度/距离尺寸，不适用于角度尺寸。

- 当"孔套合""轴套合"两项同时设置或都不设置时，仅显示尺寸值，不显示公差上下限数值。
- 当"孔套合""轴套合"仅设置其中一项时，按照尺寸值大小和所选公差等级，计算相应的公差上下限数值，并且显示在尺寸值后，如图 8-71 所示。

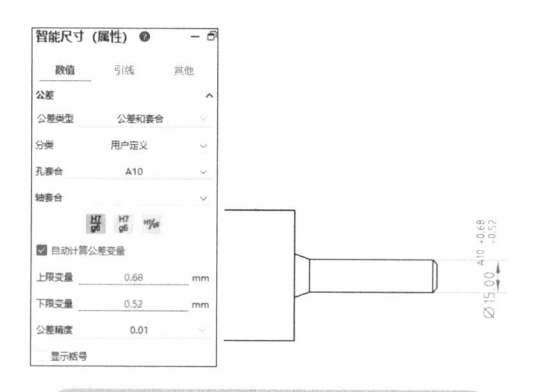

图 8-70　"公差和套合"公差类型标注

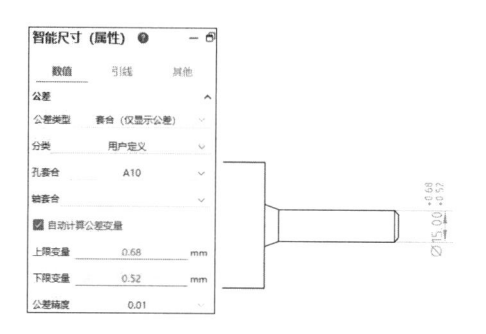

图 8-71　"套合（仅显示公差）"公差类型标注

8.4.3　注解标注

1. 注释

"注释"用于在工程图中生成文字注释标注，如图 8-72 所示。单击"注解"工具栏中的"注释"，弹出"注释"命令面板，如图 8-73 所示。

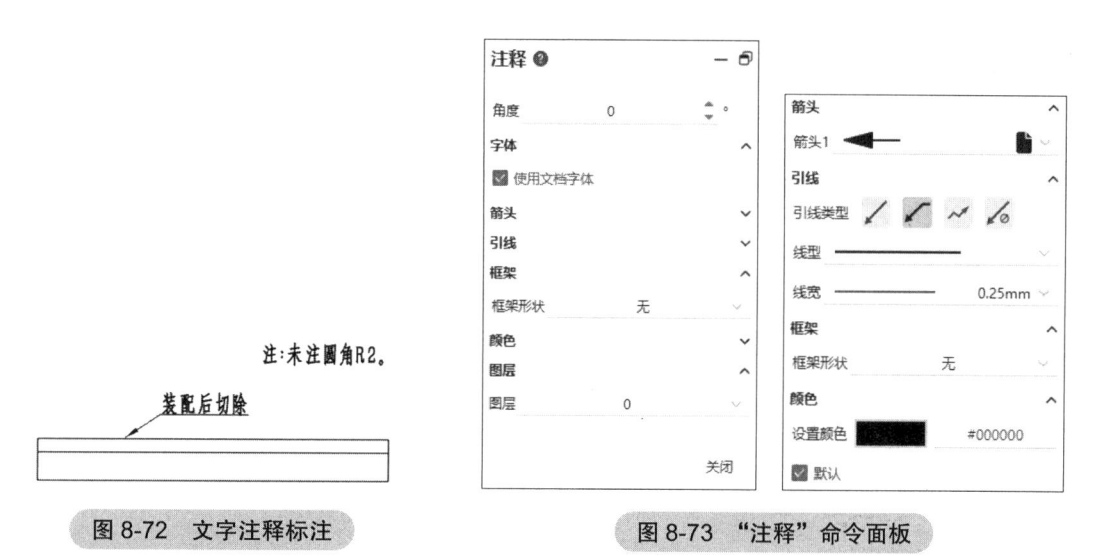

图 8-72　文字注释标注

图 8-73　"注释"命令面板

"注释"命令面板各选项含义如下：

- "字体"选项组：设置注释的字体，默认勾选"使用文档字体"，取消勾选后可自定义字体。
- "引线"选项组：设置注释的引线类型、线型、线宽。注意可在此处选择"无引线"样式。

- "框架"选项组：设置注释的框架形状，如图 8-74 所示，可选择"无""圆形""矩形""旗形""审查项""方形"和"三角形"多种框架形状。

图 8-74 设置注释的框架形状

注意：放置在视图区域内的注释会随视图移动。

2. 中心符号线

"中心符号线"用于生成圆或槽口的中心符号线，如图 8-75 所示。单击"注解"工具栏中的"中心符号线"，弹出"中心符号线"命令面板，如图 8-76 所示。

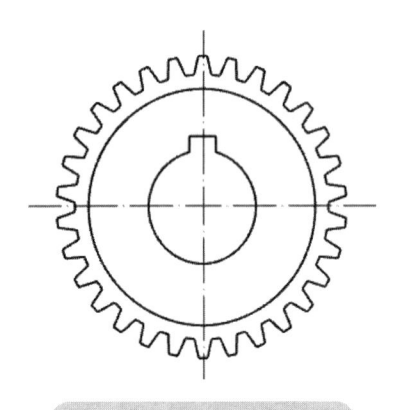

图 8-75 圆的中心符号线

图 8-76 "中心符号线"命令面板

（1）"中心符号线"命令面板各选项含义
- "自动插入"选项组：视图中对应元素将自动插入中心符号线。
- "手工插入选项"选项组：可手动插入不同类型的中心符号线。
- "槽口中心符号线"选项：可设置是否在槽口生成中心符号线以及指定类型。

注意：
1）所选圆/圆弧必须正视于图纸平面。
2）在"中心符号线"命令面板中若勾选"槽口中心符号线"，则选择槽口的边线才能标注槽口。

（2）调整中心符号线长度　中心符号线默认超出长度可以在"系统设置"→"文档属性"→"中心线/中心符号线"中设置，如图8-77所示；也可选择已经创建完成的中心符号线，拖拽如图8-78所示的中心符号线端点，修改中心符号线的长度。

图8-77　中心符号线默认超出长度

图8-78　拖拽中心符号线端点

3. 中心线

"中心线"用于生成两条边线之间的中心线或圆柱轴线，如图8-79所示。单击"注解"工具栏中的"中心线" ，弹出"中心线"命令面板，如图8-80所示。在视图中选择两条直线，生成所选直线的中心线；单击视图中的空白区域，生成该视图中全部圆柱面的轴线。

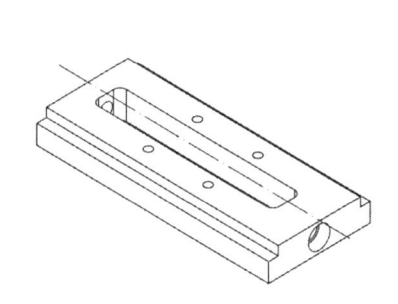

图8-79　两条边线之间的中心线

图8-80　"中心线"命令面板

4. 基准

"基准"用于生成如图8-81所示的基准标注。单击"注解"工具栏中的"基准" ，弹出"基准"命令面板，如图8-82所示。在命令面板中设置"基准标号""样式""字体""颜色"等信息后，在视口中单击一次，确定基准指向的位置；移动鼠标出现基准预览，再次单击，将基准放置在当前位置。

> 注意：当基准指向边线时，引线将自动变为折线样式。

5. 基准目标

"基准目标"用于在工程图中创建如图8-83所示的基准目标标注。单击"注解"工具栏中的"基准目标" ，弹出"基准目标"命令面板，如图8-84所示。

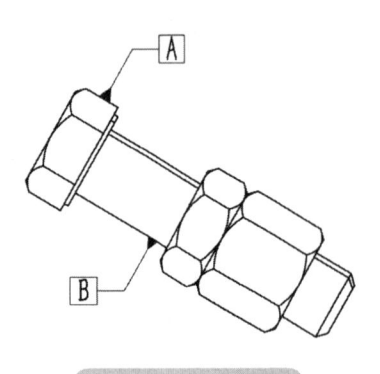

图 8-81 基准标注

图 8-82 "基准"命令面板

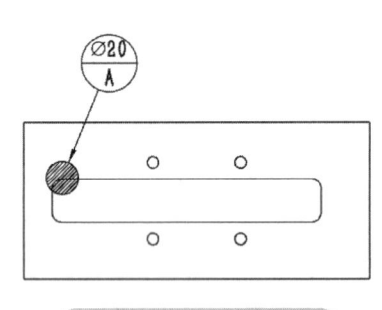

图 8-83 基准目标标注

图 8-84 "基准目标"命令面板

"基准目标"命令面板各选项含义如下：

● "区域类型"选项：选择基准目标的区域类型。选择"圆形"或"矩形"时，需要输入区域尺寸。

● "基准参考"输入框：设置基准目标的基准参考。

6. 形位公差

"形位公差"用于在工程图中生成形位公差标注。单击"注解"工具栏中的"形位公差"，弹出"形位公差"命令面板，如图8-85所示。鼠标移动至视口中出现形位公差符号预览。第一次单击确定形位公差指向的位置，第二次单击确定形位公差符号的放置位置，如图8-86所示。

图 8-85 "形位公差"命令面板

"形位公差"命令面板各选项含义如下：
- "显示编辑窗口"选项：勾选此项会显示"符号"面板，"符号"面板用于设置形位公差符号的内容。当内容设置完成后，可取消勾选此项，方便选择标注的放置位置。
- "上方文字"和"下方文字"输入框：输入文本，输入的文本会出现在符号的上方/下方。
- "类型"选项：选择形位公差符号，选择符号后该行的其他输入框才会处于可输入状态。
- "插入符号"选项：提供常用符号。
- "角度"输入框：输入角度值。

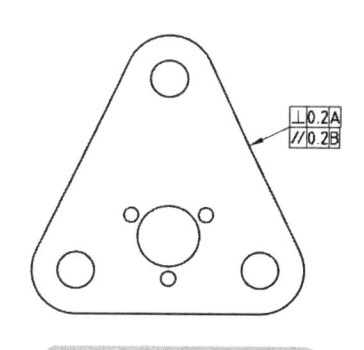

图 8-86 创建形位公差

7. 表面粗糙度

"表面粗糙度"用于在工程图中生成表面粗糙度标注。单击"注解"工具栏中的"表面粗糙度"，弹出"表面粗糙度"命令面板，如图 8-87 所示。在视口中单击以确定表面粗糙度位置。有引线样式需要单击两次，第一次确定箭头指向的位置，第二次确定符号的放置位置；无引线样式仅需单击一次，确定符号的放置位置。

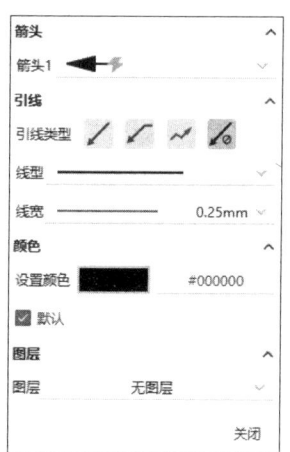

图 8-87 "表面粗糙度"命令面板

"表面粗糙度"命令面板各选项含义如下：
- "类型"选项：选择表面粗糙度的类型，可选择"基本""要求切削加工"和"禁止切削加工"三种类型。
- "全周"选项：勾选后，表面粗糙度上出现全周符号，如图 8-88 所示。
- 输入框：输入文本，在表面粗糙度符号的相应位置出现文本。
- "刀痕方向"选项：选择刀痕方向，在表面粗糙度上出现对应符号。

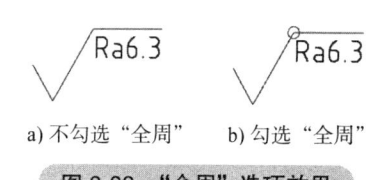

a) 不勾选"全周"　b) 勾选"全周"

图 8-88 "全周"选项效果

8. 零件序号

"零件序号"用于在装配工程图或焊件工程图中生成零件序号。单击"注解"工具栏中的"零件序号"❶，弹出"零件序号"命令面板，如图8-89所示。

"零件序号"命令面板各选项含义如下：

● "文字"选项：设置零件序号中显示的内容，可选择"序号""图号""名称""数量""材质""质量"和"自定义文字"7种类型。

● "数量"选项：可以在零件序号一侧显示该零件数量。

● "框架形状"选项：设置零件序号的框架形状，可选择"无""圆形""矩形""旗形""审查项""下划线""方形"和"三角形"8种类型。

9. 自动零件序号

选择一个装配体或焊件的视图自动生成全部零部件的零件序号。单击"注解"工具栏中的"自动零件序号"❷，弹出"自动零件序号"命令面板，如图8-90所示。单击任一视图，视口中生成该视图所有零部件的序号预览。

图8-89 "零件序号"命令面板　　图8-90 "自动零件序号"命令面板

"自动零件序号"命令面板各选项含义如下：

● "自动零件序号布局"选项：控制零件排列位置，包含"左""顶部""右""底部""方形"和"圆形"6种方式。

➢ "顶部"：所有序号排列在视图上方一条水平线上，水平线与选中视图时的视图框重合。序号引线之间不应交叉，序号间距相等。

➢ "底部""左""右"：与"顶部"类似。

➢ "方形""圆形"：序号分布在视图周围，呈方形/圆形。

● "忽略多个实例"选项：控制有多个相同实例的零部件是否重复标注。

● "标注关联视图"选项：所选视图中有零件未显示（如不显示隐藏边，或被遮挡时）时，控制是否在关联视图中进行标注。

> 注意：当部分零件上已经添加了序号，且文字内容相同（如都是项目号）时，"自动零件序号"不再为该零件生成序号。

10. 成组的零件序号

单击"注解"工具栏中的"成组的零件序号"，弹出"成组的零件序号"命令面板，如

图 8-91 所示。单击任一视图中的一个零部件作为箭头所指的零部件,并生成该零部件的序号。继续单击零部件,在第一个零部件序号后添加其他零部件序号,如图 8-92 所示。

图 8-91 "成组的零件序号"命令面板

图 8-92 生成成组的零件序号

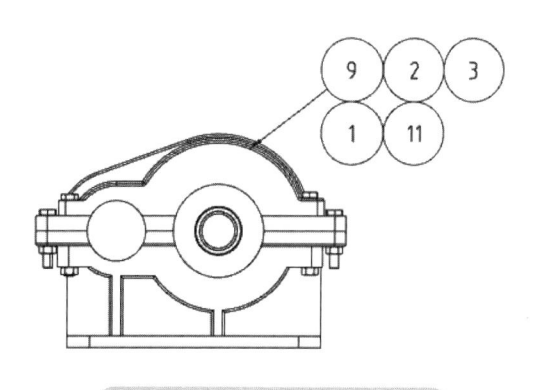

1)"成组的零件序号"命令面板各选项含义如下:
- "数量"选项:可设置每行的零件序号数量,零件序号数量超过该数量自动换行。
- "层叠方向"选项:可选择"向右层叠""向左层叠""向上层叠"和"向下层叠"4 种层叠方式。

2)右击已创建的成组的零件序号,在快捷菜单中提供的选项见表 8-1。

表 8-1 右键快捷菜单选项说明

选项	说明
删除	删除所选的零件序号
重新附加	在视口中单击一个零部件,将该序号关联到新指定的零部件
添加到成组的零件序号	弹出"成组的零件序号"命令面板,在视口中单击零部件,继续添加零件序号到该组零件序号中
排序	零件序号默认按单击零部件的顺序排序。单击此项,则按零件序号大小进行排列(注意是改变零件序号的顺序,不是改变零部件的序号)

11. 磁力线

"磁力线"可生成用于对齐序号的磁力线,如图 8-93 所示。单击"注解"工具栏中的"磁力线"，弹出"磁力线"命令面板,如图 8-94 所示。在视图中手动绘制磁力线,绘制方式类似于在草图中绘制直线。

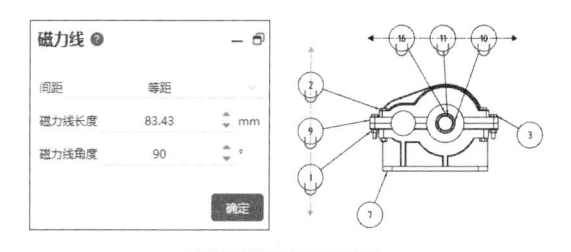

图 8-93 磁力线

图 8-94 "磁力线"命令面板

"磁力线"命令面板各选项含义如下：
- "间距"选项：设置磁力线上零件序号的排列规则，可选择"自由拖动"和"等距"。
  - "自由拖动"：吸附在磁力线上的序号可在磁力线内任意拖动。
  - "等距"：吸附在磁力线上的序号保持相等的间距，可以调整先后顺序，但是零件序号之间的间距始终保持均匀分布，最小间距为0.5。
- "磁力线长度"和"磁力线角度"输入框：设置磁力线长度，以及磁力线与图纸水平方向的角度。

> **注意：**
> 1）磁力线默认隐藏，选中任意磁力线或零件序号时，图纸内磁力线全部显示。
> 2）创建或拖拽磁力线时，自动吸附周围的零件序号。每条磁力线上只能放置属于相同视图的零件序号。
> 3）移动磁力线，磁力线上吸附的零件序号随之移动。可以将零件序号从磁力线上拖拽出去以取消吸附效果。

12. 焊接符号

在工程图中可以生成焊接符号标注。单击"注解"工具栏中的"焊接符号"，弹出"焊接符号"命令面板，如图8-95所示。

"焊接符号"的"符号"窗口中的各选项含义如下：
- "焊接符号"选项：单击弹出下拉框，用于选择焊接符号。
- "输入框"：用于输入符号中显示的文本，需要满足一定条件才能变成可输入状态。
- "第二圆角"选项：设置是否在焊接符号上显示第二圆角符号，仅在"焊接符号"选择"I形焊缝""单边V形焊缝""带钝边单边V形焊缝"和"带钝边J形焊缝"时可用，其他焊接符号不可勾选"第二圆角"选项，如图8-96所示。

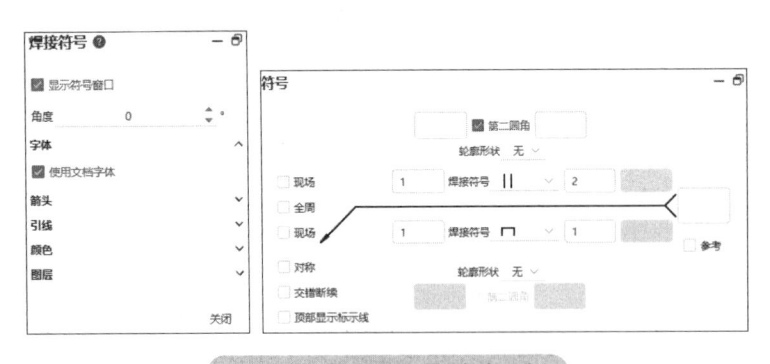

图8-95 "焊接符号"命令面板

图8-96 第二圆角

- "轮廓形状"选项：在焊接符号上面添加对应轮廓形状，如图8-97所示。
- "现场"选项：控制是否显示小旗子样式的现场符号。
- "全周"选项：控制是否显示全周符号。
- "对称"选项：控制横线上下符号是否对称显示。
- "交错断续"选项：控制是否在2的后面显示代表交错断续的折线符号，默认不勾选。

平面	
凹面	
凸面	
圆滑过渡	

图8-97 轮廓形状

- "顶部显示标示线"选项：控制是否颠倒虚实线位置。
- "尾部标注"输入框：用于输入备注等文字。

13. 格式涂刷器

"格式涂刷器"命令用于涂刷复制注解元素的格式，如图 8-98 所示。

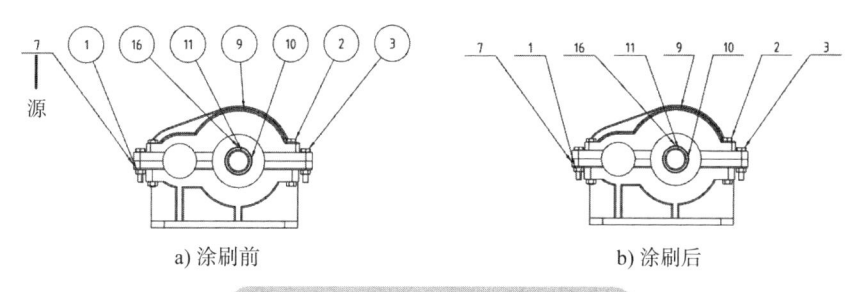

a) 涂刷前　　　　　　　　　　b) 涂刷后

图 8-98　涂刷复制注解元素的格式

"格式涂刷器"命令的使用方法如下：

步骤 1　单击"注解"工具栏中的"格式涂刷器" ，弹出"格式涂刷器"命令面板，如图 8-99 所示。

步骤 2　在视口中单击一个注解元素作为源元素，然后单击或框选其他注解作为目标元素。目标元素的格式被涂刷成源元素的格式。可以作为源元素或目标元素的类型包括注释、尺寸标注、形位公差等注解标注。不可选择表格、模型边线或草图线作为源元素或目标元素。

图 8-99　"格式涂刷器"命令面板

8.4.4　表格

1. 总表

在工程图中可生成不同类型的表格，支持根据模型属性自动填充相关数据。单击"注解"工具栏中的"总表" ，弹出"总表"命令面板，如图 8-100 所示。修改待插入表格的行数和列数后，鼠标指针移至视口中单击，显示表格预览。表格左下角与鼠标指针重合，移动到所需位置后单击，生成表格。

图 8-100　"总表"命令面板

> **技巧：**
> 1）"附加到定位点"选项：在视口中指定表格放置点，并指定此定位点与表格重合的位置（左上角、左下角、右上角、右下角）。
> 2）单元格的编辑：双击单元格可编辑其中文字；右击单个单元格，可进行分割、格式化、删除等操作；选中多个单元格后右击，可选择合并单元格。
> 3）显示表头：单击如图 8-101 所示的图标，可显示"总表"或其他名称。

2. 材料明细表

单击"注解"工具栏"总表"下拉框中的"材料明细表" ，弹出"材料明细表"命令面板，如图 8-102 所示。

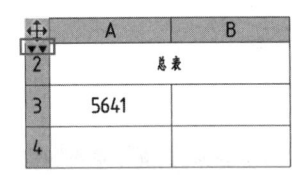

图 8-101　显示表头

图 8-102　"材料明细表"命令面板

1）"材料明细表"命令面板各选项含义如下：

- "材料明细表类型"选项：用于选择材料明细表中显示的零部件范围。
- "附加到定位点"选项：可以选择将材料明细表的哪个点与定位点重合，定位点位于标题栏右上角。

2）鼠标指针指向已经生成的材料明细表，表格周围出现控制按钮和行列号，如图 8-103 所示，具体功能如下：

- 按住左上角的 可拖动材料明细表位置。
- 单击 可隐藏/显示表头。
- 单击 可隐藏/显示"零部件"一列。
- 鼠标指针指向"零部件"一列中的图片，显示零部件缩略图。

> **注意：** 生成时附加到定位点的材料明细表无法移动位置。

图 8-103　材料明细表控制按钮和行列号

3）编辑表格形式。支持对材料明细表进行分割、合并单元格、增删列等操作。

● 分割表格：可将表格横向或纵向分割成多个部分。

➢ 右击所需分割的单元格，在弹出的快捷菜单中选择"分割"，如图 8-104 所示，可设置表格按照当前行或列进行横向或纵向分割。

图 8-104　分割表格

➢ 在分割的表格的任意单元格上右击，在弹出的快捷菜单中选择"合并"→"合并所有表格"，如图 8-105 所示，可将已分割的表格重新合并为一个整体。

图 8-105　合并所有表格

● 合并与解除合并单元格。

➢ 合并单元格：在表格中选择多个单元格后右击，在快捷菜单中选择如图 8-106 所示的"合并单元格"，可以进行合并。

➢ 解除合并单元格：在合并的单元格上右击，选择如图 8-107 所示的快捷菜单中的"解除合并单元格"，已经合并的单元格可以解除合并。

图 8-106　合并单元格

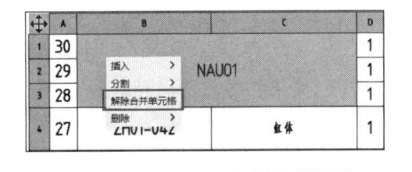

图 8-107　解除合并单元格

4）编辑表格内容。

● 支持修改表格内容，关联内容可以选择保持或断开连接。双击单元格可修改单元格内容。若单元格内容与模型属性关联，则修改时弹出是否关联警告，如图 8-108 所示。

➢ "保持连接"：同步修改模型属性，保持关联。若单元格内容对应的属性值无法修改（如数量），则此项不可选。

➢ "断开连接"：仅修改单元格内容，与模型属性断开关联。清除单元格内容可恢复关联。

当单元格内容与关联值不同时，右击后选择"恢复默认值"，恢复成默认关联状态并显示属性值。

图 8-108　是否关联警告

● 删除单元格内容的方式有两种，其结果不同。
➢ 单击单元格，按〈Delete〉键删除内容，单元格内容为空，断开关联。
➢ 右击单元格，在快捷菜单中选择"恢复默认值"，单元格内容恢复为原关联属性值。

5）切换列属性。双击列号，弹出如图 8-109 所示的"材料明细表"命令面板，可将当前列的属性值进行切换。

● "自定义属性"选项：从自定义属性模板中选择属性，如图号等。选择重量时显示"单件"和"总计"两个子选项，默认选择"单件"。

图 8-109 "材料明细表"命令面板

● "项目号"选项：与零件序号功能对应的项目号。
● "零件号"选项：零部件名称，即文档的名称。

3. 孔表

在 CrownCAD 工程图中，支持通过"孔表"命令生成孔表和相应的位置标识，如图 8-110 所示。单击"总表"下拉框中的"孔表"，弹出"孔表"命令面板，如图 8-111 所示。

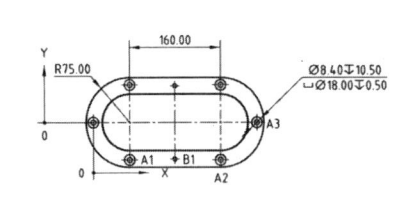

图 8-110 创建孔表

图 8-111 "孔表"命令面板

"孔表"命令面板各选项含义如下：

● "标记顺序"选项：指定标记顺序，可选择"XY"与"径向"两种方式。
● "基准点"选项组：可选择一个点用来定位孔的基准位置，其中原点为必选，X 轴、Y 轴为非必选。
● "孔"选项：选择需要添加至孔表中的孔的边线或面。
● "标记类型"选项：默认是"ABC..."，可切换为"123..."的方式。
● "下一视图"选项：只有在插入表格的过程中才可使用。可将多个视图中的孔添加在一个孔表中。

4. 表格模板

除总表之外的材料明细表、焊件切割清单等支持表格模板功能，按表格类型分类保存表格模板，记录表格属性内容。

（1）保存表格模板　右击已经生成的表格，选择"另存为模板"，在弹出的命令面板中选择"新建模板"，给定模板名称后完成保存。

（2）管理表格模板　在"系统设置"→"模板管理"→"表格模板"中找到对应类型的表格，可以进行删除、重命名和调整顺序操作。

8.4.5　修订工具

1. 修订云

CrownCAD 支持在工程图中生成修订云图案标注。单击"注解"工具栏中的"修订云"，弹出"修订云"命令面板，如图 8-112 所示。

（1）"修订云"命令面板各选项含义

- "云形状"选项：用于选择修订云的形状，从左到右依次为"矩形""椭圆"和"多边形"。

> **注意：** 此选项仅在创建修订云时显示，再编辑时不显示。

- "最大圆弧半径"输入框：用于设置最大圆弧半径。
- "线型""线宽""颜色"选项：设置修订云圆弧的线型、线宽和颜色。

（2）创建修订云的方法　单击"注解"工具栏中的"修订云"，弹出"修订云"命令面板，设置选项和参数值。根据所选的云形状，在视口中指定形状顶点或路径，如图 8-113 所示。

图 8-112　"修订云"命令面板

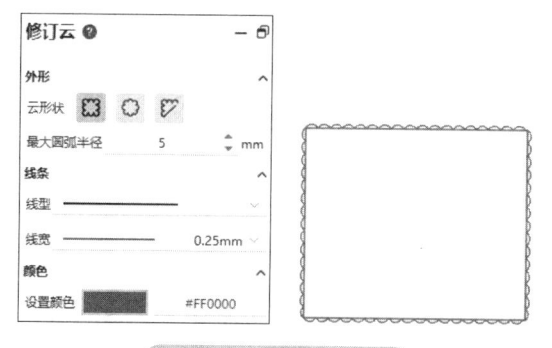

图 8-113　创建修订云

2. 修订表和修订符号

CrownCAD 支持在工程图中生成修订表和与之关联的修订符号。单击"注解"工具栏"总表"下拉框中的"修订表"，弹出"修订表"命令面板，如图 8-114 所示。

（1）"修订表"命令面板各选项含义

- "修订符号形状"选项：设置修订表对应修订符号的形状，默认是"圆形"。
- "添加新修订时激活符号"选项：通过单击视口中修订表左下角的"新增修订"按钮新增一行后，自动启动"修订符号"命令面板，如图 8-115 所示。

图 8-114 "修订表"命令面板

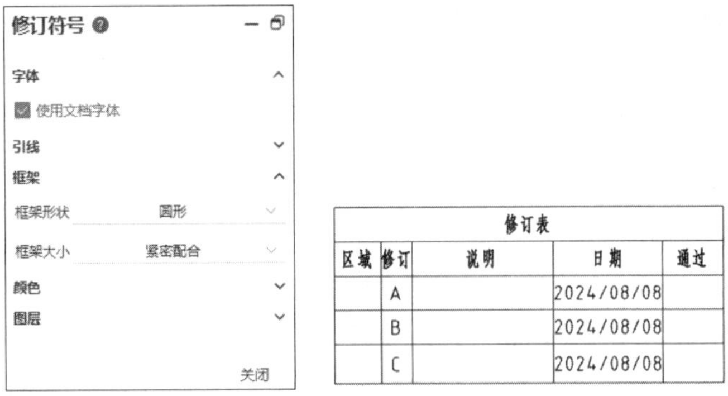

图 8-115 自动启动修订符号

- "自动更新区域单元格"选项：当在工程图中增删移动修订符号时，修订表区域单元格的内容自动更新。
- "附加到定位点"选项：将表格右上角附加到图框右上角的修订表定位点。

> 注意：
> 1）每张工程图图纸中最多插入一个修订表。
> 2）必须插入修订表，并至少创建一行，才能使用"修订符号"命令；否则"修订符号"命令为灰色不可使用状态。

（2）创建修订表的方法

步骤1 单击"注解"工具栏"总表"下拉框中的"修订表"，弹出"修订表"命令面板，设置修订表参数，单击"确定"，在图框右上角插入修订表。

步骤2 创建版本。鼠标指向视图中的修订表，单击如图 8-116 所示的"新增修订" ➡️，表格新增一行，并自动启动"修订符号"命令面板。

步骤3 在"修订符号"命令面板中调整修订符号的样式、字体等，在视口中移动鼠标到合适的位置后单击，生成修订符号，如图 8-117 所示。

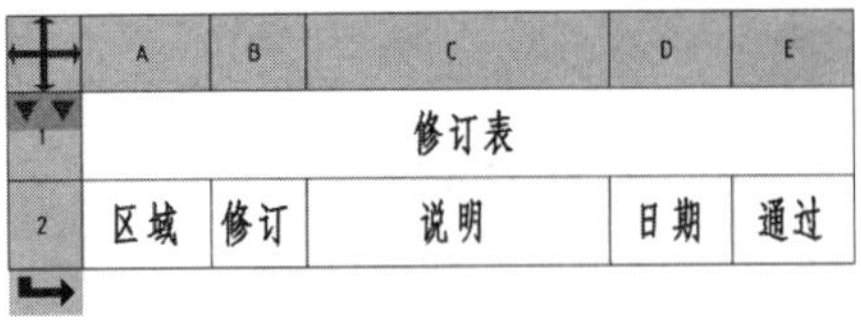

图 8-116 创建版本

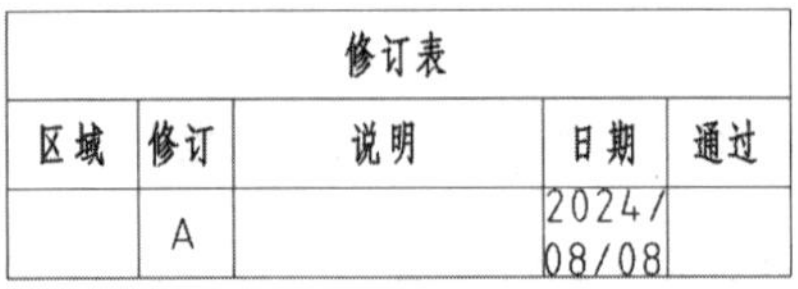

图 8-117 生成修订符号

8.5 图层管理器

图层管理器是显示工程图中线条、文字等名称，开/关状态，锁定状态，颜色，线型，线宽的管理器。只能显示当前状态，不能进行更改。单击"注解"工具栏中的"图层管理器"，弹出

"图层管理器"命令面板，如图 8-118 所示。

图 8-118 "图层管理器"命令面板

- 在"激活图层"下拉框中，可以选择对应的图层进行激活。
- 图层管理器可以对图层进行显隐、打印，以及颜色、线型和线宽的修改。

8.6 编辑操作

8.6.1 视图对齐

CrownCAD 支持使视图对齐到当前图纸内的任意视图，即使不同模型的视图也可进行对齐。

右击任意视图，在"视图对齐"的二级菜单中选择一种对齐方式，单击要对齐到的视图，即可完成对齐。

"视图对齐"二级菜单选项的具体说明见表 8-2。

表 8-2 "视图对齐"二级菜单选项的具体说明

选项	效果	备注
解除对齐关系	使当前视图可任意移动，不对齐到其他视图	只有当前视图对齐到其他视图时显示此项
原点水平对齐	使当前视图的模型原点与指定视图的模型原点在水平方向对齐	
原点竖直对齐	使当前视图的模型原点与指定视图的模型原点在竖直方向对齐	
中心水平对齐	使当前视图的中心与指定视图的中心在水平方向对齐	
中心竖直对齐	使当前视图的中心与指定视图的中心在竖直方向对齐	
默认对齐	当前视图恢复默认对齐关系	只有剖视图等存在默认对齐关系的视图显示此项

8.6.2 工程图右键快捷菜单功能

1）在"视图面板"中右击视图，其快捷菜单如图 8-119 所示。

图 8-119 视图的右键菜单

视图右键快捷菜单的详细命令及功能见表 8-3。

表 8-3 视图右键快捷菜单的详细命令及功能

菜单命令	功能
最近的命令	指向后弹出二级菜单，其中显示最近使用过的命令
编辑特征	编辑当前视图的属性
视图锁焦	视图锁焦后，草绘将与视图锁定
视图对齐	选择对齐方式
切边	可选择显示或隐藏切边，默认不显示切边
替换模型	选择其他三维模型进行替换
删除视图	删除当前视图。删除前应弹出确认命令面板
属性	编辑当前视图的属性
显示/隐藏	控制所选视图的显隐性
放大所选范围	自动以选中的视图为视口中心
智能尺寸	单击启动智能尺寸功能
注解	指向后弹出二级菜单，其中显示文字注释、焊件符号等注解功能
工程图视图	指向后弹出二级菜单，其中显示模型视图、投影视图等视图功能
表格	指向后弹出二级菜单，其中显示总表、材料明细表等表格功能

2）右击视图下方的零部件名称，弹出如图 8-120 所示的菜单，可跳转至该零件文档。

3）右击剖视图的剖切线，弹出如图 8-121 所示的菜单，可跳转到剖视图。

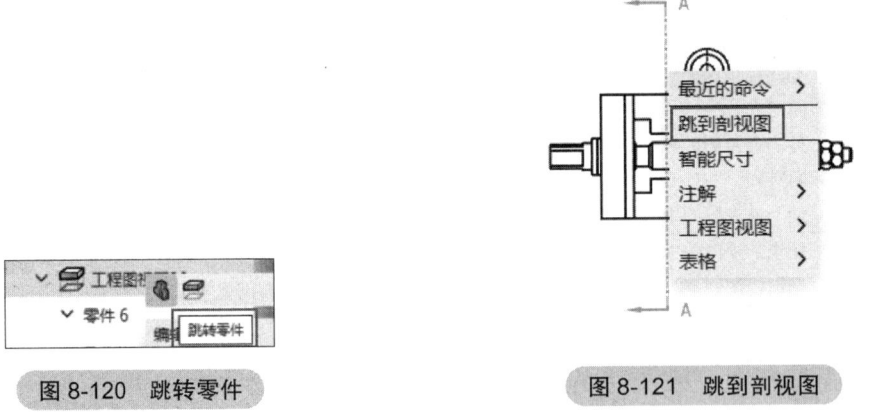

图 8-120 跳转零件

图 8-121 跳到剖视图

8.7 打印与输出

8.7.1 打印与拼图打印

1. 打印

在工程图环境下，单击导航栏中的"打印"，弹出"工程图打印"命令面板，如图 8-122 所示。

勾选待打印的文件后，单击"确定"，进入如图 8-123 所示的打印界面，可对目标打印机、页面、份数等进行设置。

图 8-122 "工程图打印"命令面板

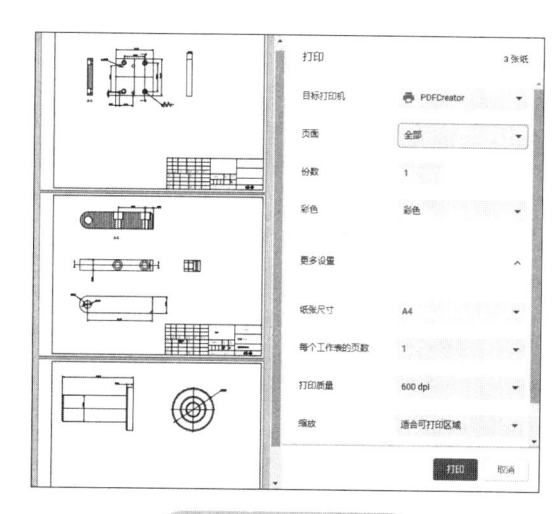

图 8-123 打印界面

2. 拼图打印

通过"拼图打印"功能可以实现多个工程图在一个图纸上进行拼图打印或多个工程图图纸批量打印。在工程图环境下，单击"工程图打印"命令面板右上角的"切换拼图打印"，打开拼图打印面板，如图 8-124 所示。

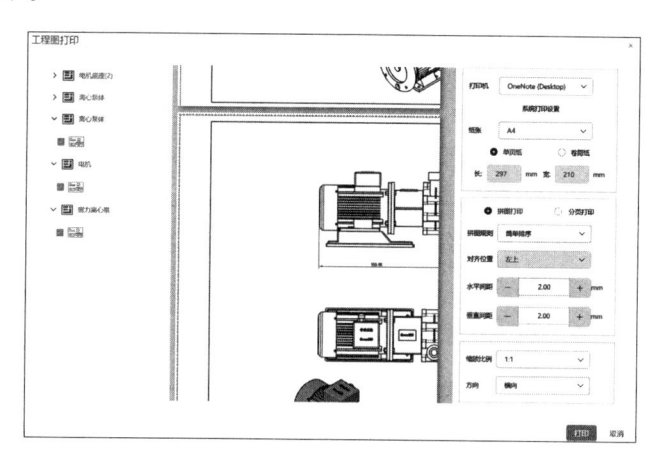

图 8-124 拼图打印面板

部分选项功能如下：

● "拼图打印"选项：将所选工程图按规则排列在所选纸张上，可设置拼图规则、对齐位置、水平间距、垂直间距。

● "分页打印"选项：每个工程图分别打印在一张纸上，仅用于"单页纸"，可设置对齐位置。

● "拼图规则"选项：选择拼图规则，可选择"最省纸张""方便裁剪"和"简单排列"三种形式。

➢ "最省纸张"：尽可能缩短纸张长度（白色区域竖向距离为长度）。

➢ "方便裁剪"：保证横向裁剪纸张时不会将工程图裁剪成两半，在此前提下使图纸长度尽量缩短。

➢ "简单排列"：每行一个工程图，排成一列。

● "对齐位置"选项：选择工程图在图纸中的对齐位置，可选择"左上""左下""中央""右上"和"右下"。

8.7.2 输出工程图

在工程图环境中，单击"导入/导出"下拉框中的"导出"，弹出"导出"命令面板，可以将工程图导出为 DWG、DXF、PDF 格式文件。导出为 DWG、DXF 格式文件时，支持选择 2000、2004、2007、2010、2013、2018 六个版本。

8.8 综合实例1

下面应用本章讲解的知识完成阀体零件工程图的创建，最终图纸如图 8-125 所示。

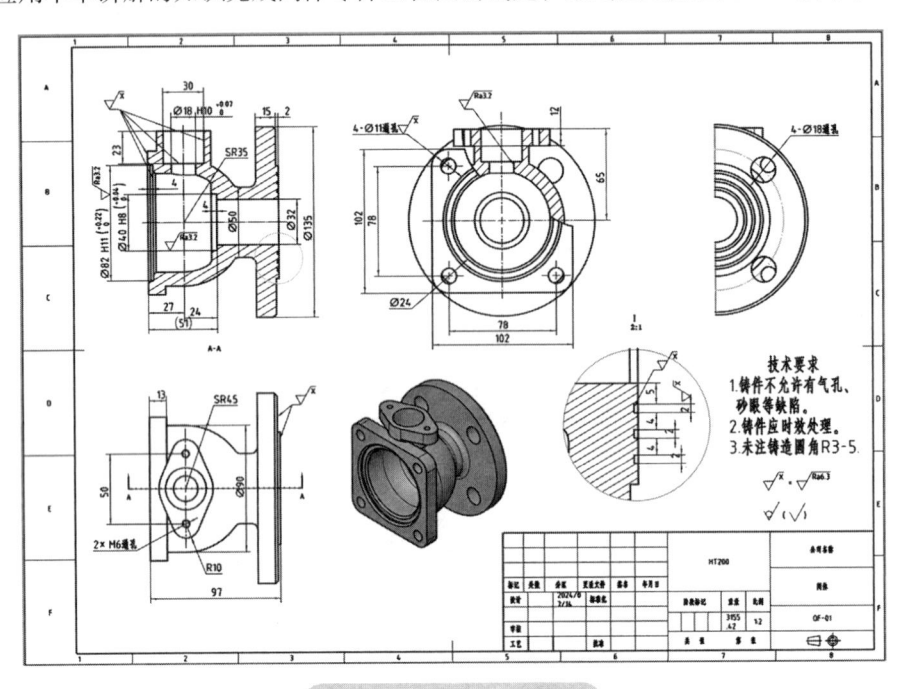

图 8-125 阀体零件图纸

步骤1 打开阀体模型，选择"新建"下拉框中的"生成工程图"，"模板"选择"GB-A3"，单击"创建"，完成工程图的创建。

步骤2 在视图调色板中拖动俯视图至合适位置放置，将视图改为自定义比例"1∶1.5"，完成俯视图的创建，如图 8-126 所示。

步骤3 单击"视图布局"工具栏中的"剖视图"，"剖切线"选择"水平"，"要剖切的工程视图"选择俯视图中圆心位置，单击"确定"，全剖视图跟随鼠标指针出现预览，单击放置，完成全剖视图的创建，如图 8-127 所示。

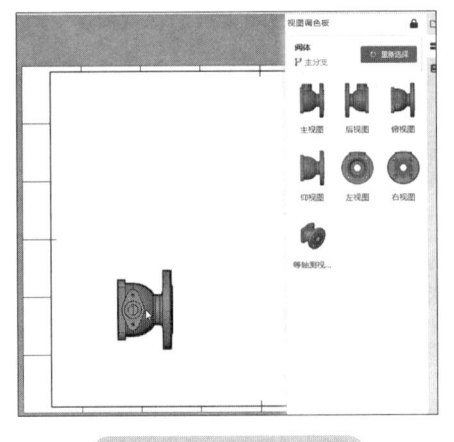

图 8-126 创建俯视图

步骤 4 单击"视图布局"工具栏中的"投影视图"，"要投影的工程视图"选择上一步创建的全剖视图，鼠标向右侧移动，左视图跟随鼠标指针出现预览，单击放置，完成左视图的创建，如图 8-128 所示。

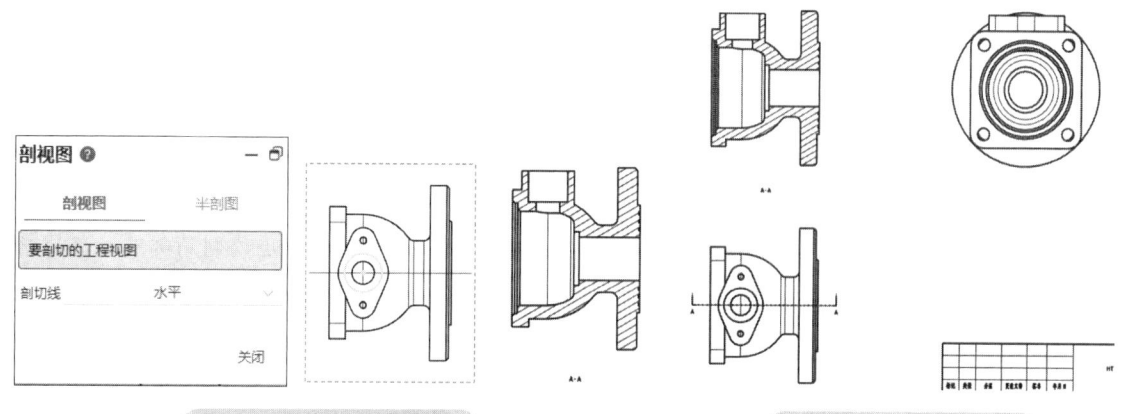

图 8-127　创建全剖视图

图 8-128　创建左视图

步骤 5 单击"视图布局"工具栏中的"投影视图"，"要投影的工程视图"选择步骤 3 创建的全剖视图，鼠标向左侧移动，右视图跟随鼠标指针出现预览，单击放置，完成右视图的创建，如图 8-129 所示。

步骤 6 单击"视图布局"工具栏中的"断开的剖视图"，单击创建的左视图，通过样条曲线工具绘制轮廓，指定剖切深度为"27"，如图 8-130 所示，单击"确定"，完成断开的剖视图的创建。

图 8-129　创建右视图

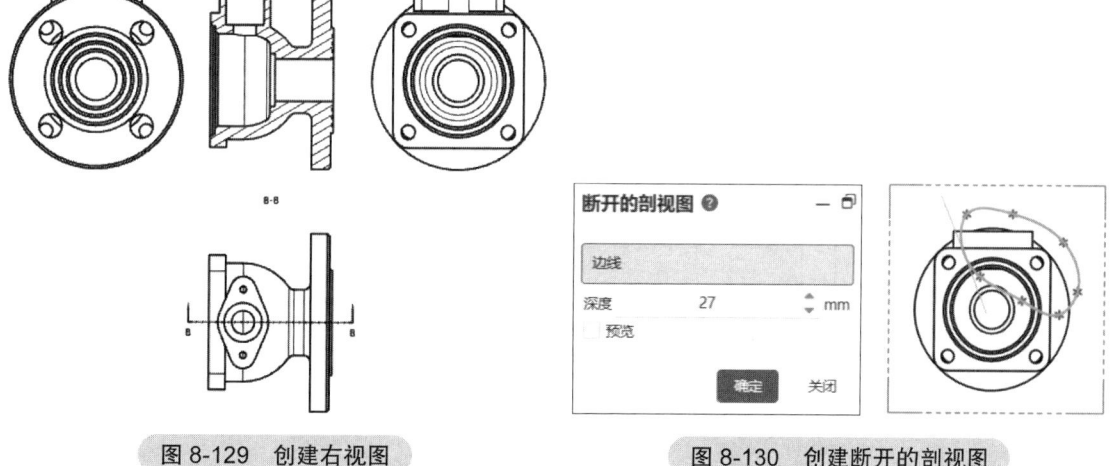

图 8-130　创建断开的剖视图

步骤 7 双击创建的右视图，进入视图锁定状态。将工具栏切换至"草图"，然后通过矩形工具绘制如图 8-131 所示的轮廓。

步骤 8 选择绘制的矩形轮廓，单击"视图布局"工具栏中的"剪裁视图"，单击完成剪裁视图的创建，如图 8-132 所示。

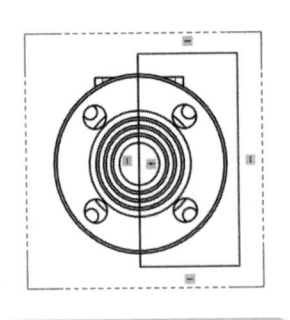

图 8-131 绘制矩形轮廓

图 8-132 创建剪裁视图

步骤9 单击"视图布局"工具栏中的"局部视图"Ⓐ，在全剖视图上绘制局部放大区域后，创建局部放大视图。修改视图比例为 2∶1，完成局部视图的创建，如图 8-133 所示。

步骤10 分别单击"注解"工具栏中的"中心线"和"中心符号线"，补充已创建的视图上的中心线和中心符号线，如图 8-134 所示。

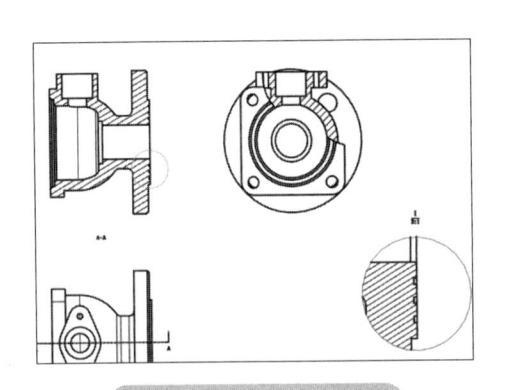

图 8-133 创建局部视图

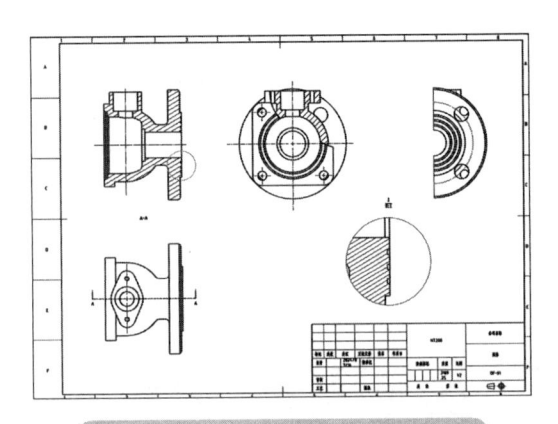

图 8-134 补充中心线和中心符号线

步骤11 单击"注解"工具栏中的"智能尺寸"，字体高度设置为 5，完善各视图尺寸标注，如图 8-135 所示。

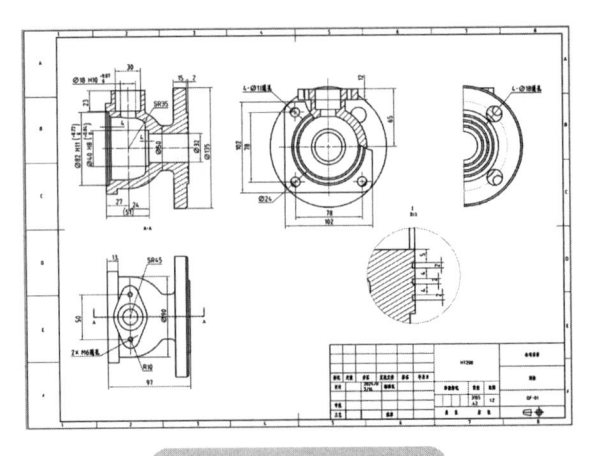

图 8-135 完善尺寸标注

第 8 章　工程图

步骤 12 单击"注解"工具栏中的"表面粗糙度"，完善各视图表面粗糙度注解，如图 8-136 所示。

步骤 13 单击"注解"工具栏中的"注释"A和"表面粗糙度"，添加图纸技术要求，如图 8-137 所示。

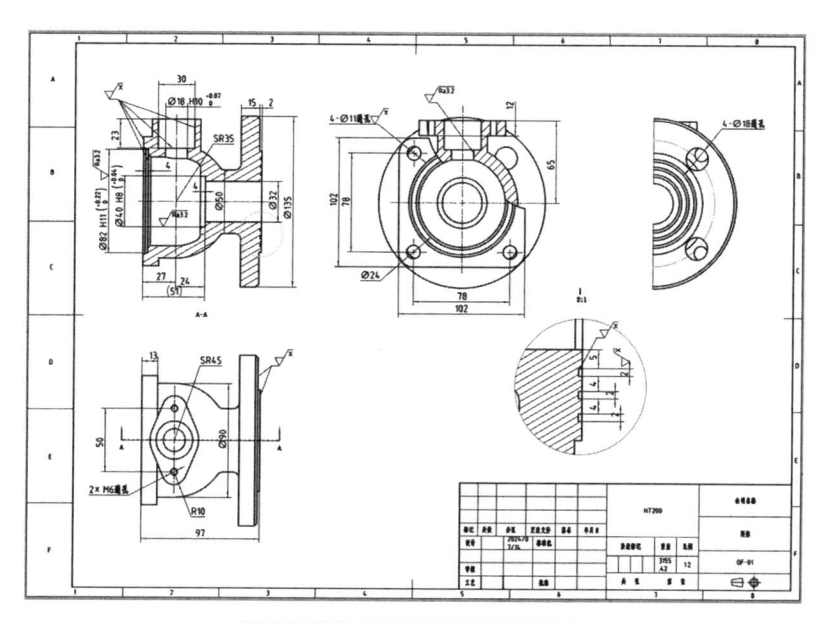

图 8-136　完善表面粗糙度注解

图 8-137　添加图纸技术要求

步骤 14 单击右侧的视图调色板，拖拽等轴测视图至图纸中。单击创建的视图，在"模型视图"定义界面将"显示样式"改为"着色"；然后再单击"自定义视角"，将视角调整至如图 8-138 所示。保存视图，完成阀体零件工程图的创建。

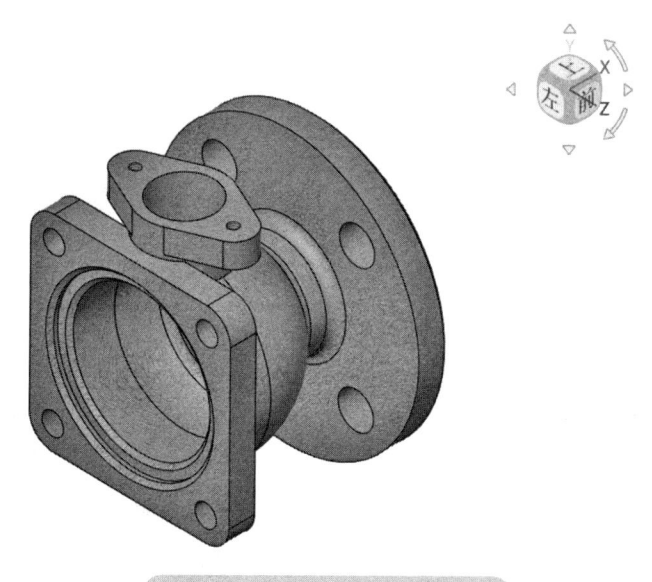

图 8-138　创建自定义视角视图

185

8.9 综合实例 2

下面应用本章讲解的知识完成球阀装配工程图的创建，最终图纸如图 8-139 所示。

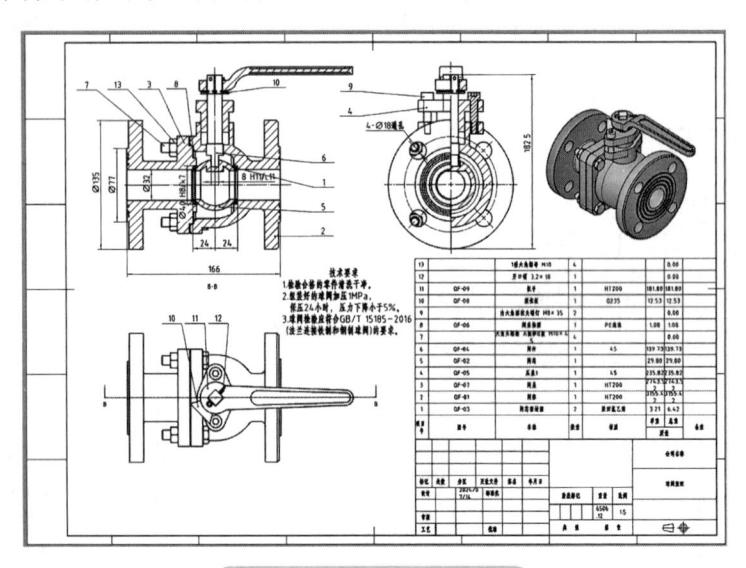

图 8-139 球阀装配工程图

步骤 1 打开球阀装配模型，选择"新建"下拉框中的"生成工程图"，"模板"选择"GB-A3"，单击"创建"，完成工程图的创建。

步骤 2 在视图调色板中拖动俯视图至合适位置放置，将视图改为自定义比例"1∶1.8"，完成俯视图的创建，如图 8-140 所示。

步骤 3 单击"视图布局"工具栏中的"剖视图"，"剖切线"选择"水平"，"要剖切的工程视图"选择俯视图中圆心位置，单击"确定"。"不进行剖切的零部件/特征"选择"阀杆"，单击"确定"。全剖视图跟随鼠标指针出现预览，单击放置，完成全剖视图的创建，如图 8-141 所示。

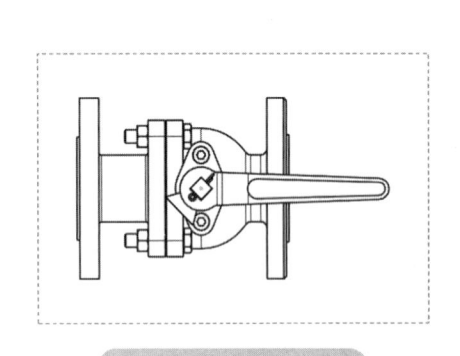

图 8-140 创建俯视图

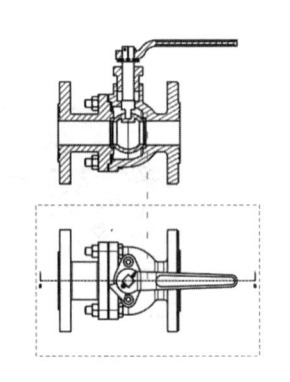

图 8-141 创建全剖视图

步骤 4 单击"视图布局"工具栏中的"投影视图"，"要投影的工程视图"选择上一步创建的全剖视图，鼠标向右侧移动，左视图跟随鼠标指针出现预览，单击放置，完成左视图的创建，如图 8-142 所示。

步骤 5 双击创建的左视图，进入视图锁定状态。将工具栏切换至"草图"，然后通过矩形工具绘制如图 8-143 所示的轮廓。

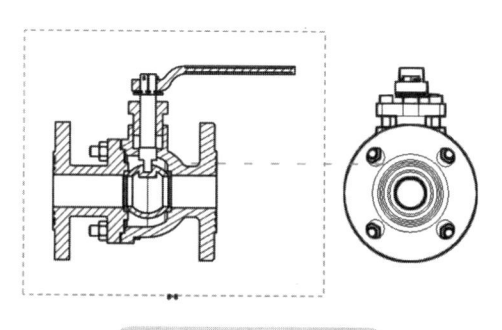

图 8-142 创建左视图

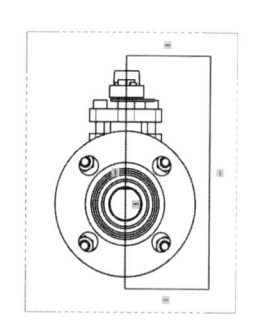

图 8-143 绘制矩形轮廓

步骤 6 选择绘制的矩形轮廓，单击"视图布局"工具栏中的"断开的剖视图"，"不进行剖切的零部件"选择"阀杆"，单击"确定"，完成断开的剖视图的创建，如图 8-144 所示。

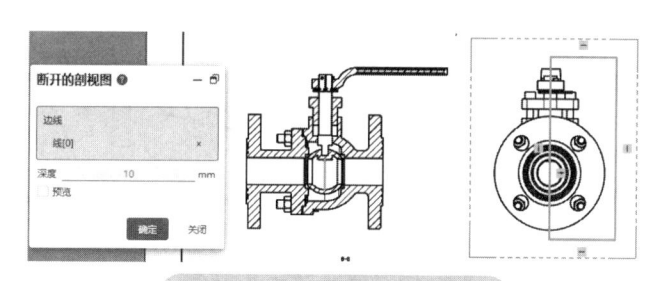

图 8-144 创建断开的剖视图

步骤 7 分别单击"注解"工具栏中的"中心线"和"中心符号线"，补充已创建的视图上的中心线和中心符号线，如图 8-145 所示。

步骤 8 单击阀芯密封圈，修改阀芯密封圈剖面线，如图 8-146 所示。

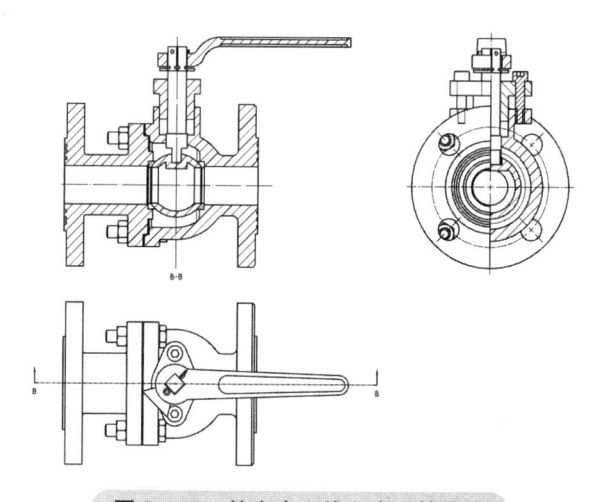

图 8-145 补充中心线和中心符号线

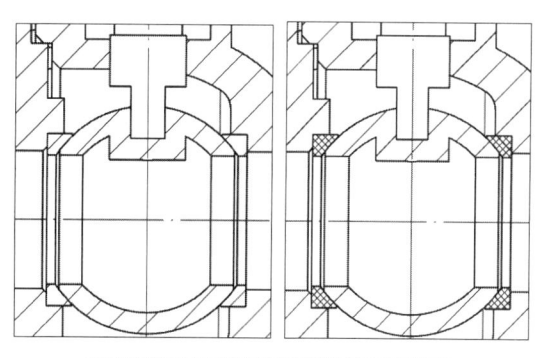

图 8-146 修改阀芯密封圈剖面线

187

步骤 9 单击"注解"工具栏中的"智能尺寸" ，字体高度设置为 5，完善各视图尺寸标注，如图 8-147 所示。

步骤 10 单击"注解"工具栏中的"零件序号" ，字体高度设置为 5，"引线类型"选择"折线"，"框架形状"选择"无"，标注各零件序号，如图 8-148 所示。

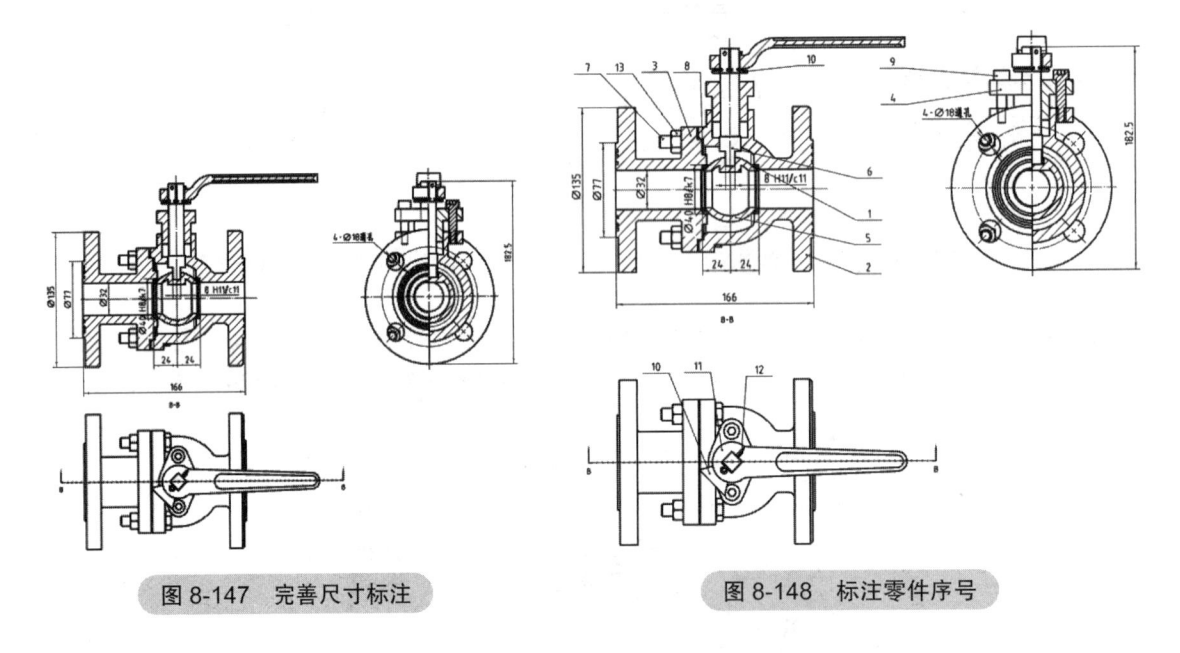

图 8-147 完善尺寸标注　　　　　图 8-148 标注零件序号

步骤 11 单击"注解"工具栏中的"磁力线" ，完成零件序号的对齐，如图 8-149 所示。

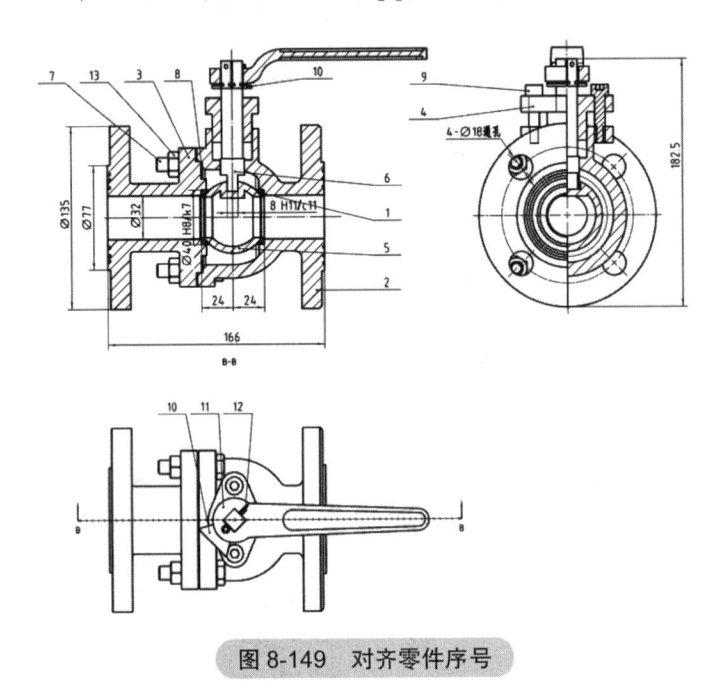

图 8-149 对齐零件序号

步骤 12 单击"注解"工具栏中"总表"下拉框中的"材料明细表"，视图选择全剖视图，"恒定边角"选择"右下角",勾选"附加到定位点",单击"确定",如图8-150所示。

13		1型六角螺母 M10	4		0.00		
12		开口销 3.2×18	1		0.00		
11	QF-09	扳手	1	HT200	181.80	181.80	
10	QF-08	限位板	1	Q235	12.53	12.53	
9		内六角圆柱头螺钉 M8×35	2		0.00		
8	QF-06	阀盖垫圈	1	PE泡沫	1.08	1.08	
7		六角头螺栓 A级和B级 M10×45	4		0.00		
6	QF-04	阀杆	1	45	139.73	139.73	
5	QF-02	阀芯	1		29.80	29.80	
4	QF-05	压盖1	1	45	235.82	235.82	
3	QF-07	阀盖	1	HT200	2743.5	2743.5	
2	QF-01	阀体	1	HT200	3155.4	3155.4	
1	QF-03	阀芯密封圈	2	聚四氟乙烯	3.21	6.42	
项目号		图号	名称	数量	材质	单重	总重	备注
						质量		

图 8-150　创建材料明细表

步骤 13 单击"注解"工具栏中的"注释"，添加技术要求，如图8-151所示。

技术要求
1.检验合格的零件清洗干净。
2.组装好的球阀加压1MPa，保压24小时，压力下降小于5%。
3.球阀检验应符合GB/T 15185-2016（法兰连接铁制和铜制球阀）的要求。

图 8-151　添加技术要求

步骤 14 单击视图调色板，将等轴测视图拖拽至图纸中合适位置，视图比例改为1∶2.5，"显示样式"改为"着色"，完成球阀装配工程图的创建，如图8-139所示。

第 9 章 曲面设计

9.1 曲面概述

9.1.1 曲面的定义

曲面是三维空间中由一系列连续且平滑的点或线构成的二维几何形状在三维维度上的扩展。曲面可以是规则的，如圆柱面、圆锥面，也可以是不规则的，如自由形态曲面。通过指定边界条件和控制点，用户可以创建和编辑曲面，实现复杂形状的设计和模拟。曲面在 CAD 中扮演着重要角色，用于精确表示和制造各种三维物体，如汽车车身、飞机外壳等。

9.1.2 曲面介绍

CrownCAD 提供的曲面功能大致可分为三大类：

（1）基础曲面功能　包括"拉伸曲面""旋转曲面""放样曲面"和"填充曲面"等，可以方便快速地创建简单曲面。

（2）高级曲面功能　包括"偏移曲面""复制曲面""延展曲面""直纹曲面"和"桥接曲面"等，可以实现复杂形状的精确建模与设计，满足各种高端制造和设计领域的需求。

（3）曲面编辑功能　包括"裁剪曲面""缝合曲面"和"曲面加厚"等，可以对已创建的曲面进行快速编辑与组合，创建新的曲面或实体。

9.2 基础曲面

9.2.1 拉伸曲面

将草图、曲线、边线等按照指定方向拉伸一定距离，使曲线延展为曲面。单击"曲面"工具栏中的"拉伸曲面" ，弹出"拉伸曲面"命令面板，如图 9-1 所示。

"拉伸曲面"命令面板各选项含义如下：

- "轮廓"拾取框：用来选择需要拉伸的轮廓，可以是草图、草图线、面、基准面。
- "偏置"选项：该选项用来设置曲面拉伸的起始位置。
- "方向"选项：默认以垂直于草图轮廓的方向拉伸草图，也可以选择草图线、两个点、实体边线或参考基准线定义拉伸方向。
- "方式"选项：设置特征拉伸的终止条件，其选项含义及示例图见表 9-1。

图 9-1 "拉伸曲面"命令面板

表 9-1 "拉伸曲面"中"方式"选项的含义及示例图

方式	说明	示例图
给定深度	从草图平面向正方向拉伸,通过输入参数或拖拽拉伸方向箭头调整拉伸深度	
成形到面	拉伸到在图形区域中选择的一个面处;面可以是实体面、平面、曲面或基准面	
两侧对称	设置深度数值,按照所在平面的两侧对称距离生成拉伸特征	

- "拔模"选项:拉伸的同时生成拔模斜度,通过输入参数或拖拽角度方向箭头调整拔模角度。
- "封底"选项:封闭轮廓自动在拉伸终止位置生成一平面。
- "方向2"选项:以草图基准面为基准,同时往两个方向进行拉伸。

9.2.2 旋转曲面

选择一开环或闭环草图,使其沿着中心线旋转生成曲面特征。单击"曲面"工具栏中的"旋转曲面" ,弹出"旋转曲面"命令面板,如图 9-2 所示。

"旋转曲面"命令面板各选项含义如下:

- "选择草图或基准面绘制草图"拾取框:用来设置特征旋转的草图,或者直接选择基准面绘制旋转草图。
- "旋转轴"拾取框:草图旋转的中心轴,支持选择多种类型的元素作为旋转轴,如直线、圆形边线、圆柱面、两点等。
- "方式"选项:以草图基准面为基准,定义旋转方向。其选项含义及示例图见表 9-2。

图 9-2 "旋转曲面"命令面板

表 9-2 "旋转曲面"中"方式"选项的含义及示例图

方式	说明	示例图
给定角度	以草图平面为基准,向正方向旋转角度。单击"反向"后,以当前旋转正方向的反向旋转	
成形到面	旋转到在图形区域中选择的一个面处;面可以是实体面、平面、曲面或基准面	

（续）

方式	说明	示例图
两侧对称	设置角度数值，按照所在平面的两侧对称角度生成旋转特征	

- "方向2"选项：以草图基准面为基准，同时往两个方向进行旋转。

9.2.3 扫描曲面

通过沿一路径来移动扫描轮廓，生成曲面特征。单击"曲面"工具栏中的"扫描曲面" ，弹出"扫描曲面"命令面板，如图9-3所示。

"扫描曲面"命令面板各选项含义如下：

- "扫描轮廓"拾取框：可以是边线、草图、草图线、面等；可以是开环或闭环，但仅支持选择一组扫描轮廓。
- "扫描路径"拾取框：可多选，扫描轮廓与扫描路径不能同处一个平面中，但必须相交；路径可以为开环或闭环，可以为草图线、曲线或实体边线。
- "轮廓方向"选项：控制扫描轮廓随扫描路径运动的姿态，有"随路径变化"和"保持法向不变"两种方式。
    - "随路径变化"：截面相对于路径时刻保持同一角度。
    - "保持法向不变"：截面时刻与开始截面平行，而与路径相切向量无关。

扫描轮廓随扫描路径运动成体的方向有"方向1""双向"和"方向2"三种方式，如图9-4所示。

图9-3 "扫描曲面"命令面板

图9-4 扫描曲面方向示意

9.2.4 放样曲面

在两个或多个轮廓之间生成曲面特征，可通过引导线控制放样效果。单击"曲面"工具栏中的"放样曲面" ，弹出"放样曲面"命令面板，如图9-5所示。

"放样曲面"命令面板各选项含义如下：

- "轮廓"拾取框：拾取用来生成放样的轮廓，支持选择曲线、

图9-5 "放样曲面"命令面板

边线、草图、面等。通过单击"上移"↑和"下移"↓来调整轮廓的顺序。

● "起始约束"和"终止约束"选项：控制过渡体与起始/终止轮廓的相切方式，支持"位置"和"相切"两种方式，"相切"只有在轮廓为面的边线时可用。

在放样曲面预览效果下，每一个轮廓会有一个控标点，通过调整控标点来调整放样效果，如图 9-6 所示。

● "引导线"选项：通过引导线控制放样外部轮廓，可以是草图线、边线或曲线，支持选择多条引导线，所有引导线必须与起始/终止轮廓相交。

图 9-6　放样曲面预览效果

9.2.5　填充曲面

在现有模型边线、草图或曲面所定义的边框内填充曲面。单击"曲面"工具栏中的"填充曲面" ，弹出"填充曲面"命令面板，如图 9-7 所示。

"填充曲面"命令面板各选项含义如下：

● "边界"拾取框：可以是草图轮廓、边线，可多选。所选边界必须是闭合的，且只能含一个闭合区域。

● "曲率控制"选项：可设置选择的每一条边界的曲率类型。草图仅可设置为"相触"类型，边线可设置为"相触"或"相切"两种类型，如图 9-8 所示。

图 9-7　"填充曲面"命令面板

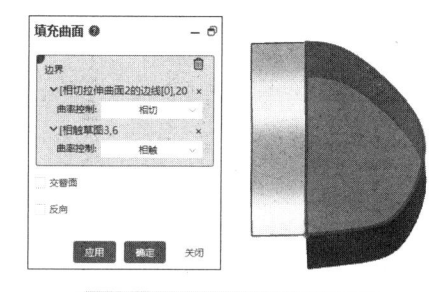

图 9-8　调整边界曲率控制

● "交替面"选项：反转边界面生成填充面，边界为实体边线时使用，如图 9-9 所示。

图 9-9　勾选"交替面"效果

9.2.6　平面区域

将草图或者一组边线生成平面区域。单击"曲面"工具栏中的"平面区域" ，弹出"平面区域"命令面板。选择一组非相交闭合草图、一组闭合边线或一对边线，即可生成平面区域。"平面区域"命令面板与效果预览如图 9-10 所示。

图 9-10 "平面区域"命令面板与效果预览

9.3 高级曲面

9.3.1 偏移曲面

选择已有面设定距离来偏移生成新的曲面。单击"曲面"工具栏中"裁剪曲面"下拉框中的"偏移曲面" ，弹出"偏移曲面"命令面板，如图 9-11 所示。

"偏移曲面"命令面板各选项含义如下：

- "曲面"拾取框：选择需要偏移的一个或多个面，如图 9-12 所示。

图 9-11 "偏移曲面"命令面板

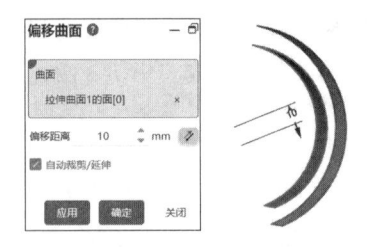

图 9-12 创建偏移曲面示例

- "偏移距离"输入框：输入面偏移的距离，通过单击"反向" 可调整曲面偏移方向。

> 注意：偏移距离为 0 时为复制曲面。当偏移效果产生自相交时，则不能生成偏移曲面。

9.3.2 复制曲面

通过"复制曲面"命令，可直接提取其他零部件的曲面并保持关联关系，支持在装配 Top-Down 环境中使用。单击"曲面"工具栏中"裁剪曲面"下拉框中的"复制曲面" ，弹出"复制曲面"命令面板，如图 9-13 所示。在"曲面"拾取框中选择要复制的曲面，支持从实体或曲面上拾取，如图 9-14 所示。

图 9-13 "复制曲面"命令面板

图 9-14 从实体或曲面上拾取曲面

第 9 章 曲面设计

> 注意：复制后，相连的面片会被缝合为一个曲面。

9.3.3 延展曲面

沿所选平面方向延展实体或曲面的边线来生成曲面。单击"曲面"工具栏中"裁剪曲面"下拉框中的"延展曲面" ，弹出"延展曲面"命令面板，如图 9-15 所示。

"延展曲面"命令面板各选项含义如下：

- "方向"拾取框：选择一个平面，生成的延展曲面与该平面平行，可以是基准面或平面状的实体表面、曲面。
- "要延展的边线"拾取框：选择要生成延展曲面的边线，可选择一条边或一组连续的边；边线应属于同一实体或同一曲面，如图 9-16 所示。

图 9-15 "延展曲面"命令面板

图 9-16 创建延展曲面示例

- "沿切面延伸"选项：控制是否延展所选线相连的切线。
- "长度"输入框：控制延展曲面的长度，可以单击"反向" 反向延展。

9.3.4 直纹曲面

选择边线以生成直纹曲面。单击"曲面"工具栏中"裁剪曲面"下拉框中的"直纹曲面" ，弹出"直纹曲面"命令面板，如图 9-17 所示。

"直纹曲面"命令面板各选项含义如下：

- "边线"拾取框：拾取要生成直纹曲面的实体或曲面边线。边线可多选，多选的边线可以位于不同实体、曲面上，无须相连。
- "交替面"选项：在拾取框中选中任意边线，当该边线是两个面的共用边线时，单击"交替面"可以切换该边线的参考面。
- 直纹曲面类型：包含相切于曲面、正交于曲面、锥削到向量、垂直于向量和扫描多种类型，各类型含义及示例图见表 9-3。

图 9-17 "直纹曲面"命令面板

195

表 9-3　直纹曲面各类型含义及示例图

类型	说明	示例图
相切于曲面	直纹曲面与所选边线的参考面相切	
正交于曲线	直纹曲面与所选边线的参考面垂直	
锥削到向量	所选边线沿所选方向拉伸并拔模设置的角度。拔模后，曲面开口在所选方向上呈扩大趋势	
垂直于向量	假设所选边线由无数连续的点 ABC…组成。点 A 为边线端点。过点 A 做垂直于所选边线的平面 A1，过点 A 做垂直于所选方向的平面 A2，平面 A1、A2 的交线 A3 为直纹曲面在点 A 处的边线。同理绘制 B3、C3…，这些交线共同组成直纹曲面	
扫描	所选边线沿所选方向拉伸	

- "长度"输入框：设置直纹曲面参数。根据所选类型不同，设置项不同。
- "缝合"选项：控制是否将相连的直纹曲面缝合成一个曲面。
- "连接曲面"选项：控制是否在两个直纹曲面的尖角处生成连接曲面。

9.3.5　桥接曲面

选择两个面上的边线，在两个面之间生成桥接曲面。单击"曲面"工具栏中"裁剪曲面"下拉框中的"桥接曲面" ，弹出"桥接曲面"命令面板，如图 9-18 所示。

"桥接曲面"命令面板各选项含义如下：

- "起始边"和"结束边"拾取框：拾取桥接曲面的起始边/结束边；单击右侧的"反向" ，可调整桥接曲面边线与所选边线的相对方向。
- "起始约束"和"结束约束"选项：控制边线处桥接曲面与边线所在面的连续方式，可选择"曲率""相切"和"无"。

图 9-18　"桥接曲面"命令面板

当边线是曲面/实体的边线时，可设置桥接曲面与边线所在面的连续方式。
- "曲率"（G2）：桥接曲面边线处与边线所在面曲率连续，如图9-19所示。
- "相切"（G1）：桥接曲面边线处与边线所在面相切连续，如图9-20所示。

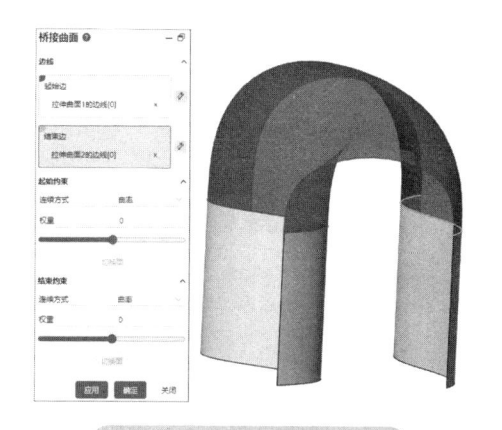

图9-19 "曲率"连续方式

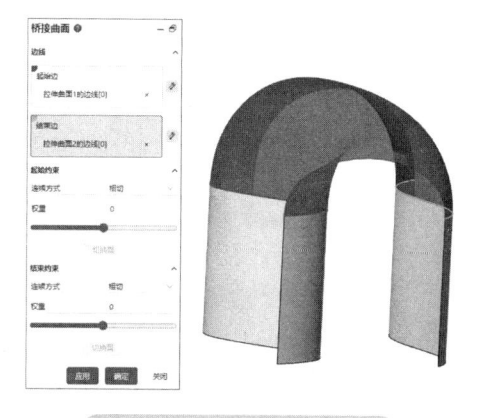

图9-20 "相切"连续方式

- "无"（G0）：桥接曲面边线与边线所在面仅接触，无相切/曲率连续，如图9-21所示。

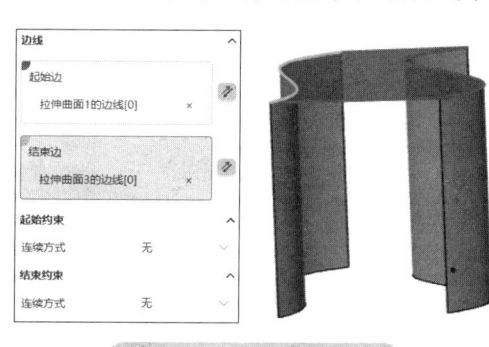

图9-21 "无"连续方式

9.4 曲面编辑

9.4.1 裁剪曲面

使用曲面、基准面或草图为裁剪工具来裁剪相交曲面。单击"曲面"工具栏中的"裁剪曲面" ，弹出"裁剪曲面"命令面板，如图9-22所示。

"裁剪曲面"命令面板各选项含义如下：
- "曲面/平面"拾取框：选择需要裁剪的面，可以是曲面或平面，可多选。
- "工具"拾取框：与待裁面完全相交的裁剪工具，可以是草图、曲线、曲面或基准面。
- "保留"选项：选择想要保留的面，如图9-23所示。
- "移除"选项：选择想要移除的面。

图9-22 "裁剪曲面"命令面板

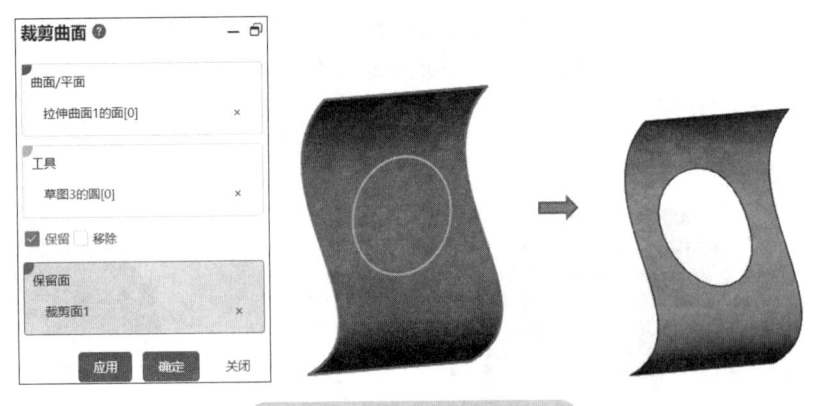

图 9-23 创建裁剪曲面示例

9.4.2 缝合曲面

将两个或多个面和曲面缝合在一起。单击"曲面"工具栏中"裁剪曲面"下拉框中的"缝合曲面"，弹出"缝合曲面"命令面板，如图 9-24 所示。

"缝合曲面"命令面板各选项含义如下：

● "曲面"拾取框：选择需要缝合的两个或两个以上的相邻曲面；曲面的边线必须相邻且不重叠。曲面可以处于多个基准面上，如图 9-25 所示。

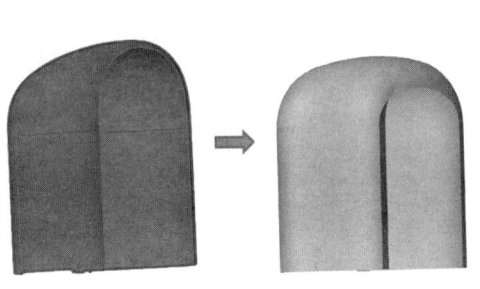

图 9-24 "缝合曲面"命令面板

图 9-25 创建缝合曲面示例

● "缝隙控制"选项：显示缝隙公差，可更改公差值。

> 注意：可适当增大缝隙公差达到缝合效果；若缝合后的曲面为封闭的，则自动实体化生成实体。

9.4.3 曲面加厚

加厚一个或多个相邻曲面来生成实体特征。单击"曲面"工具栏中的"加厚"，弹出"加厚"命令面板，如图 9-26 所示。

"加厚"命令面板各选项含义如下：

● "要加厚的曲面"拾取框：选择要加厚的曲面。如果要加厚的曲面由多个相邻的曲面组成，必须先缝合曲面才能加厚曲面，如图 9-27 所示。

图 9-26 "加厚"命令面板

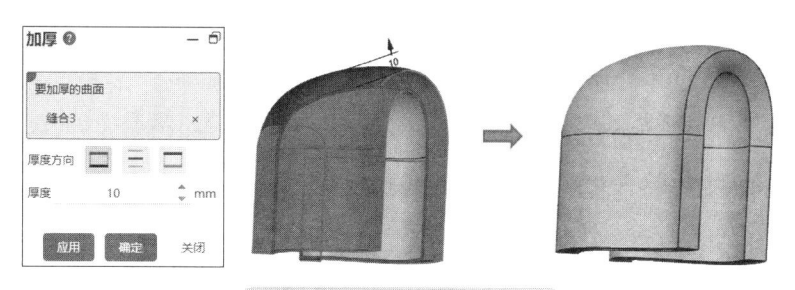

图 9-27　创建曲面加厚示例

- "厚度方向"选项：选择曲面加厚的方向，包括"侧边 1""双向"和"侧边 2"。
- "厚度"输入框：输入曲面加厚的厚度值。

9.4.4　使用曲面切除

通过使用曲面或平面将实体进行切除。单击"曲面"工具栏中的"使用曲面切除" ，弹出"使用曲面切除"命令面板，如图 9-28 所示。

"使用曲面切除"命令面板各选项含义如下：

- "待切除的实体"拾取框：选择需要切除的一个实体。
- "切除工具"拾取框：选择切除实体所要使用的曲面或基准面，如图 9-29 所示。

图 9-28　"使用曲面切除"命令面板

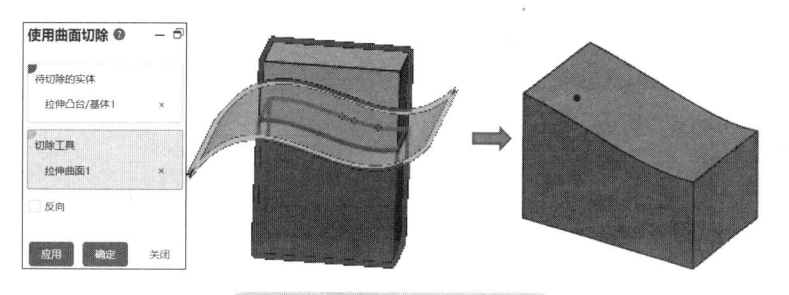

图 9-29　使用曲面切除示例

- "反向"选项：切除反方向实体部分。

9.5　综合实例

下面应用本章讲解的知识完成吊环的建模过程，最终效果如图 9-30 所示。

步骤 1　在视口中单击"前视基准面"，选定为草图绘制平面。单击"特征"工具栏中的"绘制草图"，进入草图绘制状态。使用"草图"工具栏中的"中心圆弧" 、"尺寸约束" 、"添加约束" ，绘制如图 9-31 所示的草图并标注尺寸，完成"草图 1"的绘制。单击"退出草图"，退出草图绘制状态。

步骤 2　在视口中单击"上视基准面"，选定为草图绘制平

图 9-30　吊环

面。单击"特征"工具栏中的"绘制草图",进入草图绘制状态。使用"草图"工具栏中的"直线"、"中心线"、"中心圆弧"、"尺寸约束"、"添加约束",绘制如图9-32所示的草图并标注尺寸,完成"草图2"的绘制。单击"退出草图",退出草图绘制状态。

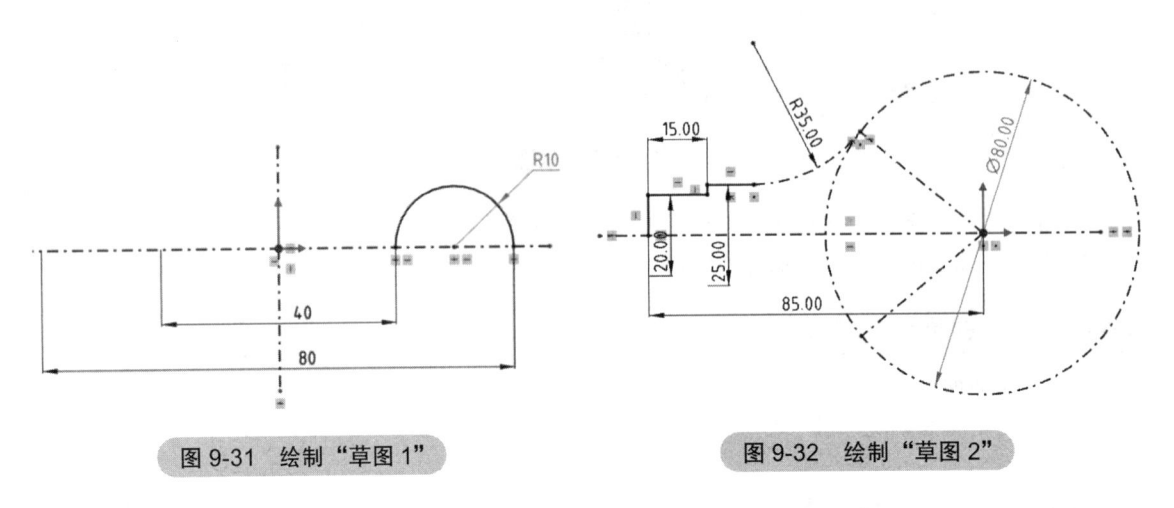

图9-31 绘制"草图1"

图9-32 绘制"草图2"

步骤3 单击"特征"工具栏中的"基准面","操作类型"选择"线角度","元素"选择如图9-33所示的线与点,"角度"设置为"0",单击"确定",创建"基准面1"。

步骤4 单击"特征"工具栏中的"基准面","操作类型"选择"线角度","元素"选择如图9-34所示的线与点,"角度"设置为"0",单击"确定",创建"基准面2"。

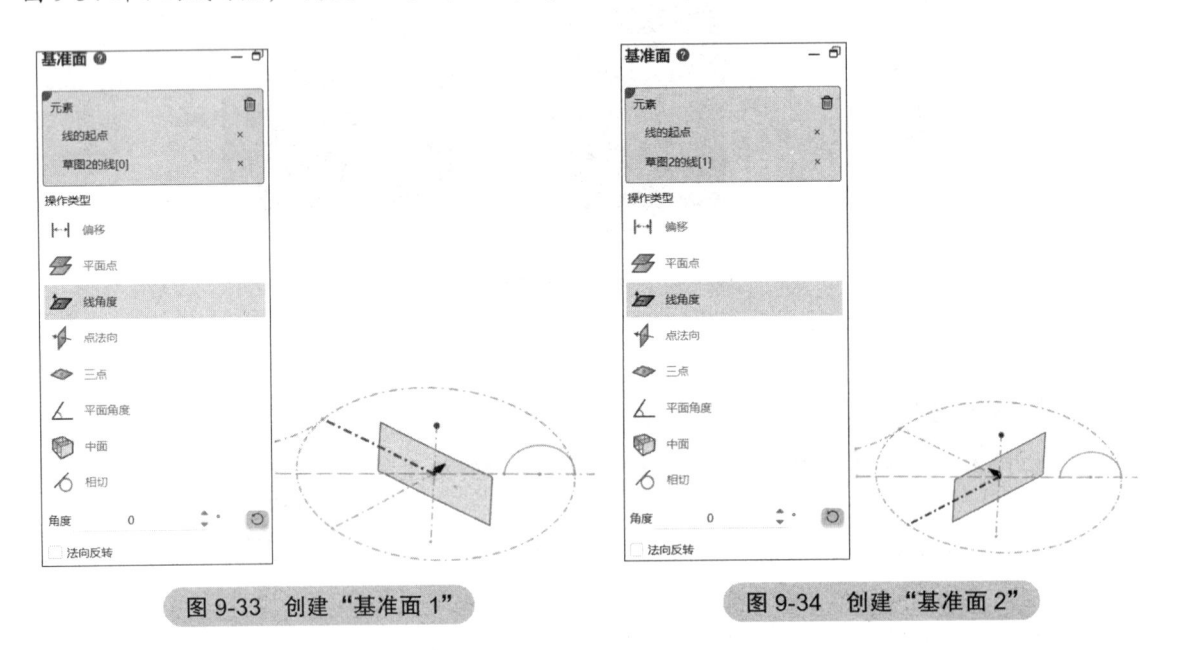

图9-33 创建"基准面1"

图9-34 创建"基准面2"

步骤5 单击"曲面"工具栏中的"旋转曲面",弹出"旋转曲面"命令面板。在"草图"拾取框中选择"草图1"的圆弧,单击"旋转轴"拾取框,在图形中选择"Y轴","方式"选择"成形到面"并选择"基准面1","方向2"的"方式"选择"成形到面"并选择"基准面2",单击"确定",生成"旋转曲面1"特征,如图9-35所示。

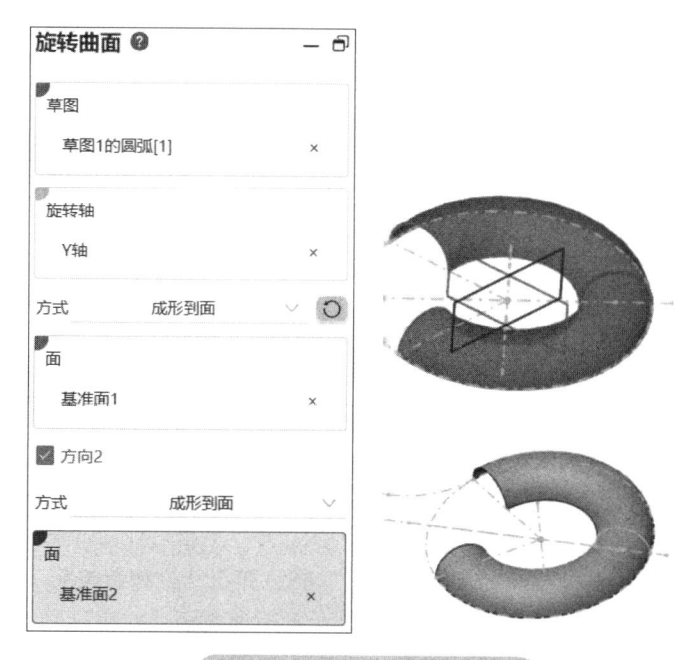

图 9-35 创建"旋转曲面 1"

步骤 6 在视口中单击"上视基准面",选定为草图绘制平面。单击"特征"工具栏中的"绘制草图",进入草图绘制状态。使用"草图"工具栏中的"中心圆" ⊙,绘制如图 9-36 所示的草图并添加尺寸约束,完成"草图 3"的绘制。单击"退出草图",退出草图绘制状态。

步骤 7 单击"特征"工具栏中的"分割线" ,弹出"分割线"命令面板。"待分割的面"选择"旋转曲面 1"的面,"分割工具"选择"草图 3",单击"确定"后完成曲面分割,如图 9-37 所示。

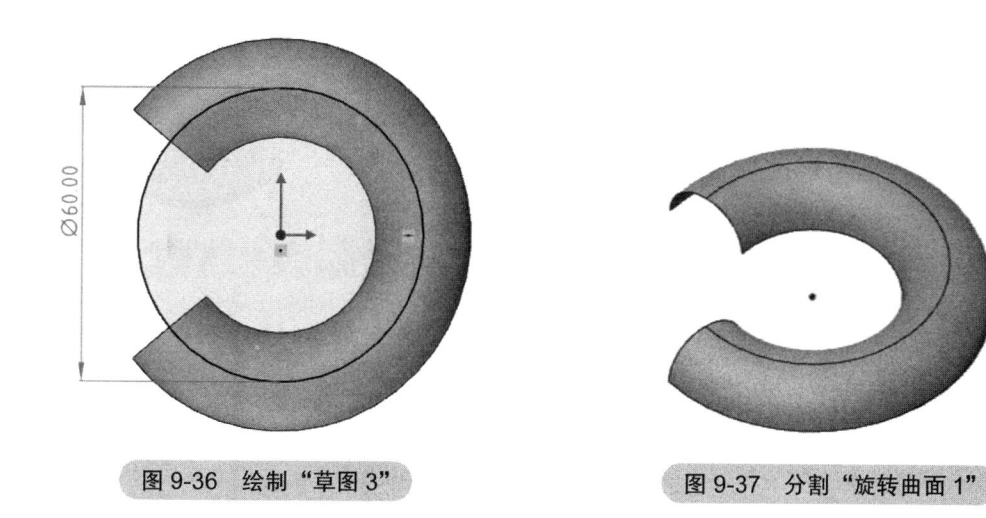

图 9-36 绘制"草图 3"

图 9-37 分割"旋转曲面 1"

步骤 8 单击"特征"工具栏中的"桥接曲线" ,弹出"桥接曲线"命令面板。选择元素及参数设置如图 9-38 所示,单击"确定",完成"桥接曲线 1"的创建。

步骤9 单击"特征"工具栏中的"桥接曲线" ，弹出"桥接曲线"命令面板。选择元素及参数设置如图9-39所示，单击"确定"，完成"桥接曲线2"的创建。

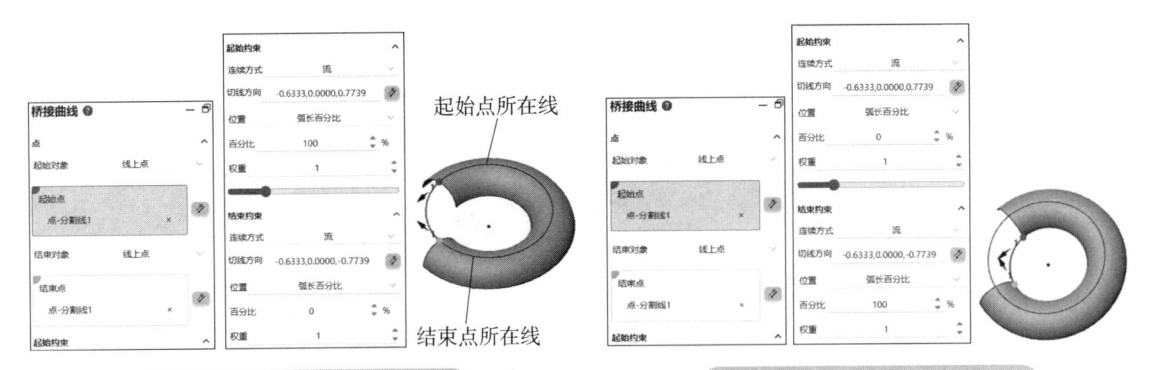

图 9-38 创建"桥接曲线 1"

图 9-39 创建"桥接曲线 2"

步骤10 单击"曲面"工具栏中的"旋转曲面" ，弹出"旋转曲面"命令面板。在"草图"拾取框中选择"草图2"，单击"旋转轴"拾取框，在图形中选择"X轴"，"方式"选择"给定角度"，"角度"设置为"180"，单击"确定"，生成"旋转曲面2"特征，如图9-40所示。

步骤11 在视口中单击"上视基准面"，选定为草图绘制平面。单击"特征"工具栏中的"绘制草图"，进入草图绘制状态。使用"草图"工具栏中的"直线" 、"添加约束" ，绘制如图9-41所示的草图，完成"草图4"的绘制。单击"退出草图"，退出草图绘制状态。

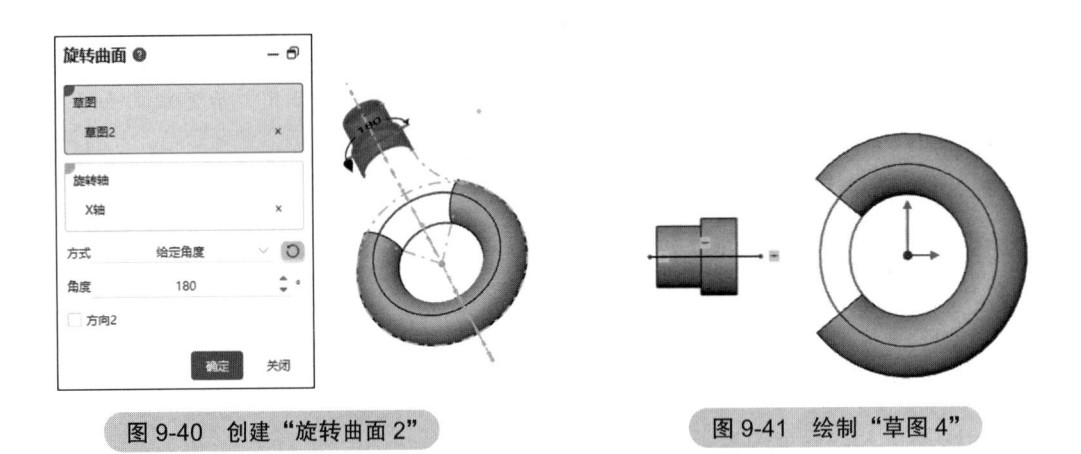

图 9-40 创建"旋转曲面 2"

图 9-41 绘制"草图 4"

步骤12 单击"特征"工具栏中的"分割线" ，弹出"分割线"命令面板。"待分割的面"选择"旋转曲面2"的面，"分割工具"选择"草图4"，单击"确定"，完成"旋转曲面2"的分割，如图9-42所示。

步骤13 单击"曲面"工具栏中的"旋转曲面" ，弹出"旋转曲面"命令面板。在"草图"拾取框中选择"草图5"，进入草图绘制状态，通过"转换边界"将曲面边线转换为草图轮廓。退出草图，返回"旋转曲面"命令面板。单击"旋转轴"拾取框，在图形中选择"Y轴"，"方式"选择"成形到面"并选择"基准面2"，单击"确定"，生成"旋转曲面3"特征，如图9-43所示。

第 9 章　曲面设计

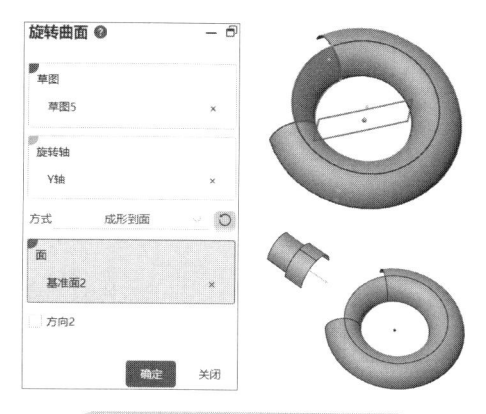

图 9-42　分割"旋转曲面 2"

图 9-43　创建"旋转曲面 3"

步骤 14　参考步骤 11、步骤 12，完成"旋转曲面 3"的分割，如图 9-44 所示。

步骤 15　在视口中单击"前视基准面"，选定为草图绘制平面。单击"特征"工具栏中的"绘制草图"，进入草图绘制状态。使用"草图"工具栏中的"直线"，绘制如图 9-45 所示的草图，完成"草图 7"的绘制。单击"退出草图"，退出草图绘制状态。

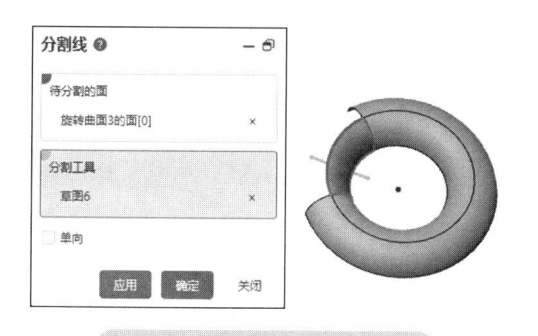

图 9-44　分割"旋转曲面 3"

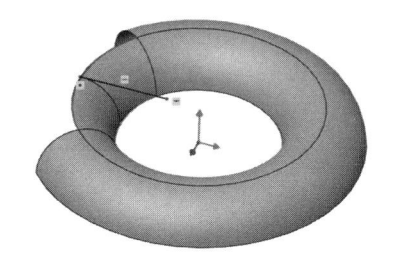

图 9-45　绘制"草图 7"

步骤 16　单击"特征"工具栏中的"桥接曲线"，弹出"桥接曲线"命令面板。选择元素及参数设置如图 9-46 所示，单击"确定"，完成"桥接曲线 3"的创建。

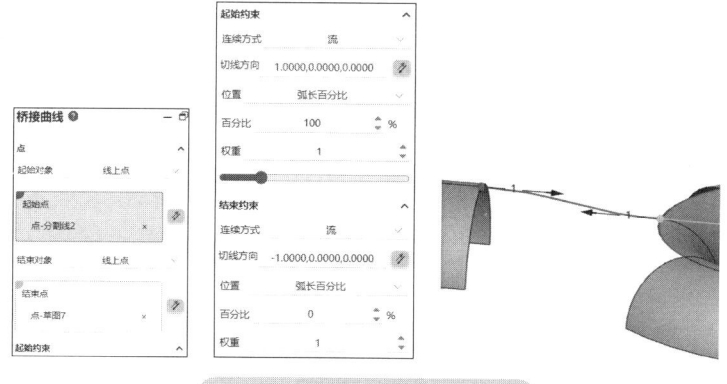

图 9-46　创建"桥接曲线 3"

203

步骤17 单击"特征"工具栏中的"桥接曲线"，弹出"桥接曲线"命令面板。选择元素及参数设置如图9-47所示，单击"确定"，完成"桥接曲线4"的创建。

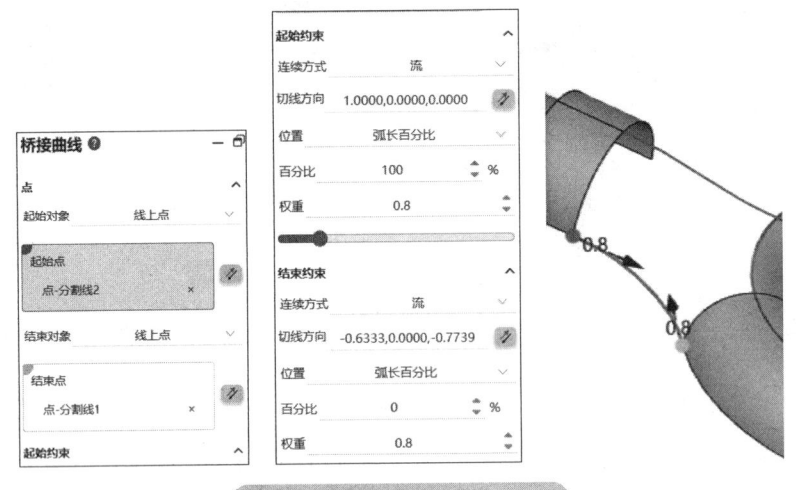

图 9-47 创建"桥接曲线 4"

步骤18 单击"曲面"工具栏中的"拉伸曲面"，弹出"拉伸曲面"命令面板。"轮廓"选择"桥接曲线4"，单击"方向"拾取框，在图形中选择"Y轴"，单击"确定"，生成"拉伸曲面1"特征，如图9-48所示。

步骤19 单击"曲面"工具栏中的"拉伸曲面"，弹出"拉伸曲面"命令面板。"轮廓"选择"桥接曲线3"，单击"方向"拾取框，在图形中选择"Z轴"，单击"确定"，生成"拉伸曲面2"特征，如图9-49所示。

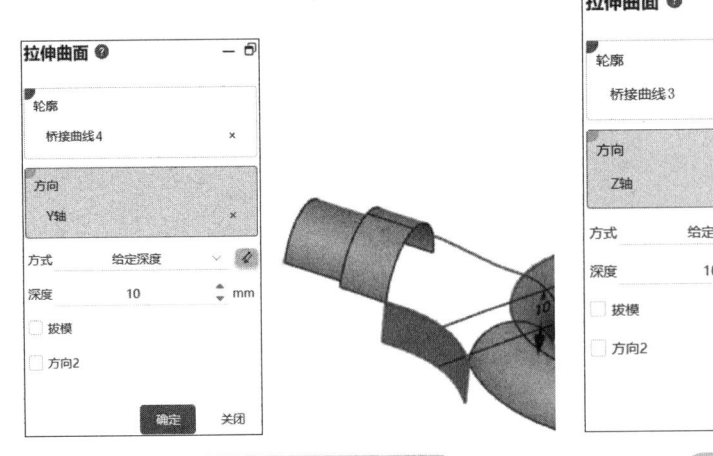

图 9-48 创建"拉伸曲面 1"　　　　图 9-49 创建"拉伸曲面 2"

步骤20 单击"曲面"工具栏中的"填充曲面"，弹出"填充曲面"命令面板。"边界"选择图9-50所示各面的边线，并将"曲率控制"切换为"相切"，单击"确定"，生成"填充曲面1"特征。

第 9 章 曲面设计

步骤 21 单击"曲面"工具栏中的"镜像"，弹出"镜像"命令面板。切换至"实体镜像"，"镜像面"选择"前视基准面"，"实体"选择"填充曲面 1"，单击"确定"，生成"镜像 1"特征，如图 9-51 所示。

图 9-50 创建"填充曲面 1"

图 9-51 创建"镜像 1"

步骤 22 单击"曲面"工具栏中的"镜像"，弹出"镜像"命令面板。切换至"实体镜像"，"镜像面"选择"上视基准面"，"实体"选择除"拉伸曲面 1"和"拉伸曲面 2"之外的全部曲面，单击"确定"，生成"镜像 2"特征，如图 9-52 所示。

步骤 23 单击"曲面"工具栏中的"缝合曲面"，弹出"缝合曲面"命令面板。"曲面"选择除"拉伸曲面 1"和"拉伸曲面 2"之外的全部曲面，单击"确定"，完成曲面的缝合，将曲面转换为实体，如图 9-53 所示。

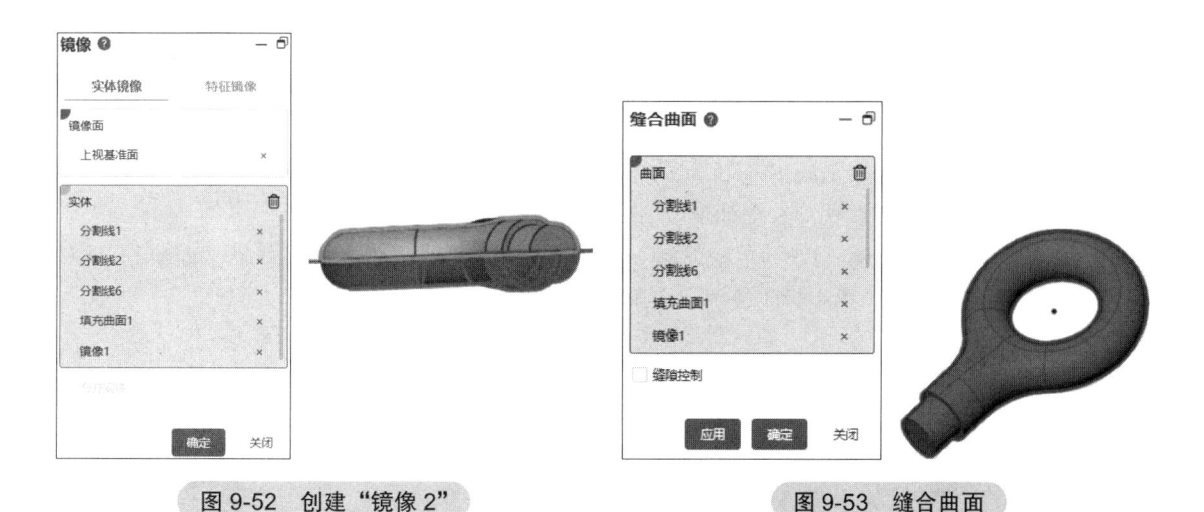

图 9-52 创建"镜像 2"

图 9-53 缝合曲面

第10章 钣金设计

10.1 钣金概述

钣金件由于其重量轻、强度高、大规模量产、性能好等特点，在各领域中的应用越来越广泛，例如计算机外机箱、电气柜外壳等都属于钣金件。钣金件的设计是产品开发过程中很重要的一环，CrownCAD 钣金模块覆盖钣金产品开发流程，包括基体创建、折弯、成型、展开与折叠等钣金设计工具。

- 创建钣金基体：钣金基体可直接通过"基体法兰"命令绘制草图轮廓后创建，或通过"转换为钣金"命令将已有的实体转换为具备钣金属性的零部件。
- 创建钣金折弯：折弯是钣金设计中的常用工艺之一，CrownCAD 提供边线法兰、草绘折弯、褶边、斜接法兰工具，可快速创建折弯。设计过程支持多种折弯参数的设置，如 K 因子、折弯系数表等。
- 创建冲压成型特征："冲压""成型"工具可快速创建钣金件中常见冲压特征，如百叶窗、筋、开口等特征。
- 钣金展开或折叠：可以基于选定的钣金平面，对全部或部分折弯进行展开或折叠。

10.2 法兰创建

10.2.1 基体法兰

基体法兰将绘制的草图转换为钣金实体。单击"钣金"工具栏中的"基体法兰"，弹出"基体法兰"命令面板，如图 10-1 所示。

"基体法兰"命令面板各选项含义如下：

- "选择草图或基准面绘制草图"拾取框：选择要生成基体法兰的草图或选择平面绘制草图轮廓。可以是单一开环轮廓、单一封闭轮廓和多重封闭轮廓，如图 10-2 所示。

图 10-1 "基体法兰"命令面板

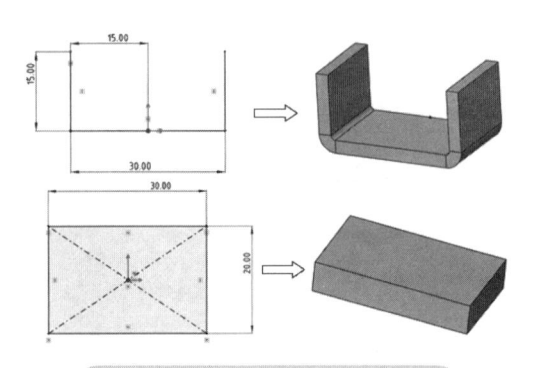

图 10-2 不同轮廓草图生成钣金

- "方式"选项：设置拉伸长度的方式，有"给定深度"和"两侧对称"两种方式。
- "长度"输入框：钣金从所选草图基准面拉伸出的距离。
- "厚度"输入框：设定钣金厚度。
- "半径"输入框：草图折弯处自动生成圆角的内侧半径。
- "折弯参数"选项组：设置该基体法兰对应钣金的默认折弯参数。
  ➢ "类型"选项：折弯参数类型，支持"K因子""折弯系数""折弯扣除"和"折弯系数表"。

"K因子"：钣金内层到中性层的距离与钣金厚度间的比例关系。

"折弯系数"：钣金折弯处展开后的长度，折弯展开后长度 = 折弯系数。

"折弯扣除"：折弯系数（折弯展开后长度）与双倍外部逆转（见图10-3）之间的差值，折弯展开后长度 = 2 × 外部逆转 − 折弯扣除。

"折弯系数表"：通过钣金厚度和折弯的半径、角度数值，在给定的表格中查找对应的折弯参数，并应用至折弯。

- "释放槽"选项组：设置该基体法兰对应钣金的释放槽默认样式和参数。

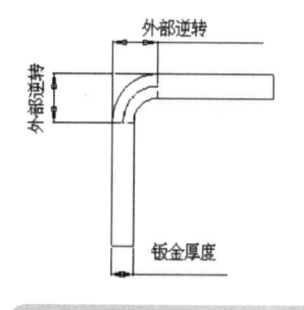

图10-3 "折弯扣除"示意图

10.2.2 边线法兰

在现有钣金的边线处生成新法兰。单击"钣金"工具栏中的"边线法兰"，弹出"边线法兰"命令面板，如图10-4所示。

"边线法兰"命令面板各选项含义如下：

- "选择边线"拾取框：选择一条或多条已有钣金的边线。选择同一法兰不同侧的边线，新法兰会在不同侧生成。
- "方式"选项：提供"法兰长度""外侧交点距离""内侧交点距离"和"切线距离"4种方式。
- "长度"输入框：按照"方式"中的设置，控制新法兰相应部分的长度。
- "缝隙"输入框：用于设置两法兰斜接处的缝隙。
- "角度"输入框：新法兰与边线所在的法兰之间的角度。
- "位置"选项：新法兰与已有法兰的相对位置，支持"材料内侧（内法兰）""材料外侧（外法兰）"和"折弯在外"三种类型。
- "自定义折弯半径"选项：可自定义折弯半径。
- "裁剪相邻折弯"选项：自动裁剪与新法兰侧面相接触的折弯。
- "偏移"选项：修改偏移值或拖动尺寸箭头可以改变新法兰宽度，如图10-5所示。
- "斜接"选项：修改角度值或拖动尺寸箭头可以改变新法兰侧面角度，如图10-6所示。

图10-4 "边线法兰"命令面板

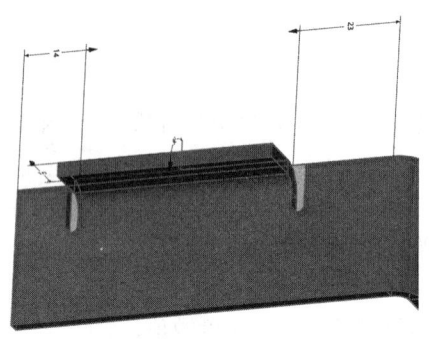

图 10-5 改变新法兰宽度

图 10-6 改变新法兰侧面角度

- "自定义折弯参数"选项：支持自定义折弯参数。
- "自定义释放槽"选项：设置释放槽尺寸，折弯处生成释放槽，如图 10-7 所示。

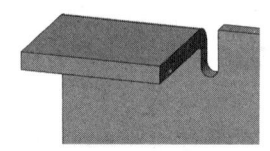

图 10-7 折弯处生成释放槽

10.2.3 斜接法兰

"斜接法兰"用于将一系列通过草图控制的法兰添加至现有钣金的一条或多条边线上，相邻法兰将自动进行裁剪/延伸以满足设置的缝隙值。单击"钣金"工具栏中的"斜接法兰"，弹出"斜接法兰"命令面板，如图 10-8 所示。

"斜接法兰"命令面板各选项含义如下：

- "选择草图或实体面绘制草图"拾取框：选择斜接法兰的草图轮廓。可以选择现有草图，或选择一个平面进入草绘。
    ➢ 草图由一条连续但不闭合的草图线构成，草图线的一个端点需要与所选边线端点重合。
- "边线"拾取框：选择要生成斜接法兰的边线，可多选。
- "缝隙"输入框：控制多选边线时法兰之间的缝隙值。
- "位置"选项：控制斜接法兰与现有法兰之间的位置，可选择"材料内侧"和"材料外侧"，如图 10-9 和图 10-10 所示。

图 10-8 "斜接法兰"命令面板

图 10-9　材料内侧　　　　　　　　　图 10-10　材料外侧

- "自定义折弯半径"选项：控制斜接法兰折弯处圆角内半径。
- "偏移"选项：可设置褶边两侧的偏移值，可以使斜接法兰宽度小于所选边线长度。
- "裁剪相邻折弯"选项：自动裁剪与新法兰侧面相接触的折弯。
- "自定义折弯参数"选项：支持自定义折弯参数。
- "自定义释放槽"选项：可设置释放槽尺寸，折弯处生成释放槽。

10.2.4　自定义折弯系数表

当折弯参数选择"折弯系数表"时，除支持直接在列表中选择已有折弯系数表外，还支持用户自定义折弯系数表。

1. 上传自定义折弯系数表

1）在"系统设置"→"系统选项"→"模板管理"→"折弯系数表"中单击"上传"，弹出上传折弯系数表命令面板，如图 10-11 所示。

2）在弹出的命令面板中单击"折弯系数表模板"下载模板，按照模板格式创建折弯系数表并填写内容，如图 10-12 所示。完成相关内容填写后，单击"导入"，完成上传。

图 10-11　"上传折弯系数表"命令面板

图 10-12　折弯系数表内容

- "单位"：设定当前折弯系数表中折弯系数的单位，可以是毫米、厘米、米等。

- "类型"：设定折弯系数表类型，包括"折弯系数""折弯扣除"和"K因子"。
- "厚度"：设定当前折弯系数表对应的钣金厚度。一个表格中可包含多个厚度的折弯系数表，每个折弯系数表的半径值需要保持一致。
- "角度"：设定钣金折弯角度（不同厚度的折弯系数表，角度可以不同）。
- "半径"：设定钣金折弯半径（不同厚度的折弯系数表，折弯半径必须相同）。

> 注意：一个表格中可包含多个厚度的折弯系数表，表格之间通过空白行隔开，间隔空白行不能超过10个。在角度、半径对应的单元格中填写相应的折弯系数。

2. 修改折弯系数表

在"系统设置"→"系统选项"→"模板管理"→"折弯系数表"中选择要修改的折弯系数表。单击"下载"，将表格下载至本地，并修改表格。重新上传表格，注意保持表格名称不变。系统将提示覆盖表格，单击"确定"即可完成修改。

> 注意：修改表格不影响已经生成的特征，如果需要将特征更新为最新表格，请再编辑特征并重新选择表格。

3. 管理折弯系数表

在"系统设置"→"系统选项"→"模板管理"→"折弯系数表"中可通过对折弯系数表进行"删除""重命名"等操作来管理折弯系数表。

10.3 折弯钣金体

10.3.1 褶边

"褶边"用于在钣金实体的边线上添加褶边特征。单击"钣金"工具栏中的"褶边"，弹出"褶边"命令面板，如图10-13所示。

"褶边"命令面板各选项含义如下：
- "选择边线"拾取框：选择钣金实体上要生成褶边的边线，褶边会在所选边线一侧生成。
- "位置"选项：选择褶边与边线的相对位置。
- "类型"选项：选择褶边的类型，如图10-14所示。

图10-13 "褶边"命令面板

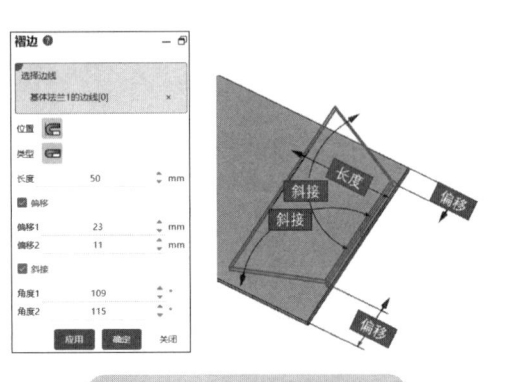

图10-14 选择褶边的类型

- "长度"输入框：用于设置褶边的长度。
- "偏移"选项：可设置褶边两侧的偏移值，可以使褶边宽度小于边线长度。
- "斜接"选项：可设置褶边两侧斜接角度，可以使褶边两侧与所选边线不垂直。

10.3.2 草绘折弯

将已有钣金在草图直线处进行折弯。单击"钣金"工具栏中的"草绘折弯"，弹出"草绘折弯"命令面板，如图 10-15 所示。

"草绘折弯"命令面板各选项含义如下：

- "选择草图或基准面绘制草图"拾取框：选择仅含有一条直线的草图或选择平面绘制草图轮廓。
- "实体面"拾取框：选择需要折弯的钣金实体的表面，不可选择侧面。
- "切换固定面"选项：折弯的一侧与固定不动的一侧互换。
- "位置"选项：折弯与所选草图线的相对位置，提供"材料在内""材料在外""折弯在外"和"折弯中心线"4 个选项。
- "角度"选项：折弯后两法兰面的相对角度，单击"反向"可切换折弯方向。
- "自定义折弯半径"选项：可自定义折弯半径。
- "自定义折弯参数"选项：可自定义折弯参数。

图 10-15 "草绘折弯"命令面板

> 注意：草图线应位于所选面上，且与所选面部分重合。

示例：拾取实体面上的草图，选择待折弯的实体面，创建草绘折弯，如图 10-16 所示。

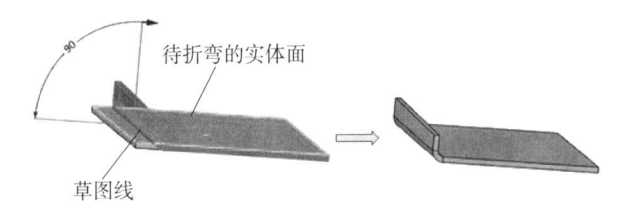

图 10-16 创建草绘折弯

10.3.3 展开与折叠

1. 展开

将现有钣金零件所选折弯处展开。单击"钣金"工具栏中的"展开"，弹出"展开"命令面板，如图 10-17 所示。

"展开"命令面板各选项含义如下：

- "固定面"拾取框：选择要展开的钣金上固定不动的面。
- "要展开的折弯"拾取框：选择要展开的折弯面。
- "收集所有折弯"选项：可自动选取固定面所在钣金的全部

图 10-17 "展开"命令面板

折弯。

> 注意："固定面"和"要展开的折弯"可以选择上、下表面，不可选择侧面。

示例：选择固定面及要展开的折弯，创建钣金的展开，效果如图10-18所示。

2. 折叠

将展开的折弯折叠。单击"钣金"工具栏中的"折叠" ，弹出"折叠"命令面板，如图10-19所示。

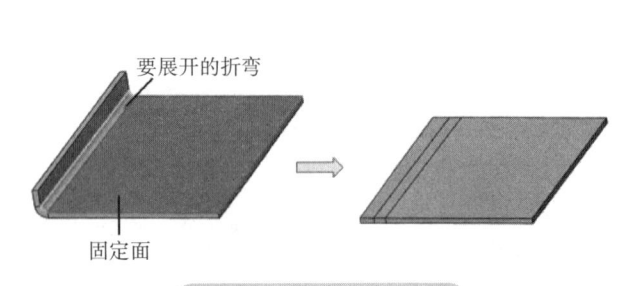

图10-18 钣金展开效果

图10-19 "折叠"命令面板

"折叠"命令面板各选项含义如下：
- "固定面"拾取框：选择要折叠的钣金上固定不动的面。
- "要折叠的折弯"拾取框：选择要折叠的折弯面。
- "收集所有折弯"选项：可自动选取固定面所在钣金的全部已展开的折弯。

> 注意："固定面"和"要折叠的折弯"可以选择上、下表面，不可选择侧面。

示例：选择固定面及要折叠的折弯，创建钣金的折叠，效果如图10-20所示。

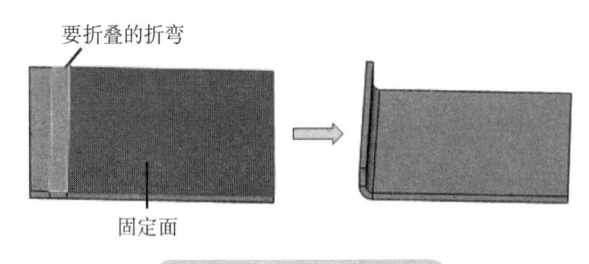

图10-20 钣金折叠效果

10.4 钣金成型工具

10.4.1 转换为钣金

将实体转换为钣金零件。单击"钣金"工具栏中的"转换为钣金" ，弹出"转换为钣金"命令面板，如图10-21所示。

"转换为钣金"命令面板各选项含义如下：
- "固定面"拾取框：选择实体面作为固定面，不能选择基体法兰或已转换为钣金的面。
- "厚度"输入框：输入钣金厚度值，单击"反向" 可以向实体外加厚。
- "折弯边线"拾取框：选择要折弯的边线。
- "折弯半径"选项组：可自定义折弯半径。
- "切口草图"拾取框：通过直线草图将整个面沿所选草图线分开。

图 10-21 "转换为钣金"命令面板

> **技巧：**
> 可以选择多个直线草图，每个草图为一个切口。

- "边角"选项：设置相邻折弯间的对接方式，支持"明对接"。
- "缝隙"输入框：切口处相邻两钣金的缝隙最小值。
- "折弯参数"选项组：可自定义折弯参数，包括"K因子""折弯系数""折弯扣除"和"折弯系数表"。
- "释放槽"选项组：可自定义释放槽类型及尺寸参数。

示例：选择固定面及折弯边线，拾取切口草图，将实体转换为钣金，效果如图 10-22 所示。

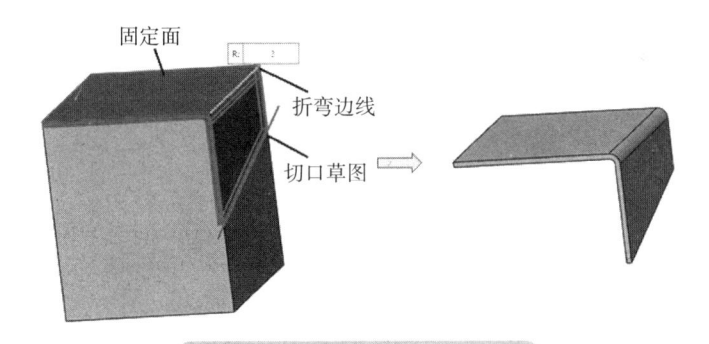

图 10-22 实体转换为钣金效果

10.4.2 冲压

在钣金上生成与所选实体外形相同的冲压特征。单击"钣金"工具栏中的"冲压" ，弹出"冲压"命令面板，如图 10-23 所示。

1. 冲压实体

"冲压实体"界面各选项含义如下：
- "选择实体"拾取框：选择单个非钣金实体，实体需要与钣金相交。
- "选择钣金"拾取框：在视口中单击要生成冲压特征的钣金表面，生成冲压特征预览，如图 10-24 所示。

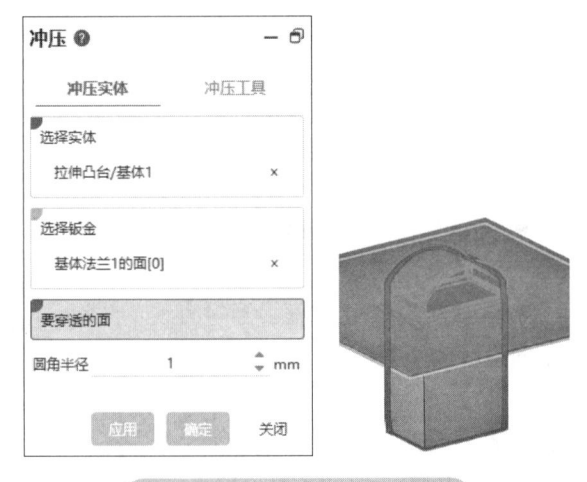

图 10-23 "冲压"命令面板

图 10-24 生成冲压特征预览

- "要穿透的面"拾取框选择实体上的面,该面在生成冲压特征后会被打穿,如图 10-25 所示。

图 10-25 生成冲压特征后被打穿

- "圆角半径"输入框:设置冲压特征与钣金基体处的内侧圆角半径。

> 注意:钣金要选择冲压方向的面,且不可选择钣金侧面。

2. 冲压工具

"冲压工具"界面各选项含义如下:
- "请选择冲压工具"拾取框:指定冲压工具。
- "选择冲压面"拾取框:指定冲压起始面。冲压工具停止面与冲压面重合,冲压区域位于厚度方向一侧。

- "旋转角度"输入框：指定冲压工具绕基准点的旋转角度。
- "反转工具"选项：反转冲压方向。
- "基准点"选项：进入草图模式，约束冲压位置。

10.4.3 成型

在钣金上生成百叶窗、开口、筋等成型特征。单击"钣金"工具栏中的"成型"，弹出"成型"命令面板，如图10-26所示。

"成型"命令面板各选项含义如下：

（1）百叶窗 弹出命令面板后，默认方式为"百叶窗"。

- "选择边线/草图"拾取框：选择一条直线控制成型特征的位置和长度。
- "百叶窗类型"选项：可以选择"冲裁"和"成型"两种类型，效果见表10-1。

图10-26 "成型"命令面板

表10-1 百叶窗不同类型效果

类型	冲裁	成型
效果		

- "深度"输入框：设置百叶窗的深度，单击"反向"可以反向。
- "宽度"输入框：设置百叶窗的宽度，单击"反向"可以反向。
- "折弯"输入框：设置成型特征与钣金基体相连处的折弯内半径。

（2）开口 在命令面板"方式"中单击"开口"，如图10-27所示。

- "选择边线/草图"拾取框：选择一个封闭轮廓控制成型特征的位置和尺寸，如图10-28所示。

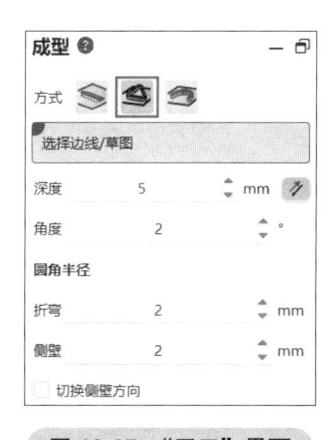

图10-27 "开口"界面

图10-28 选择一个封闭轮廓

- "深度"输入框：设置开口的深度，单击"反向" 可以反向。
- "角度"输入框：设置成型特征与钣金基体间的角度。
- "折弯"输入框：设置成型特征与钣金基体相连处的折弯内半径。
- "侧壁"输入框：设置成型特征侧壁拐角的折弯内半径。
- "切换侧壁方向"选项：切换开口侧壁与草图轮廓的内外侧位置，默认侧壁在草图轮廓外侧。

（3）筋　在命令面板"方式"中单击"筋" ，如图 10-29 所示。
- "选择路径"拾取框：选择连续且光滑的草图线作为路径，可多选，如图 10-30 所示。

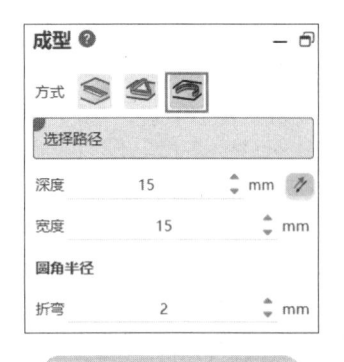

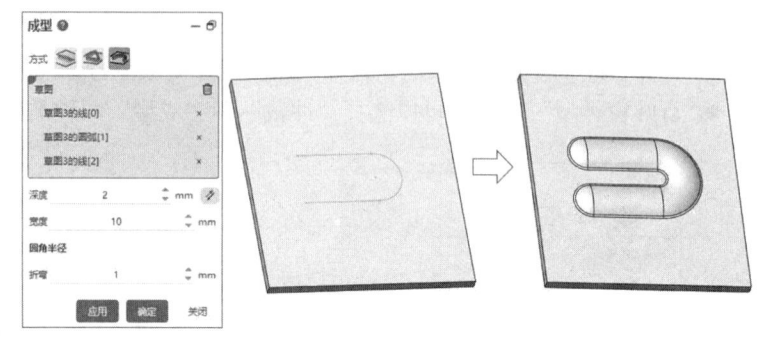

图 10-29　"筋"界面

图 10-30　选择草图线作为路径

- "深度"输入框：设置筋的深度，单击"反向" 可以反向，深度小于等于宽度的二分之一。
- "宽度"输入框：设置筋的宽度。
- "折弯"输入框：设置成型特征与钣金基体相连处的折弯内半径。

10.4.4　切口

"切口"用于在钣金或抽壳实体上生成缝隙状切口特征。单击"钣金"工具栏中的"切口" ，弹出"切口"命令面板，如图 10-31 所示。

"切口"命令面板各选项含义如下：
- "选择草图/边线"拾取框：选择要生成切口的草图/边线，草图/边线应该是一条直线。
  - 选择草图时，草图应位于要生成切口的实体面上。
  - 选择边线时，边线应该是抽壳类实体的侧边线。
- "缝隙"输入框：设置切口的缝隙宽度。
- "切口方向"选项：选择切口与所选草图/边线的相对关系，效果见表 10-2。

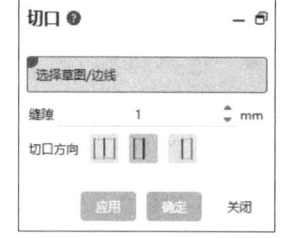

图 10-31　"切口"命令面板

表 10-2　不同切口方向效果

类型	对称	一个方向	另一个方向
效果			

10.4.5 闭合角

两折弯边绘制完成后，对相邻折弯边的开放区域进行闭合或修改两折弯边的对接方式。单击"钣金"工具栏中的"闭合角"，弹出"闭合角"命令面板，如图 10-32 所示。

"闭合角"命令面板各选项含义如下：

- "选择要延伸的面"和"选择要匹配的面"拾取框：钣金边角两侧边线法兰相对的侧面。
  - ▶ 支持单次选择多对厚度方向的实体面。要延伸的面与要匹配的面数量必须相同，按照排列顺序相互对应。
  - ▶ 一对要延伸的面与要匹配的面必须分别选取于折弯1与折弯2。
  - ▶ 要延伸的面与要匹配的面中可以同时包含折弯1与折弯2中的面。

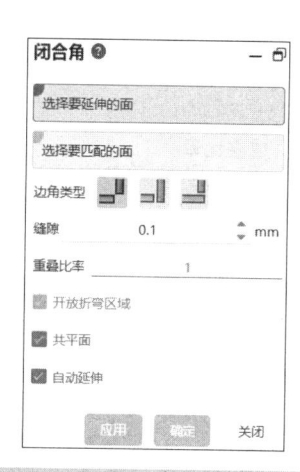

图 10-32 "闭合角"命令面板

- "边角类型"选项：支持"明对接""重叠"和"欠重叠"三种类型，见表 10-3。

表 10-3 边角类型说明及示意图

类型	说明	示意图
明对接	要延伸的面与要匹配的面内侧边线对齐，通过"缝隙"控制两边线距离	
重叠	要延伸的面向外延伸，与要匹配的面外侧重合	
欠重叠	要匹配的面向外延伸，与要延伸的面外侧重合	

- "缝隙"输入框：两折弯边之间的最小距离。
  - ▶ "边角类型"为"明对接"时，"缝隙"为两边线间距离，如图 10-33 所示。
  - ▶ "边角类型"为"重叠"与"欠重叠"时，"缝隙"为两平面间距离，如图 10-34 所示。

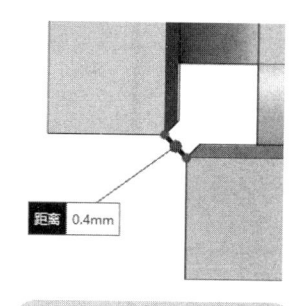

图 10-33 明对接缝隙

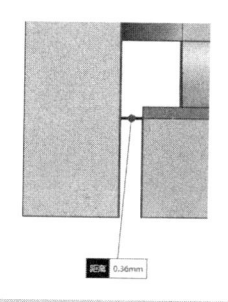

图 10-34 重叠与欠重叠缝隙

- "重叠比率"输入框：折弯边侧面超出另一折弯边内侧平面距离占板厚的比例，见表10-4。

表10-4 重叠比率示意图

重叠比率	0	0.5	1
示意图			

- "开放折弯区域"选项：对折弯处缝隙进行控制；勾选时，折弯处的缝隙不做处理，开放状态被保留。
- "共平面"选项：与所选平面共平面的所有面对齐到闭合角，见表10-5。

表10-5 共平面示意图

共平面	不勾选	勾选
示意图		

- "自动延伸"选项：根据选中的要拉伸的面自动选择要匹配的面并显示在要匹配的面上。

技巧：
两边线法兰均由边角两侧边线创建时，选择其中一个边线法兰的钣金面，要匹配的面自动选择另一边线法兰的钣金面。其他情况下"自动延伸"不触发。

10.4.6 成形工具

CrownCAD 支持设计者根据实际设计需要创建新的成形工具，并存储到成形工具库中，以备设计时运用，创建新的成形工具和创建其他实体零件的方法一致。在视口中存在实体的前提下，单击"钣金"工具栏中的"成形工具" ，弹出"成形工具"命令面板，如图10-35所示。

"成形工具"命令面板各选项含义如下：
- "停止面"拾取框：冲压区域的截止面，仅支持选择实体平面。
- "移除面"拾取框：需要冲压的面，支持选择任意面或不选。

图10-35 "成形工具"命令面板

- "基准点"选项：指定插入点的位置，须进入草图绘制模式绘制点。

示例：创建实际设计所需的成形工具对应的实体，选择停止面、移除面和基准点，单击"确定"。停止面选择后显示为蓝色，移除面显示为红色，冲压面显示为黄色，如图10-36所示。

（1）成形工具入库操作方法　在"知识库"中单击"入库"，弹出"添加到知识库"命令面板，如图10-37所示，"文件类型"选择"成形工具"（仅可以在钣金功能下调用）。单击左侧文档名称，选择需要录入的文档或草图，单击"确定"，添加到成形工具知识库。

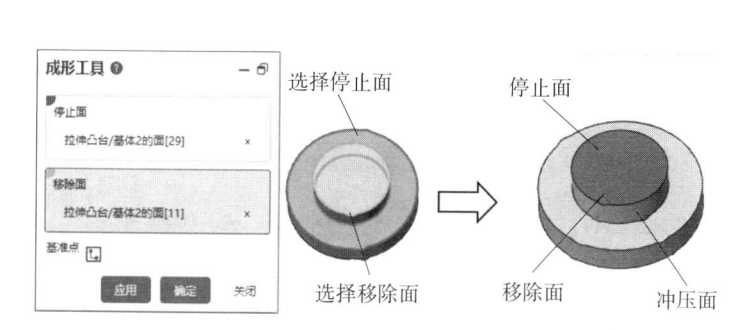

图10-36　创建成形工具

图10-37　"添加到知识库"命令面板

> **注意：** 在一个文档中成形工具特征只能创建一次。当前文档包含多个实体时，无法执行"成形工具"命令，且成形工具必须是当前文档的最后一个特征。

（2）成形工具的调用　在钣金模块下，成形工具的调用方式有两种。
- 方式1：在"钣金"工具栏中单击"冲压"，弹出"冲压"命令面板，在命令面板中选择"冲压工具"，单击"成形工具"库，选择冲压工具，确定需要冲压的面，完成调用。
- 方式2：双击右侧"知识库"，打开"成形工具"库，将选择冲压的工具拖拽到需要冲压的钣金面上，自动弹出"冲压"→"冲压工具"命令面板。

10.5　钣金出图

钣金出图的主要目的是为生产提供清晰、准确的制造指导。其中包括零件的三维模型、尺寸标注、材料规格等信息。此外，根据实际需要，还包含零件的展开图、折弯系数表等信息。

展开图，即将钣金零件的立体结构展开成平面图形的表示方法。通过展开图，便于确定材料的切割和加工路径，从而确保零件制造（如激光切割、数控冲床等）的正确性和精度。

1. 创建展开图

- 钣金件创建工程图文档后，单击"视图布局"中的"模型视图"，在弹出的命令面板中勾选"平板型式"，即可创建钣金件展开图，如图10-38所示。

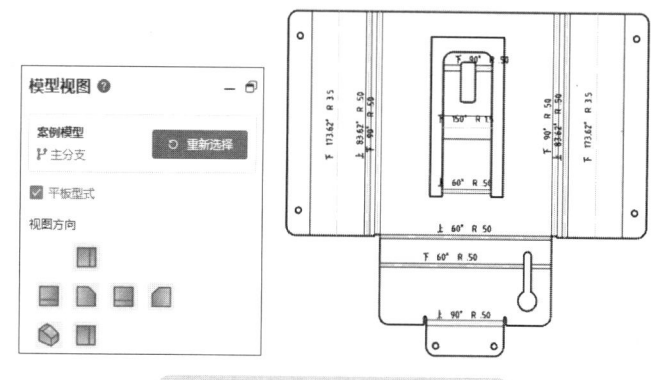

图10-38　创建钣金件展开图1

● 在视口右侧的"视图调色板"中可直接显示钣金件平板型式视图,在"平板型式"视图上长按鼠标左键并拖动至视口后放置,即可创建钣金件展开图,如图 10-39 所示。

2. 设置平板型式视图参数

创建钣金件平板型式视图时,其相关参数如图 10-40 所示。

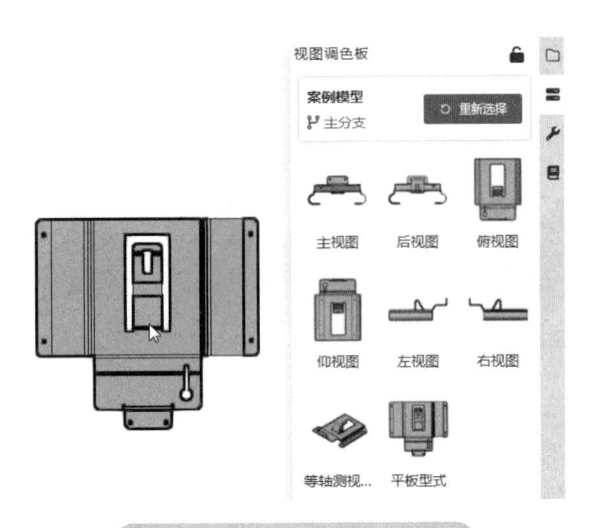

图 10-39　创建钣金件展开图 2

图 10-40　钣金件平板型式视图相关参数

● "正视于钣金固定面"选项:视图方向正视于展平的钣金,可以选择其他预设的视图方向或创建自定义方向。

● "折弯线"选项:在视图中显示钣金折弯线。

● "折弯注释"选项:在视图中的钣金折弯线上显示该折弯的注释。

● "折弯注释"输入框:控制折弯注释的显示内容。

● 参数图标:用于在输入框中快速插入预设折弯参数,具体说明见表 10-6。

表 10-6　参数图标说明

图标	参数	说明	关键词
	折弯方向	相对当前视角的折弯方向	<bend-direction>
	折弯角	折弯角度	<bend-angle>
	补充角	折弯角的补角	<bend-complementary-angle>
	折弯半径	折弯半径	<bend-radius>
	折弯顺序	折弯顺序	<bend-order>
	折弯系数	折弯系数	<bend-allowance>

● "旋转角度"输入框:使钣金旋转给定的角度。

● "反转方向"选项:反转钣金投影的方向。

3. 创建折弯系数表

钣金出图时,通过"折弯系数表"命令可生成如图 10-41 所示的钣金折弯系数表。

第 10 章　钣金设计

在工程图环境下，单击"注解"工具栏"总表"下拉框中的"折弯系数表"，弹出"折弯系数表"命令面板，如图 10-42 所示。

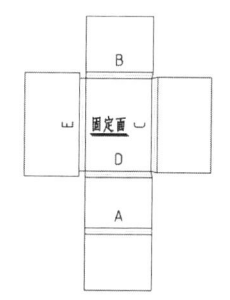

图 10-41　生成钣金折弯系数表

图 10-42　"折弯系数表"命令面板

在命令面板中设置折弯系数表的参数。在视口中单击平板型式视图，鼠标指针处出现预览，单击鼠标左键，折弯系数表在鼠标指针处生成。

注意：只能通过平板型式视图创建折弯系数表，每个视图最多同时生成一个折弯系数表。

10.6　综合实例

下面应用本章讲解的知识完成机箱盖的建模，最终效果如图 10-43 所示。

步骤 1　在视口中单击"前视基准面"，选定为草图绘制平面。单击"特征"工具栏中的"绘制草图"，进入草图绘制状态。使用"草图"工具栏中的"中心点矩形"、"尺寸约束"、"添加约束"，绘制如图 10-44 所示的草图并标注尺寸，完成"草图 1"的绘制。单击"退出草图"，退出草图绘制状态。

图 10-43　机箱盖

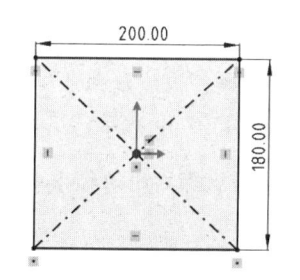

图 10-44　绘制"草图 1"

步骤 2　单击"钣金"工具栏中的"基体法兰"，弹出"基体法兰"命令面板，在"草图"拾取框中选择"草图 1"，"厚度"设置为"3"，单击"确定"生成"基体法兰 1"特征，如图 10-45 所示。

步骤 3　单击"钣金"工具栏中的"边线法兰"，弹出"边线法兰"命令面板，在"选择边线"拾取框中选择"基体法兰 1"中的一条边线，"长度"设置为"20"，其余参数设置如图 10-46 所示，单击"确定"，生成"边线法兰 1"特征。

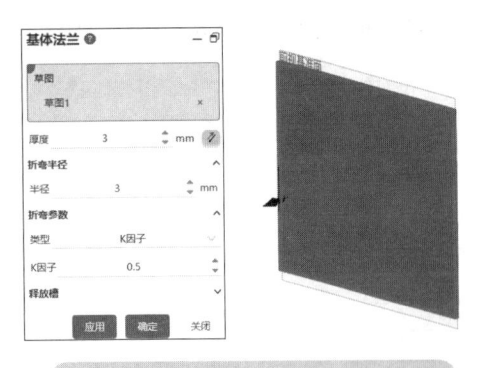

图 10-45 创建"基体法兰 1"特征

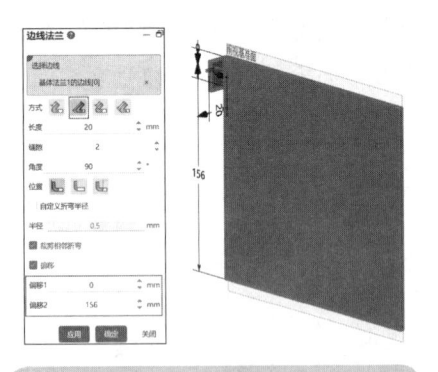

图 10-46 创建"边线法兰 1"特征

步骤 4 单击"钣金"工具栏中的"边线法兰"，弹出"边线法兰"命令面板，在"选择边线"拾取框中选择"边线法兰 1"的边线，"长度"设置为"20"，其余参数设置如图 10-47 所示，单击"确定"，生成"边线法兰 2"特征。

步骤 5 按照步骤 3 和步骤 4 的操作方式，完成对称侧边线法兰的创建，如图 10-48 所示。

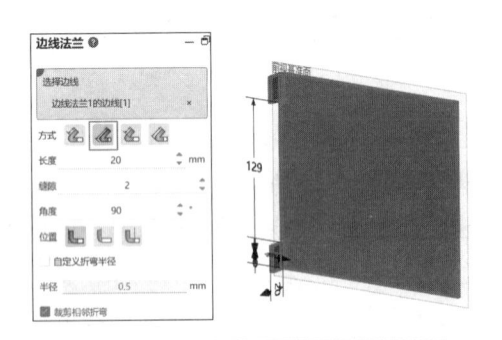

图 10-47 创建"边线法兰 2"特征

图 10-48 创建对称侧边线法兰 1

步骤 6 单击"钣金"工具栏中的"边线法兰"，弹出"边线法兰"命令面板，在"选择边线"拾取框中选择"边线法兰 1"和"边线法兰 2"创建的法兰内侧边线，"长度"设置为"12"，其余参数设置如图 10-49 所示，单击"确定"，生成"边线法兰 5"特征。

步骤 7 按照步骤 6 的操作方式，完成对称侧边线法兰的创建，如图 10-50 所示。

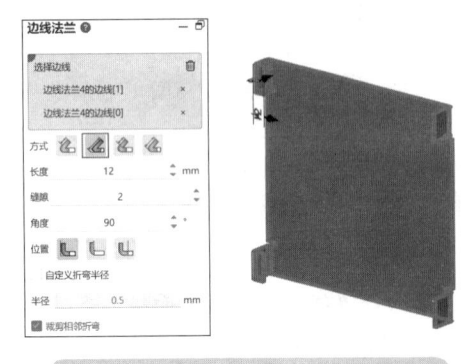

图 10-49 创建"边线法兰 5"特征

图 10-50 创建对称侧边线法兰 2

步骤8 以图10-51所示的平面为草图基准平面，绘制"草图2"。

步骤9 单击"特征"工具栏中的"拉伸切除"，弹出"拉伸切除"命令面板，在"草图"拾取框中选择"草图2"，"方式"选择"两侧对称"，设置"深度"为"12"，单击"确定"，生成"拉伸切除1"特征。

步骤10 以"前视基准面"为草图基准平面，绘制"草图3"，如图10-52所示。

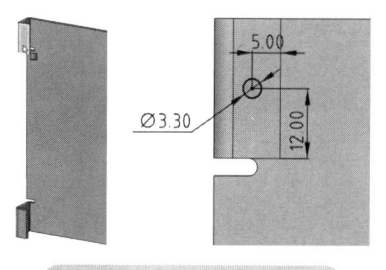

图10-51 绘制"草图2"

步骤11 单击"特征"工具栏中的"拉伸切除"，弹出"拉伸切除"命令面板，在"草图"拾取框中选择如图10-53所示的"草图3"中的圆，"方式"选择"两侧对称"，设置"深度"为"10"，单击"确定"，生成"拉伸切除2"特征。

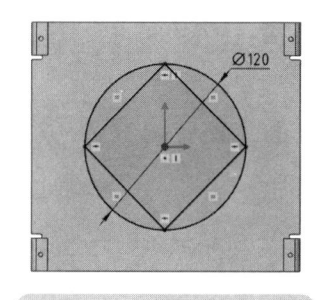

图10-52 绘制"草图3"

图10-53 创建"拉伸切除2"特征

步骤12 单击"特征"工具栏中的"拉伸凸台/基体"，弹出"拉伸凸台/基体"命令面板，拾取"草图3"中的方形轮廓为拉伸草图，"方式"选择"给定深度"，设置"深度"为"3"，勾选"薄壁特征"，"加厚方向"为"两侧对称"，设置"厚度1"为"2"，单击"确定"，生成"拉伸薄壁1"特征，如图10-54所示。

步骤13 使用同样操作方式，完成"拉伸薄壁2"特征的创建，如图10-55所示。

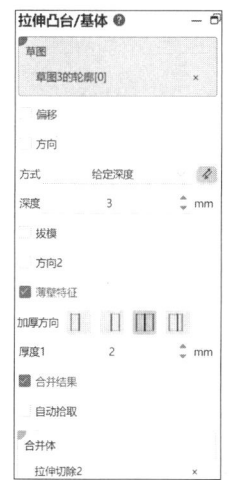

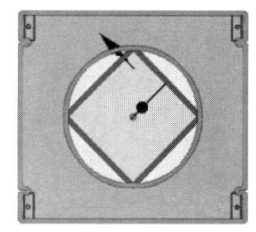

图10-54 创建"拉伸薄壁1"特征

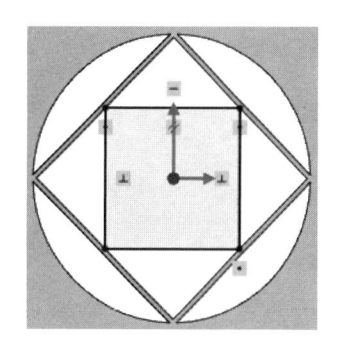

图10-55 创建"拉伸薄壁2"特征

步骤 14 使用同样操作方式，完成其余部分加强肋特征的创建，如图 10-56 所示。

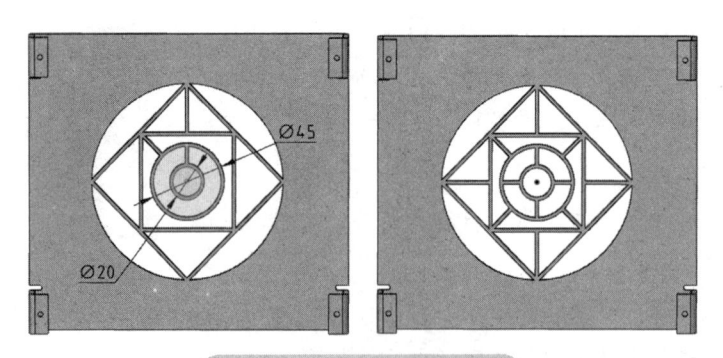

图 10-56 创建加强肋特征

步骤 15 单击"特征"工具栏中的"圆角"，弹出"圆角"命令面板，选择如图 10-57 所示的边线，设置"半径"为"2"，单击"确定"，完成圆角的创建。

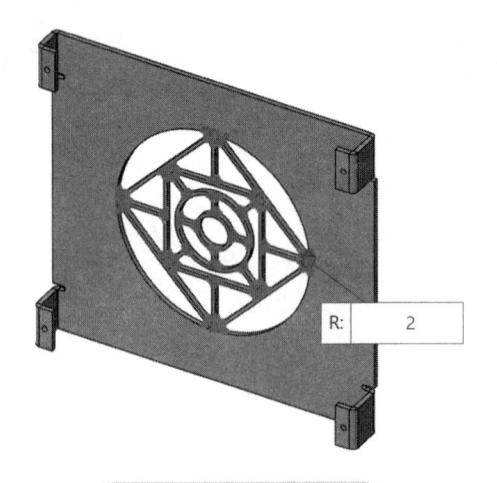

图 10-57 创建"圆角"

第 11 章 焊件设计

11.1 焊件概述

焊件模块是一种针对焊件模型设计的专业工具,旨在帮助工程师和设计师在三维建模环境中高效、准确地创建和管理焊接结构。焊件模块能够极大地简化焊件的设计流程。设计师只需绘制出焊件的轮廓草图,并选择适当的型材,即可快速生成完整的焊件模型,无须像传统方法那样逐一构建零件再进行装配。

CrownCAD 焊件模块可通过定义的框架快速生成焊件实体,并且支持角撑板等焊接附件实体的创建,最终可生成包含焊缝标注及焊件切割清单的工程图,便于指导集中下料与制造。

焊件设计的一般步骤包括:绘制 2D/3D 结构构件路径→选择结构构件→边角处理→添加附件(角撑板、顶端盖)→查看/调整焊件属性→生成焊件工程图。

11.2 创建结构构件

11.2.1 结构构件

单击"焊件"工具栏中的"结构构件",弹出"结构构件"命令面板,如图 11-1 所示。

图 11-1 "结构构件"命令面板

"结构构件"命令面板各选项含义如下:
(1)"结构轮廓"选项组 用于选择焊件轮廓。
● "标准"选项:在下拉框中选择焊件轮廓的标准。

- "类型"选项：在下拉框中选择所选标准中包含的轮廓类型。
- "大小"选项：在下拉框中选择所选轮廓类型的具体规格。

（2）"分组"选项组　用于创建和选择路径分组。
- 命令启动时自动创建"分组1"，单击"新建分组"可创建新分组，依次命名为"分组2""分组3"……
- 单击已选中的分组，被选中的分组高亮显示。

（3）"路径"拾取框　显示拾取的属于当前分组的路径。
- 在视口中单击草图非参考线拾取线段，不是拾取整个草图。
- 构件路径选择要求见表11-1。

（4）"路径设置"选项组　对焊件边角、焊缝等进行设置。各设置项仅对当前组生效，应分组保存各项的值。
- "应用边角处理"选项：设置构件连接处的边角样式。
  ➢ 单击"对接1"或"对接2"，出现两排按钮，如图11-2所示，边角样式支持"斜接""对接1""对接2""简单切除"和"封顶切除"5种类型。

表11-1　构件路径选择要求

类型	要求
组内路径	可以选择直线、圆弧，不可以选择样条曲线
	路径中端点最多连接两条线
	路径不可自相交
	可同时选择多个草图中的线
	支持拾取平行路径或相连路径
不同组路径	可以不相连，可以相交
	相交时，前一组的构件裁剪后一组的构件
	不可以重合

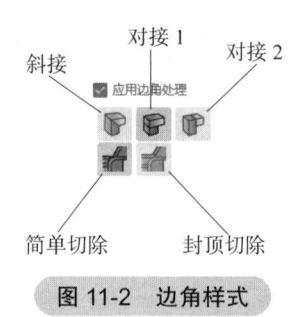

图11-2　边角样式

> 注意：
> 1）"斜接""对接1"和"对接2"皆为主要选项，必须选择任意一项。
> 2）"简单切除"和"封顶切除"为"对接1"和"对接2"的子选项，选择"斜接"类型时不显示，选择"对接1"或"对接2"类型时必须选择其中一项。

➢ 默认勾选"应用边角处理"，并选择"斜接"方式。各方式效果见表11-2。

表11-2　边角处理各方式效果

选项	图例	选项	图例
不勾选		勾选；对接1、简单切除	
勾选；斜接		勾选；对接1、封顶切除	

(续)

选项	图例	选项	图例
勾选；对接2、简单切除		勾选；对接2、封顶切除	

- "组内焊缝"输入框：设置如图11-3所示的当前组内构件之间的缝隙值。
- "组间焊缝"输入框：设置当前组与其他组构件之间的缝隙值。

（5）"轮廓设置"选项组　对轮廓角度、对齐元素、穿透点等进行设置。
- "镜像轮廓"选项：设置轮廓镜像。 为X轴镜像， 为Y轴镜像，其效果见表11-3。

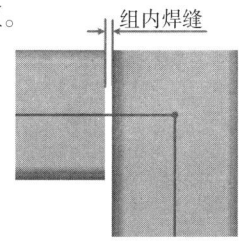

图11-3　组内焊缝

表11-3　镜像效果

选项	不镜像	X轴镜像	Y轴镜像
图例			

- "轮廓角度"输入框：设置轮廓旋转角度。
- "对齐元素"拾取框：选择对齐元素，轮廓自动旋转并与所选元素对齐。
  ➢ 在视口中选择方向元素使轮廓草图的X轴与所选元素在草图平面的投影方向对齐。
  ➢ 单击"对齐元素"后的"切换" ，切换为所选元素与Y轴对齐且按钮高亮显示；再次单击切换回与X轴对齐并取消按钮高亮显示。
  ➢ 只能拾取轮廓草图之外的元素，不能拾取轮廓草图本身的元素。
  ➢ 不拾取对齐元素时，草图X轴默认与绝对坐标系X轴在草图平面上的投影对齐。绝对坐标系X轴在草图平面上无投影方向时，则与绝对坐标系Y轴对齐，对齐效果见表11-4。

表11-4　对齐效果

情形	未选择对齐元素	对齐X轴	对齐Y轴
图例			

  ➢ 选择对齐元素后仍可设置旋转角度，以对齐后的方向为初始方向顺时针旋转设置的角度。
- "穿透点"拾取框：自定义路径与轮廓的穿透点。
  ➢ 在轮廓草图上拾取一个点作为穿透点，可选绘制点及草图参考和非参考线端点、中点。
  ➢ 只能拾取轮廓草图中的元素作为穿透点，不能拾取外部元素。
  ➢ 不设置该项时，默认穿透点为轮廓草图原点。

➢ 单击"找出轮廓" ，视口中自适应显示轮廓草图。此按钮为辅助作用，方便用户找到轮廓草图以拾取穿透点。

（6）模型预览　模型根据所选轮廓、路径和设置即时更新。当前选中分组的构件高亮显示，与其他分组的构件区分开来，如图 11-4 所示。

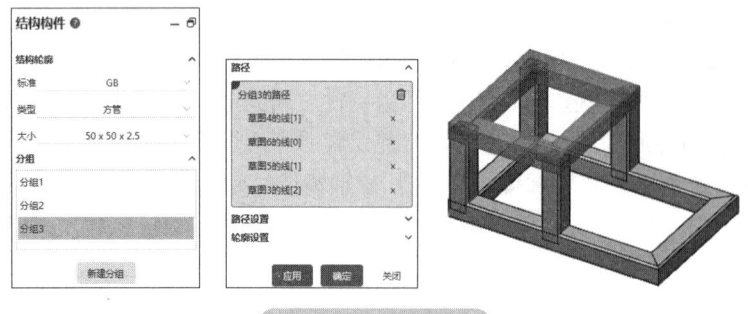

图 11-4　模型预览

11.2.2　自定义焊件轮廓

用户可自行绘制草图并保存为焊件结构轮廓，以供生成焊件结构构件时调用。

1. 自定义轮廓

用户可以在任意平面上绘制 2D 草图并保存为结构轮廓。

● 草图中必须包含一个由非参考线组成的封闭草图区域，但不可存在多个草图区域。具体支持草图轮廓见表 11-5。

表 11-5　支持草图轮廓示意

草图样式	单个封闭区域	单个封闭区域带内部轮廓	多个封闭区域	不封闭区域
图例				
是否支持	是	是	否	否

● 草图中可包含辅助参考线、绘制点。

● 草图原点将默认作为构件中与路径重合的穿透点。

2. 保存轮廓

（1）另存为焊件轮廓　单击"保存" 右侧下拉框，选择"另存为焊件轮廓"，弹出"另存为焊件轮廓"命令面板，如图 11-5 所示。

保存前应在特征面板中选中要保存的草图。若文档中仅有一个草图，则无须进行选择，系统自动保存仅有的草图。支持"普通保存"和"批量保存"两种保存方式。

● "普通保存"：保存单个大小的轮廓，轮廓草图的尺寸为当前零件中草图的尺寸。

● "批量保存"：上传符合规则的表格，批量生成多个不同大小的轮廓。每个轮廓的尺寸由表格中的变量和草图

图 11-5　"另存为焊件轮廓"命令面板

中对应的尺寸变量控制。表格格式如图 11-6 所示。

➤ 第一行为表头，从第二行开始每一行代表一个规格。

➤ 第一列表头名为"大小"，内容为各轮廓的大小名称。

➤ 表头、轮廓大小名称、要控制的变量名称、各轮廓大小的变量数值中不允许存在空白单元格。

➤ 要控制的变量名称必须与草图中创建的变量名称对应才能正确生效。

图 11-6　表格格式

（2）保存自定义轮廓示例

● 新建空白零件文档，设置变量 A=60，B=30，T=5，如图 11-7 所示。

● 在前视基准面绘制如图 11-8 所示的草图，并使用设置的变量进行标注。

图 11-7　设置变量

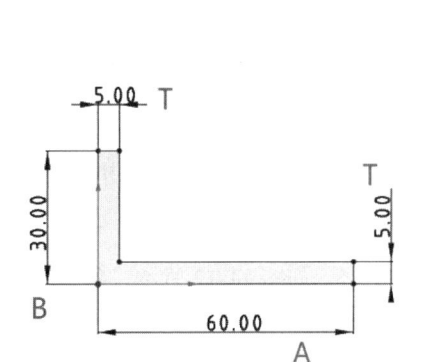

图 11-8　在前视基准面绘制草图

● "普通保存"："标准"选择"GB"，"类型"选择"L 型钢"，"大小"设置为"60×30×5"，如图 11-9 所示。保存后标准 GB 的 L 型钢中增加 1 个轮廓，大小为 60×30×5，尺寸与草图中尺寸一致。

图 11-9　普通保存

> **注意**：标准、类型可选择已有的，也可单击右上角的"＋"进行创建，如图 11-10 所示。创建完成的数据会自动记录至库中，后续可直接调用。

图 11-10 新增标准和类型

- "批量保存":"标准"选择"GB","类型"选择"L型钢",如图 11-11 所示,上传表 11-6。

图 11-11 批量保存

表 11-6 参数表

大小	A	B	T
60×30×5	60	30	5
70×40×5	70	40	5
80×50×5	80	50	5

保存后,标准 GB 的 L 型钢中出现 3 个轮廓,大小分别为 60×30×5、70×40×5 和 80×50×5,如图 11-12 所示,各草图的具体尺寸由表格中各大小对应的 A、B、T 的值控制。

3. 管理轮廓

在"系统设置"→"系统选项"→"模板管理"的"模板类型"中选择"焊件轮廓",如图 11-13 所示。选中要编辑的轮廓,单击"编辑"，进入草图编辑状态,可编辑该轮廓大小对应的草图。

图 11-12 轮廓大小

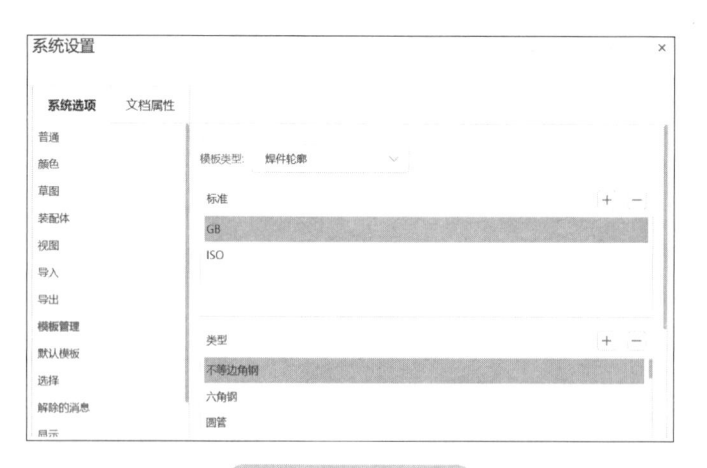

图 11-13 管理轮廓

> 注意:编辑轮廓须在项目管理状态下进行,当系统处于任意打开文档状态时,编辑轮廓时会提示"请先退出当前文档"。

第 11 章　焊件设计

修改后单击"保存"即可保存当前修改。单击"返回"⬅退出工作空间。若返回前未保存修改，则弹出"提示"命令面板，如图 11-14 所示。单击"确定"保存并返回主页；单击"取消"，则不保存修改直接返回主页。

图 11-14　"提示"命令面板

11.2.3　剪裁 / 延伸

将已有构件的边角处理成所需样式。单击"焊件"工具栏中的"剪裁 / 延伸"，弹出"剪裁 / 延伸"命令面板，如图 11-15 所示。

"剪裁 / 延伸"命令面板各选项含义如下：

（1）"剪裁"边角类型　选择焊件实体作为要剪裁的实体，选择一个面或实体作为边界，如图 11-16 所示。选择面为边界时，分割焊件实体，可选择丢弃或保留哪些部分；选择实体为边界时，将焊件实体延伸或剪裁至边界实体。

图 11-15　"剪裁 / 延伸"命令面板　　　图 11-16　"剪裁"边角类型

- "剪裁实体"拾取框：拾取要剪裁的实体，支持多选。
- "允许延伸"选项：焊件实体可延伸至边界。
- "剪裁边界"选项：设置剪裁边界。可选择"焊件实体"或"面"（实体面、曲面、基准面）作为剪裁边界，通过单击"选择体"或"选择面"切换要拾取的元素。
- "剪裁 / 延伸"选项：仅设置为"选择体"时显示此项，默认勾选。勾选时，所选边界实体的作用范围可延伸；不勾选时，则所选边界实体的作用范围不可延伸。
- "剪裁方式"选项：仅设置为"选择体"时显示此项。可选择"简单切除"和"封顶切除"两种方式，默认为"简单切除"。简单切除的端面为平面，封顶切除的端面与边界重合，效果如图 11-17 所示。

图 11-17 剪裁方式

- "焊接缝隙"输入框：设置要剪裁的焊件实体与边界实体端面之间的距离。

（2）"斜接"边角类型　选择两个焊件实体，将所选焊件实体剪裁/延伸，使其斜接。

- "剪裁实体"拾取框：拾取要剪裁的焊件实体。
- "剪裁边界"选项：设置剪裁边界。
- "剪裁基准点"拾取框：非必选项，可在视口中拾取点填充至拾取框，对应效果如图 11-18 所示。支持选择模型顶点、中点、草图线端点、中点、基准点、草图绘制点。

  ➤ 剪裁面默认位于两实体中间。若拾取了剪裁基准点，则剪裁面偏移通过所选点。
- "剪裁方式"选项：支持"完全平头斜接"和"等角斜接"两种方式，如图 11-19 所示，默认为"完全平头斜接"。所选构件的构件轮廓大小不同时，选择不同剪裁方式的结果不同。

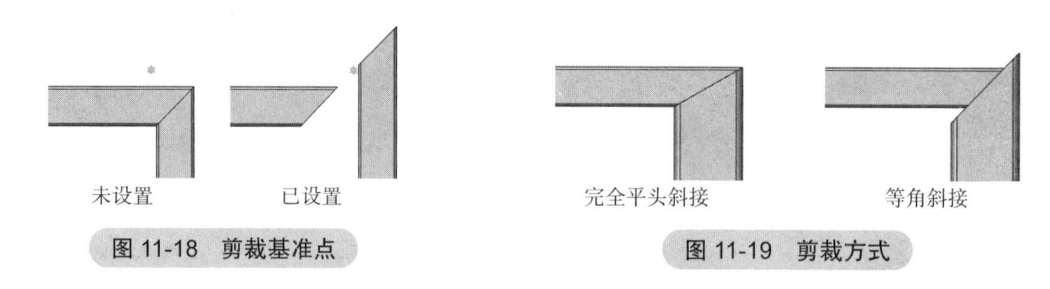

图 11-18 剪裁基准点

图 11-19 剪裁方式

- "焊接缝隙"输入框：设置要剪裁的焊件实体与边界实体端面之间的距离。

（3）"对接 1"和"对接 2"边角类型　选择两个焊件实体，将所选焊件实体剪裁/延伸，使其对接。"对接 1"和"对接 2"效果如图 11-20 所示。

- "剪裁实体"拾取框：拾取要剪裁的焊件实体。
- "剪裁边界"选项：设置剪裁边界，仅能选择焊件实体。
- "剪裁方式"选项：仅设置为"选择体"时显示此项。可选择"简单切除"和"封顶切除"两种方式，默认为"简单切除"。简单切除的端面为平面，封顶切除的端面与边界重合。
- "焊接缝隙"输入框：设置要剪裁的焊件实体与边界实体端面之间的距离。

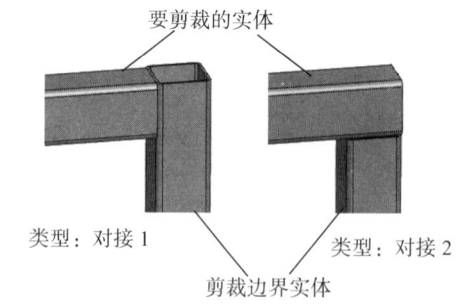

图 11-20 "对接 1"和"对接 2"边角类型

11.2.4 角撑板

单击"焊件"工具栏中的"角撑板"，弹出"角撑板"命令面板，如图 11-21 所示，支持在焊件或普通实体上生成"五边形"和"三角形"角撑板。

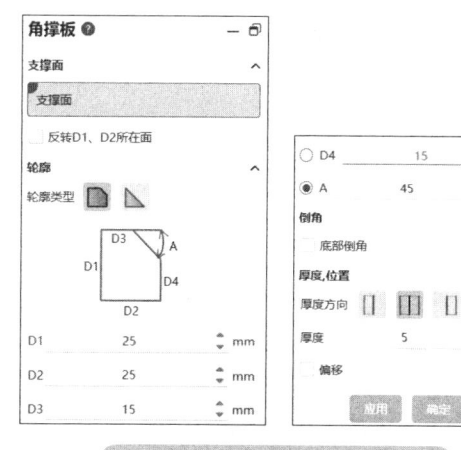

图 11-21 "角撑板"命令面板

"角撑板"命令面板各选项含义如下:

(1) "支撑面"选项组 选择角撑板所在面,拾取两个实体面,不可拾取曲面。常见支撑面组合见表 11-7。

表 11-7 常见支撑面组合

组合形式	图例	组合形式	图例
平面 + 平面		圆柱面 + 圆柱面	
平面 + 圆柱面		相交但未接触的面 (此处以"圆柱面 + 圆柱面"为例, "平面 + 平面"和"平面 + 圆柱面"同理)	

- "反转 D1、D2 所在面"选项:控制角撑板上 D1、D2 面与实体面的对应关系,默认不勾选。对应效果见表 11-8。

表 11-8 反转 D1、D2 所在面效果

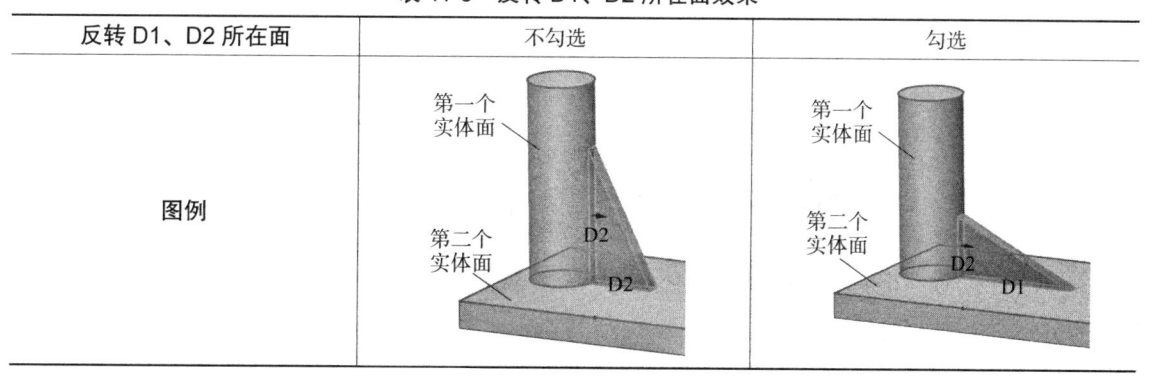

反转 D1、D2 所在面	不勾选	勾选
图例		

(2) "轮廓"选项组 选择角撑板轮廓并设置轮廓尺寸。
- "轮廓类型"选项:可选"五边形"和"三角形",默认选择"五边形"。根据所选轮廓类型,

显示轮廓示意图和尺寸输入框。

（3）"倒角"选项组　控制是否生成底部倒角。勾选后生成底部倒角，显示倒角示意图和尺寸输入框，如图 11-22 所示。

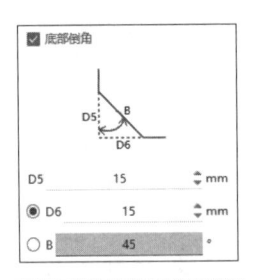

图 11-22　底部倒角

（4）"厚度，位置"选项组　设置角撑板的厚度、位置参数。依据选择支撑面的不同，显示不同的参数，见表 11-9。

表 11-9　不同支撑面显示不同厚度及位置参数

选择支撑面	圆柱面 + 圆柱面	平面 + 平面	圆柱面 + 平面
参数选项	厚度方向、厚度 5mm、偏移 1mm	厚度方向、厚度 5mm、位置、偏移 1mm	厚度方向、厚度 5mm、方向（拉伸凸台/基体3的面[1]）

- "厚度方向"选项：控制角撑板厚度方向，可选"一侧""两侧"和"另一侧"三个方向，默认为"两侧"。
- "厚度"输入框：输入角撑板厚度，默认值为"5"，可输入范围 >0。
- "偏移"输入框：控制角撑板的位置偏移参数。
- "位置"选项：支撑面为"平面 + 平面"时显示该选项，可选"一侧""居中"和"另一侧"三个位置，其效果见表 11-10。

表 11-10　不同位置效果

位置	一侧	居中	另一侧
图例			

- "方向"拾取框：支撑面为"圆柱面 + 平面"时显示该项，可拾取方向和单击"反向"。当角撑板在所选面上有多个位置时，如图 11-23 所示，有 4 个位置可以放置角撑板，视口中显

示切换角撑板方向的箭头，单击可切换角撑板方向。

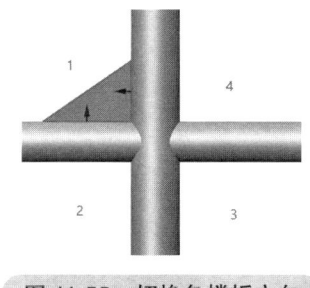

图 11-23 切换角撑板方向

11.2.5 顶端盖

在管筒型焊件的端部生成顶端盖。单击"焊件"工具栏中的"顶端盖"，弹出"顶端盖"命令面板，如图 11-24 所示。

"顶端盖"命令面板各选项含义如下：

（1）"加盖面"拾取框 拾取管筒型焊件实体的端面，在所选端面处生成顶端盖。

➢ 支持多选，且端面必须为平面。

➢ 仅能选择管筒型焊件实体的端面，不可选择非管筒型焊件实体和普通实体表面。

（2）"厚度"选项组 用于设置顶端盖的厚度方向和厚度值。

● "厚度方向"选项：可选"向外"、"向内"和"内部"三个方向，具体位置示意如图 11-25 所示，默认为"向外"。

图 11-24 "顶端盖"命令面板

图 11-25 厚度方向示意

➢ "向外"：从所选端面处向外加厚生成顶端盖，原构件长度不变。

➢ "向内"：从所选端面处向内加厚生成顶端盖，原构件变短以适应顶端盖。

➢ "内部"：顶端盖生成在构件内部，可设置顶端盖与所选端面的"偏移距离"，原构件长度不变。所选端面有多个内轮廓时不可选择"内部"。

● "厚度"输入框：用于设置顶端盖厚度。默认值为"5"，允许输入范围 > 0。

● "偏移距离"输入框：仅"厚度方向"选择"内部"时出现，用于设置顶端盖的上表面从端面处向焊件内偏移的距离，如图 11-26 所示。

（3）"轮廓"选项组　用于设置顶端盖的轮廓尺寸。顶端盖的轮廓与"厚度方向"和焊件实体结构轮廓有关，如图 11-27 所示。

图 11-26　偏移示意

图 11-27　轮廓示意

可以在"厚度比率"和"偏移值"中选择任意一种方式扩大、缩小轮廓，在所选方式后显示输入框和"反向" 按钮。默认为"厚度比率"。

● "厚度比率"输入框：通过输入比例，使顶端盖轮廓向内或向外偏移 x，x= 厚度比例 × 结构轮廓厚度。

● "偏移值"输入框：通过输入偏移值，使顶端盖向内或向外偏移对应数值。单击"反向" 可切换向内缩小、向外扩大轮廓。默认为向内偏移。

（4）"边角处理"选项组　用于设置顶端盖边角的处理方式，支持"无""倒角"和"圆角"三种方式，如图 11-28 所示。

图 11-28　边角处理示意

● "无"选项：不处理顶端盖的边角。
● "倒角"选项：将顶端盖的侧面棱线倒角，倒角类型为对称的"距离/距离倒角"。
● "圆角"选项：将顶端盖的侧面棱线倒圆角。选择此种方式时，在"圆角"选项后显示数值输入框，用于设置半径。

11.2.6　焊缝

通过选择焊接路径生成代表焊缝路径的轻化元素（类似装饰螺纹线）和相应的焊接符号。单击"焊件"工具栏中的"焊缝" ，弹出"焊缝"命令面板，如图 11-29 所示。

"焊缝"命令面板各选项含义如下：

（1）"焊接路径"选项组　用于创建和选择焊接路径。

（2）"设定"选项组　用于选择焊接路径和设置焊缝的半径。在"焊接几何体"和"焊接路径"中二选一，默认为"焊接几何体"方式。

● "焊接几何体"选项：选择该方式时显示"面组或边线组 1"和"面组或边线组 2"两个拾取框。

面组指选择实体上多个面，组合成一个面；边线组指选择多条实体边线，组合成一条线。只能拾取实体表面或实体边线，不支持选择曲面或其他元素。同组的面/边线应属于同一实体。

组 1 和组 2 支持"面组 + 面组""边线组 + 边线组"和"面组 + 边线组"的组合形式，见表 11-11。

表 11-11 焊接几何体常见组合形式

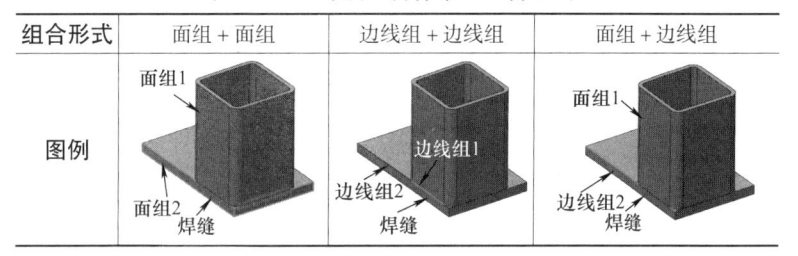

组合形式	面组 + 面组	边线组 + 边线组	面组 + 边线组
图例	面组1 面组2 焊缝	边线组1 边线组2 焊缝	面组1 边线组 焊缝

图 11-29 "焊缝"命令面板

"面组 + 面组"组合形式要求两组面属于不同的实体；其他组合形式可以属于相同实体，也可以属于不同实体。

➢ "切线延伸"选项：仅"焊接几何体"方式可用，勾选后自动识别相切的路径。

➢ "选择"/"两边"/"全周"选项：仅"焊接几何体"方式可用。用于选择相关边线，同时影响焊缝符号样式，见表 11-12。

表 11-12 焊缝类型示意

类型	说明	图例	
选择	仅在所识别路径上生成焊缝，焊缝符号仅显示一侧		2
两边	在当前和对侧路径上生成焊缝，焊缝符号上同时显示两侧数值和符号		2 2
全周	在整条路径上生成焊缝，焊缝符号上显示全周符号		2

> 注意：通过"焊接几何体"方式生成的焊缝，箭头指向组 1 中最近元素处，且与该元素关联。

- "焊接路径"选项：选择连续的实体边线，在边线处生成焊缝。
- "焊缝半径"输入框：设置焊缝和对应轻化元素的半径。
- "定义焊缝符号"选项：单击后打开 MBD 焊缝符号设置窗口。

（3）"'从/到'长度"选项　可设置焊缝起始位置和长度，如图 11-30 所示。

（4）"断续焊缝"选项　可将焊缝设置为"虚线"状。勾选后焊缝变为断断续续的"虚线"状。需要在"缝隙与焊接长度"和"节距与焊接长度"中任选一个来设置具体参数，如图 11-31 所示。

- "缝隙与焊接长度"选项：设置焊接长度和缝隙长度。
- "节距与焊接长度"选项：设置焊接长度和节距长度。

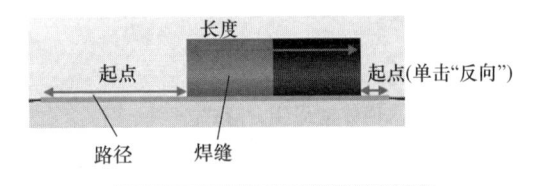

图 11-30 "从/到"长度示意

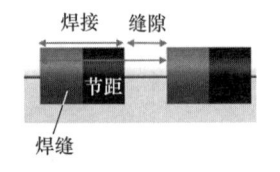

图 11-31 断续焊缝示意

> 焊接长度：焊接部分的长度。
> 缝隙长度：不焊接的缝隙的长度。
> 节距长度：每一段焊接长度和缝隙长度的节距总长。

勾选"断续焊缝"后，焊缝符号上不显示焊接总长，而是显示断续焊缝相关参数。

- "交错"选项：仅在勾选了"两边"时可选，两侧焊缝交错出现且焊缝符号末端显示交错符号，如图 11-32 所示。

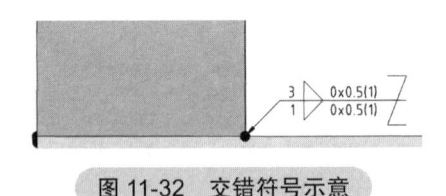

图 11-32 交错符号示意

11.3 焊件切割清单

11.3.1 查看切割清单

1. 自动生成切割清单

由结构构件生成的实体称为"焊件实体"，其他功能生成的实体称为"普通实体"。焊件创建完成后，在特征面板中自动生成切割清单，如图 11-33 所示。

- 几何形状与材质相同的焊件实体合并放置在名为"方管……"的切割清单项目中。所有切割清单项目合并放置在"切割清单"中。
- 非结构构件命令生成的实体放置在文件夹图标的"其他……"中，遵循几何形状与材质相同时合并的规则。

图 11-33 自动生成切割清单

2. 更新切割清单

在文档打开状态下，切割清单内容不会自动更新。可通过单击如图 11-34 所示的"刷新" ⟳，手动更新清单内容。生成新实体后，在切割清单更新前，新增的实体放置在"未分类"组中，更新后各实体移动至相应组中。

第 11 章 焊件设计

图 11-34 刷新

11.3.2 切割清单属性

焊件实体的数量、大小、长度、总长度、材质等记录在切割清单属性中，并且用户可以为焊件实体设置其他自定义属性。

（1）"切割清单属性"命令面板　在特征面板中右击"切割清单"中的任意项目，单击"切割清单属性"，在弹出的"切割清单属性"命令面板中查看和编辑切割清单属性，如图 11-35 所示。

左侧显示当前文档中的切割清单项目，右侧显示所选切割清单项目的属性和属性值。
- "从切割清单中排除"选项：排除的切割清单项目不显示在工程图焊件切割清单表格中。
- "新建"选项：单击后弹出"新增属性"命令面板，如图 11-36 所示。

图 11-35 "切割清单属性"命令面板 　　图 11-36 "新增属性"命令面板

- "删除"选项：选中任意属性，单击"删除"可删除该属性。
- "属性模板"选项：单击可切换切割清单属性模板，如图 11-37 所示。

（2）切割清单联动属性　包含"数量""规格""长度""总长度""材质""质量""角度1""角度2""角度方向"和"角度旋转"。
- "数量"：该切割清单项目有几个实体。
- "规格"：结构轮廓类型和大小，如"方管 20×20×2"。
- "长度"：型材长度，显示型材两侧截面在路径方向的最大距离。
- "总长度"：同规格型材长度之和。
- "材质"：实体材质。
- "质量"：实体质量。
- "角度1"和"角度2"：型材两端面与路径法向平面的角度。
- "角度方向"：型材两端面方向类型，支持"相同""相反"和"平面外"三种类型，如图 11-38 所示。

图11-37 切换切割清单属性模板

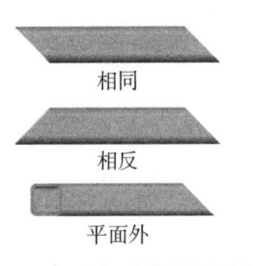

图11-38 角度方向示意

- "角度旋转"：当型材两端面方向类型为"平面外"时，显示端面相对扭转角度。

联动属性的格式为"# 数量 @ 切割清单项目1"，代表切割清单项目1的数量值。

> 注意："数量"和"材质"适用于全部实体，其他属性仅适用于"结构构件"命令生成的焊件实体。

11.4 焊件工程图

在 CrownCAD 软件中，焊件是以零件的形式进行创建和管理的，但在创建焊件工程图时也可进行特定的标注或生成相关的清单。

1. 标注零件序号

用户可以在焊件的工程图中使用特定的标注工具来添加零件序号，这些序号可以与 CAD 模型中的零件关联，从而确保图纸与模型之间的数据一致性，如图 11-39 所示。

2. 创建焊件切割清单

焊件工程图支持自动生成焊件切割清单，这一功能对于生产过程的优化和材料的有效利用具有重要意义。切割清单应包含焊件所需的各种零件信息，如材料类型、规格、切割尺寸、数量等。生成清单时，软件会自动提取工程图中标注的零件信息，并生成一个详细、准确的清单，方便生产人员进行材料采购和加工。

在工程图环境下单击"注解"工具栏"总表"下拉框中的"焊件切割清单"，弹出"焊件切割清单"命令面板，如图 11-40 所示。

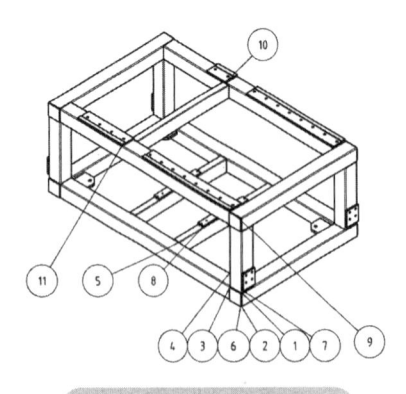

图11-39 添加零件序号

图11-40 "焊件切割清单"命令面板

● "附加到定位点"选项：可以选择将焊件切割清单的哪个点与定位点重合，定位点位于标题栏右上角，不勾选则可以任意移动表格位置。

➢ 如果勾选了"附加到定位点"，则焊件切割清单出现在定位点处，单击图纸空白处或单击"确定"可生成焊件切割清单。

➢ 如果未勾选"附加到定位点"，焊件切割清单随鼠标指针移动，移动至合适位置后单击即可生成焊件切割清单，如图11-41所示。

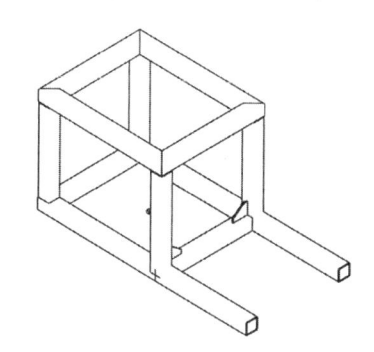

图11-41 生成焊件切割清单

3. 编辑焊件切割清单

添加列时，可选择在所选列左侧或右侧添加列；删除列时，支持多选进行删除。

● 在选择的列上右击，在"插入"选项中可选择在左侧或右侧插入列，如图11-42所示。
● 按住〈Ctrl〉键的同时单击列号，可选择多列进行删除，如图11-43所示。

图11-42 在左侧或右侧插入列

图11-43 选择多列进行删除

4. 修改列属性

鼠标指针指向切割清单。双击切割清单上出现的代表列的A、B、C…，弹出"表格"命令面板，如图11-44所示。

支持的列属性含义如下：

● "项目号"选项：切割清单项目的序号，与零件序号对应。
● "数量"选项：相同切割清单项目（实体）的数量。
● "切割清单项目名称"选项：切割清单项目的名称，如"方管14×14×1"。
● "用户定义"选项：由用户自定义输入内容。
● "切割清单项目属性"选项：从列表中选择焊件切割清单属性，包括"角度1""角度2""长度""材质"和"数量"等。

图11-44 "表格"命令面板

对于角撑板等普通实体，支持读取其属性。

11.5 综合实例

下面应用本章讲解的知识完成机架的建模，最终效果如图 11-45 所示。

图 11-45 机架

步骤1 在视口中单击"上视基准面"，选定为草图绘制平面。单击"特征"工具栏中的"绘制草图"，进入草图绘制状态。使用"草图"工具栏中的"拐角矩形"、"尺寸约束"、"添加约束"，绘制如图 11-46 所示的草图并标注尺寸，完成"草图 1"的绘制。单击"退出草图"，退出草图绘制状态。

步骤2 单击"特征"工具栏中的"基准面"，"操作类型"选择"偏移"，"元素"选择"上视基准面"，"距离"设置为"650"，如图 11-47 所示，单击"确定"，创建"基准面 1"。

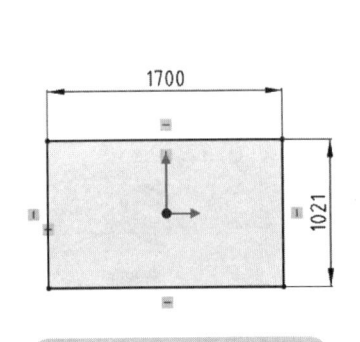

图 11-46 绘制"草图 1"

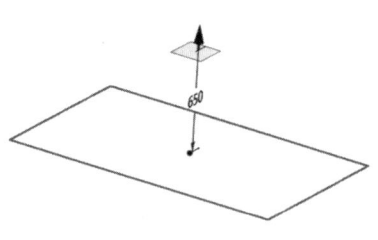

图 11-47 创建"基准面 1"

步骤3 在视口中单击"基准面1",选定为草图绘制平面。单击"特征"工具栏中的"绘制草图",进入草图绘制状态。使用"草图"工具栏中的"转换边界" ▣,完成"草图2"的绘制,如图11-48所示。单击"退出草图",退出草图绘制状态。

步骤4 单击"特征"工具栏"绘制草图"下拉框中的"3D草图",进入3D草图绘制状态。使用"草图"工具栏中的"直线" ⋏,完成"3D草图3"的绘制,如图11-49所示。单击"退出草图",退出草图绘制状态。

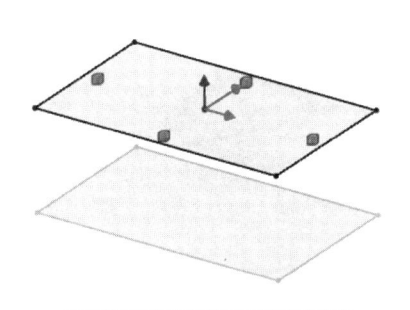

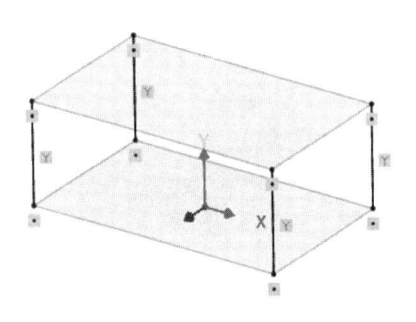

图11-48 绘制"草图2"　　　　图11-49 绘制"3D草图3"

步骤5 单击"焊件"工具栏中的"结构构件" ▣,弹出"结构构件"命令面板。"结构轮廓"类型选择"方管","大小"选择"80×80×5","分组1的路径"选择"草图2"中的矩形,在"路径设置"中勾选"应用边角处理"并选择"对接2","轮廓设置"中的"穿透点"选择截面轮廓中的顶点,使结构件最外侧轮廓位于"草图2"的矩形范围内,如图11-50所示。

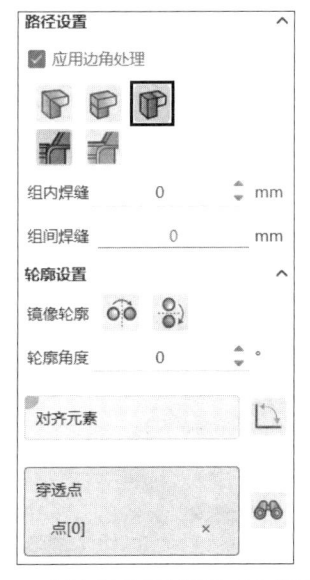

图11-50 选择分组1路径

步骤6 单击"新建分组","分组2的路径"选择"草图2"中的矩形,在"路径设置"中勾选"应用边角处理"并选择"对接2","轮廓设置"中的"穿透点"选择截面轮廓中的顶点,使结构件最外侧轮廓位于"草图2"的矩形范围内,如图11-51所示。

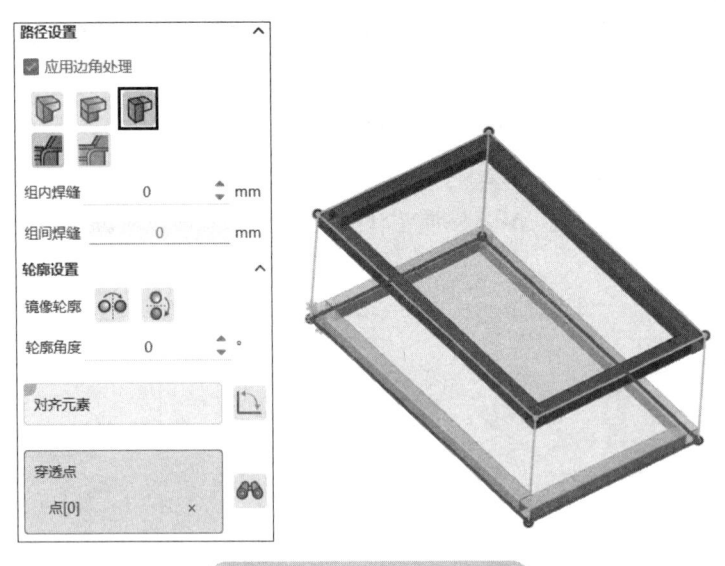

图 11-51　选择分组 2 路径

步骤 7 继续单击"新建分组","分组 3 的路径"选择"3D 草图 3"中的一条直线,"轮廓设置"中的"穿透点"选择截面轮廓中的顶点,使结构件最外侧轮廓位于"3D 草图 3"的矩形范围内,如图 11-52 所示。

步骤 8 继续单击"新建分组",使用同样的操作,完成所有路径轮廓的创建。单击"确定",完成结构构件的创建,如图 11-53 所示。

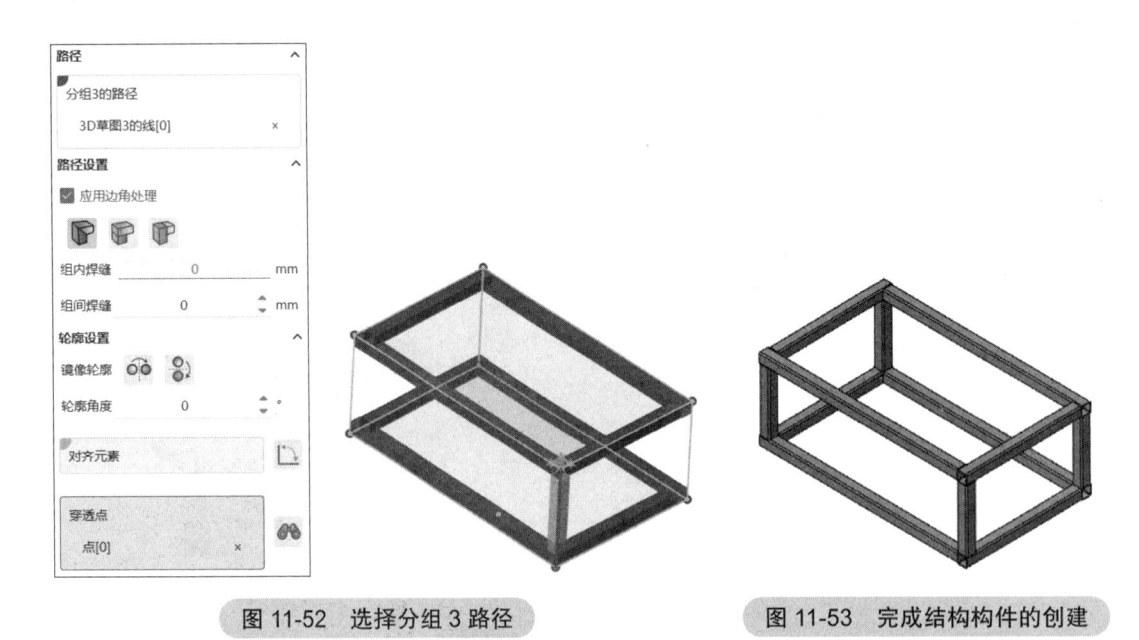

图 11-52　选择分组 3 路径

图 11-53　完成结构构件的创建

步骤 9 单击"焊件"工具栏中的"剪裁/延伸",弹出"剪裁/延伸"命令面板。"边角类型"选择"对接 1"或"对接 2",选择待剪裁的实体、焊件实体,改变其边角搭接方式,如图 11-54 所示。

步骤 10 继续使用"剪裁/延伸"工具进行边角优化,使机架最终结构形式如图 11-55 所示。

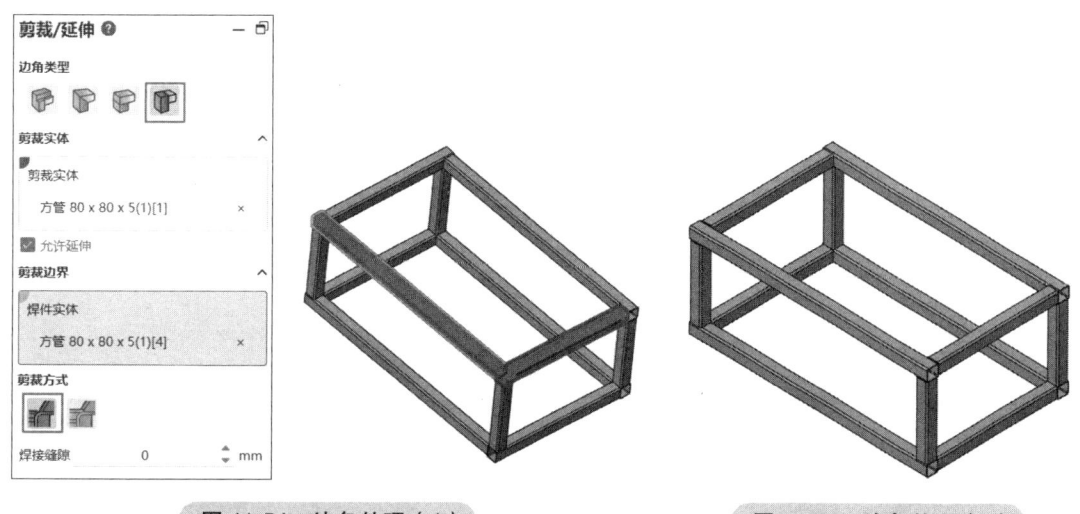

图 11-54 边角处理(1)

图 11-55 边角处理(2)

步骤 11 单击"焊件"工具栏中的"角撑板",弹出"角撑板"命令面板。"支撑面"选择两个相交的面,"轮廓类型"选择"五边形",设置"D1"为"120"、"D2"为"120"、"D3"为"80","厚度方向"选择"两侧","厚度"设置为"15",如图 11-56 所示,单击"确定",完成角撑板的创建。

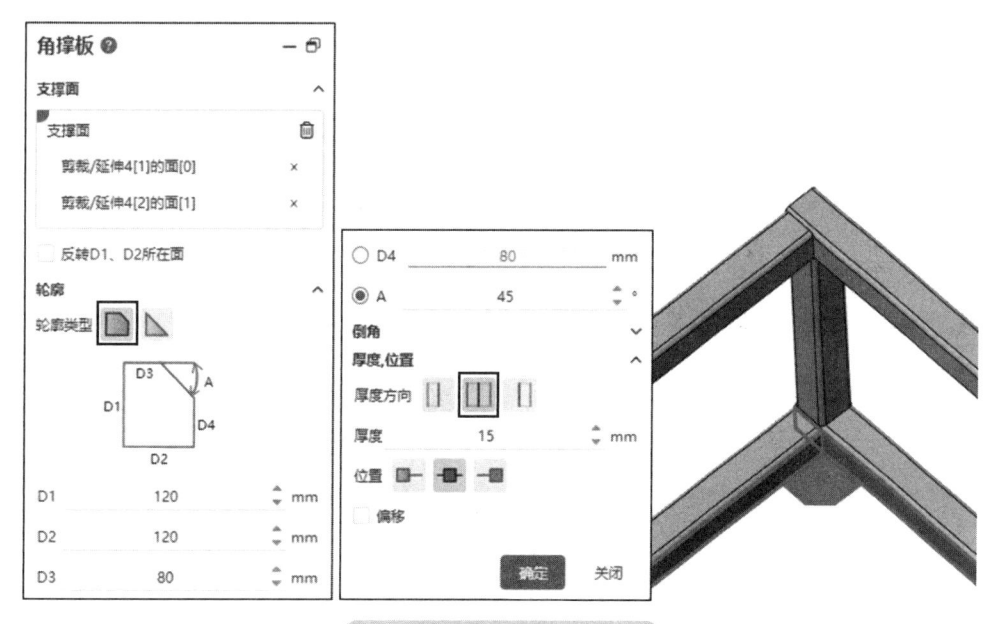

图 11-56 创建角撑板(1)

步骤 12 使用步骤 11 的操作方式,完成其余部位角撑板的创建,如图 11-57 所示。

步骤 13 单击"焊件"工具栏中的"顶端盖",弹出"顶端盖"命令面板。"加盖面"选择方管截面,"厚度方向"选择"向外","厚度"设置为"5","厚度比率"设置为"0.3","边角处理"选择"倒角","倒角"尺寸值为"5",如图 11-58 所示,单击"确定",完成顶端盖的创建。

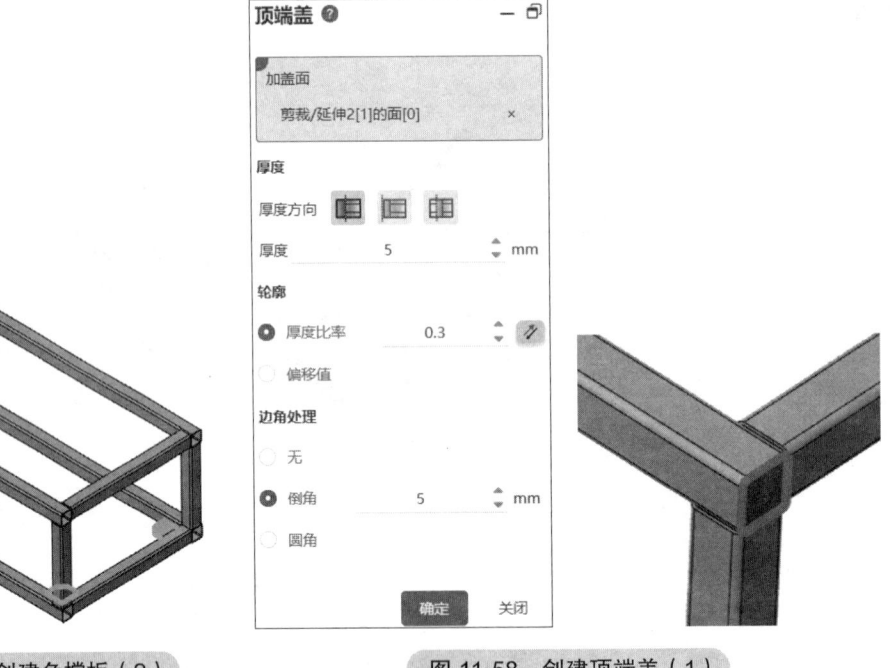

图 11-57 创建角撑板(2)

图 11-58 创建顶端盖(1)

步骤 14 使用步骤 13 的操作方式,完成其余部位顶端盖的创建,如图 11-59 所示。

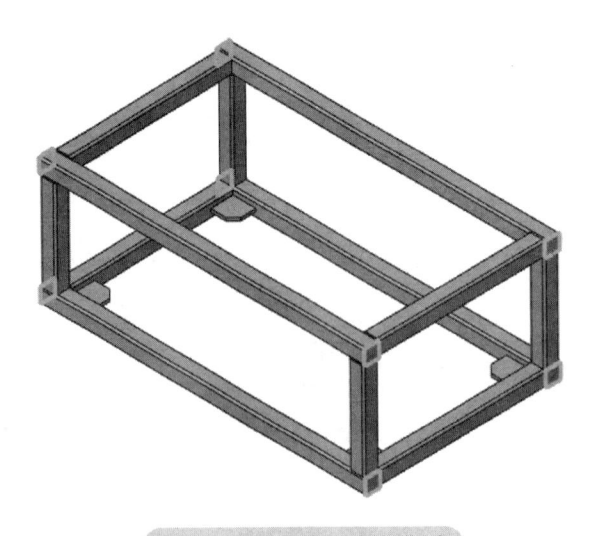

图 11-59 创建顶端盖(2)

第 12 章 MBD

12.1 MBD 简介

MBD（Model-Based Definition），即基于模型的定义，它将三维数字化模型作为制造过程中的唯一依据，包含了产品制造所需要的所有几何和非几何信息。这种技术旨在通过集成产品设计、工艺和制造等过程的信息，提高产品的研发和生产效率。

在三维设计软件中，MBD 技术使得产品设计师能够在三维模型上直接标注尺寸、公差、注释等几何信息，以及材料、制造特征、数据管理特征等非几何信息。这些信息以数字化的方式存储和传递，为下游的工艺规划和生产制造提供了准确、一致的数据源。

12.2 三维标注工具

12.2.1 尺寸标注

1. 大小尺寸

在三维模型上标注所选元素的长度、半径等。单击"MBD"工具栏中的"大小尺寸"，弹出"大小尺寸"命令面板，如图 12-1 所示。

- 标注元素：选取三维模型的边线，单击生成对应标注。
- 其余参数设置和工程图中的智能尺寸设置方式一致。单击绘制完成的三维标注可再次进行编辑。

示例：创建自定义视图，标注大小尺寸，效果如图 12-2 所示。

图 12-1 "大小尺寸"命令面板

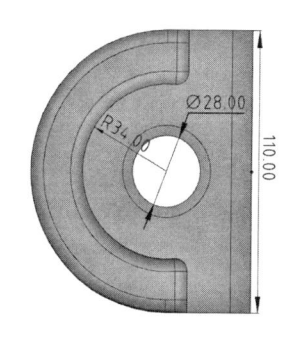

图 12-2 标注大小尺寸

2. 位置尺寸

在三维模型上标注两元素相对位置的尺寸关系。单击"MBD"工具栏中的"位置尺寸"按钮，弹出"位置尺寸"命令面板，如图 12-3 所示。

- 标注元素：选取三维模型的点、线或面。选择两个元素后，单击生成对应标注。
- 其余参数设置和工程图中的智能尺寸设置方式一致。单击绘制完成的三维标注可再次进行编辑。

示例：选取三维模型中的两个点，标注位置尺寸，效果如图 12-4 所示。

图 12-3 "位置尺寸"命令面板

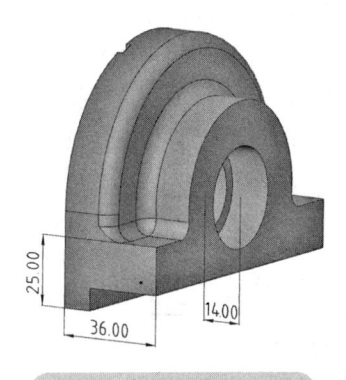

图 12-4 标注位置尺寸

3. 倒角尺寸

在三维模型上标注元素的倒角尺寸。单击"MBD"工具栏中的"倒角尺寸"，弹出"倒角尺寸"命令面板，如图 12-5 所示。

- 标注元素：选取三维模型的线或面。选择元素后，单击生成对应标注。
- 其余参数设置和工程图中的智能尺寸设置方式一致。单击绘制完成的三维标注可再次进行编辑。

示例：选择三维模型中的两条边线，标注倒角尺寸，效果如图 12-6 所示。

图 12-5 "倒角尺寸"命令面板

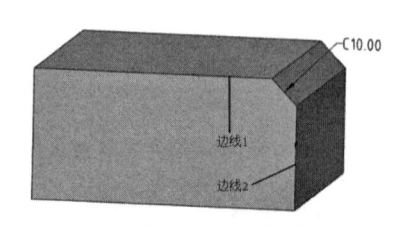

图 12-6 标注倒角尺寸

12.2.2 基准与公差标注

1. 基准

在三维模型上标注基准符号。单击"MBD"工具栏中的"基准"，弹出"基准"命令面板，如图 12-7 所示。

- "基准标号"输入框：用于输入基准标号。
- "样式"选项：有三种样式，用于控制基准的外形。
- 标注元素：选取三维模型中的点（包括草图点、顶点、线上点）、线（包括样条曲线、草图线、边线）或面，单击生成对应标注。

示例：创建自定义视图，标注基准，效果如图 12-8 所示。

图 12-7 "基准"命令面板

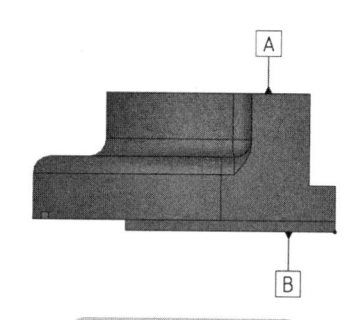

图 12-8 标注基准

2. 基准目标

在三维模型上标注基准目标。单击"MBD"工具栏中的"基准目标"，弹出"基准目标"命令面板，如图 12-9 所示。

- "区域类型"选项：可选"无""圆形"和"矩形"三种类型。
  - "无"：不显示"区域直径"选项。生成效果为上半圆中空白，如图 12-10 所示。

图 12-9 "基准目标"命令面板

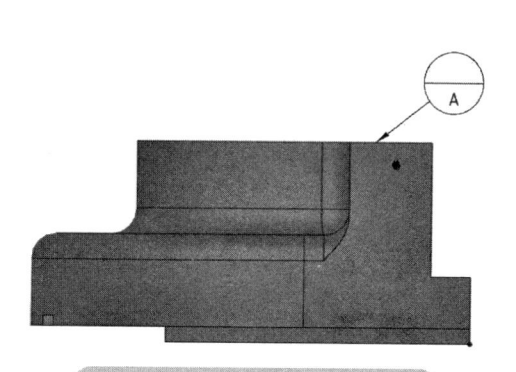

图 12-10 "区域类型"为"无"

- "圆形"：显示"区域直径"选项。生成效果为上半圆中自动添加直径符号和区域直径数值，

249

如图12-11所示。

➤ "矩形"：显示"区域长度"和"区域宽度"两个选项。生成效果为上半圆中显示"区域长度 × 区域宽度"的数值，如图12-12所示。

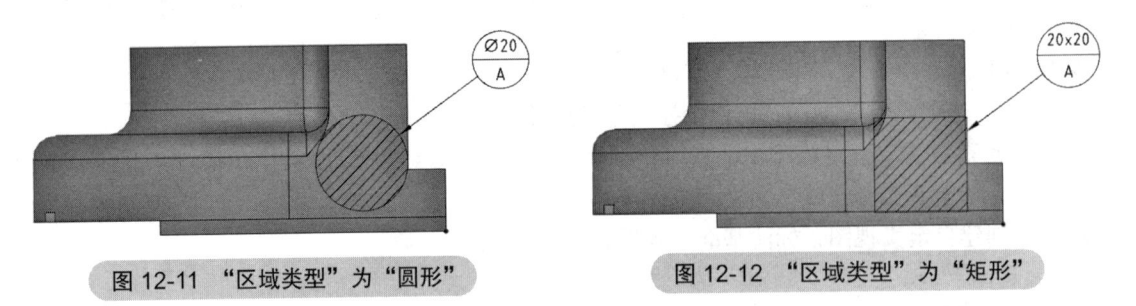

图12-11 "区域类型"为"圆形"　　　图12-12 "区域类型"为"矩形"

● 标注元素：选取三维模型中的点（包括草图点、顶点、线上点）、线（包括样条曲线、草图线、边线）或面，单击生成对应标注。

3. 形位公差

在三维模型上标注形位公差。单击"MBD"工具栏中的"形位公差"，弹出"形位公差"命令面板，如图12-13所示。

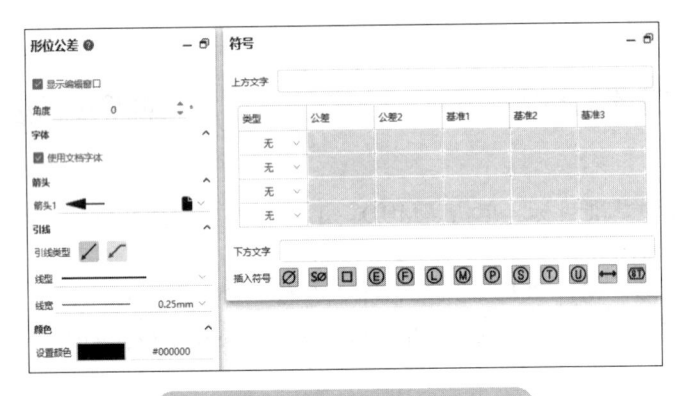

图12-13 "形位公差"命令面板

● 标注元素：选取三维模型中的点（包括草图点、顶点、线上点）、线（包括样条曲线、草图线、边线）或面，单击生成对应标注。

● 功能与操作方式请参考8.4.3小节中的"6.形位公差"。

示例：创建自定义视图，标注形位公差，效果如图12-14所示。

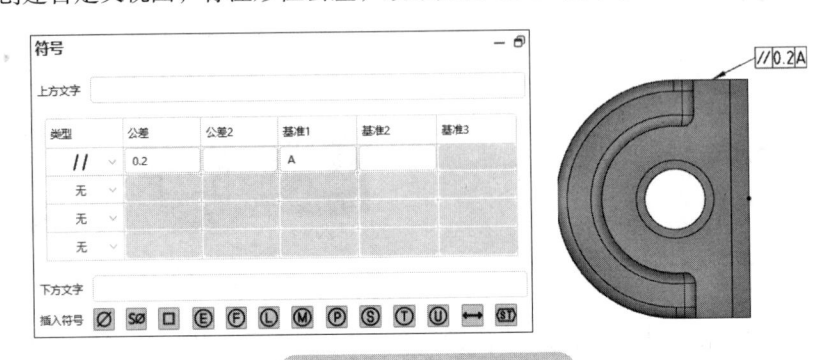

图12-14 标注形位公差

4. 表面粗糙度

创建表面粗糙度标注。单击"MBD"工具栏中的"表面粗糙度" ，弹出"表面粗糙度"命令面板，如图 12-15 所示。

● 标注元素：选取三维模型中的点（包括草图点、顶点、线上点）、线（包括样条曲线、草图线、边线）或面，单击生成对应标注。

● 功能与操作方式请参考 8.4.3 小节中的"7.表面粗糙度"。单击绘制完成的三维标注，可以进行再编辑。

示例：创建自定义视图，标注表面粗糙度，效果如图 12-16 所示。

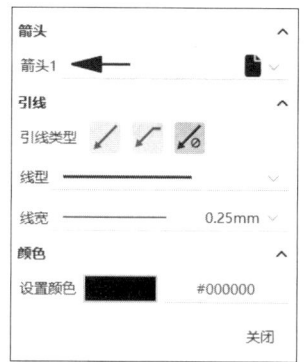

图 12-15　"表面粗糙度"命令面板

图 12-16　标注表面粗糙度

5. 焊接符号

创建焊接符号标注。单击"MBD"工具栏中的"焊接符号" ，弹出"焊接符号"命令面板，如图 12-17 所示。

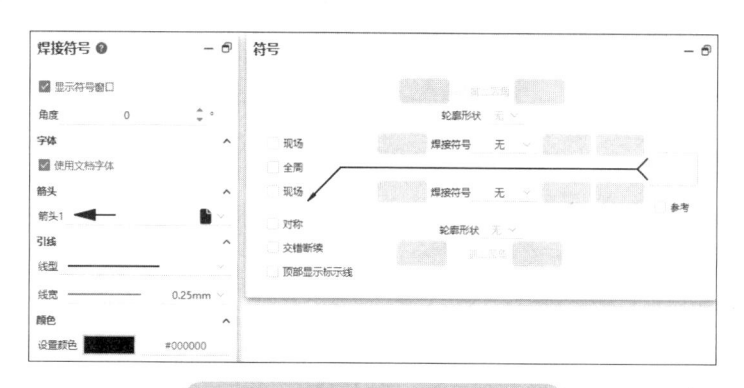

图 12-17　"焊接符号"命令面板

● 标注元素：选取三维模型中的点（包括草图点、顶点、线上点）、线（包括样条曲线、草图线、边线）或面，单击生成对应标注。

● 功能与操作方式请参考 8.4.3 小节中的"12.焊接符号"。单击绘制完成的三维标注，可以进行再编辑。

示例：创建自定义视图，标注焊接符号，效果如图 12-18 所示。

6. 标签

创建标记备注，可在零件的点、线、面上创建标签。单击"MBD"工具栏中的"标签" ，弹出"标签"命令面板，如图 12-19 所示。

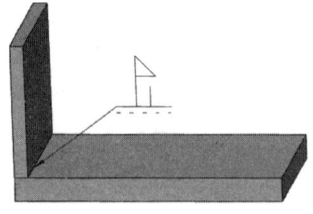

图 12-18 标注焊接符号

图 12-19 "标签"命令面板

在视口区域选择待标记的模型元素，在元素高亮显示后单击即可弹出编辑框，如图 12-20 所示。在编辑框中输入内容，单击视口任意空白处确认，如图 12-21 所示。

生成的标签在"视图面板"的"PMI"列表中显示，如图 12-22 所示。

右击绘制完成的三维标注，单击"编辑 PMI" ，可以进行再编辑。

图 12-20 标签编辑框

图 12-21 创建标签

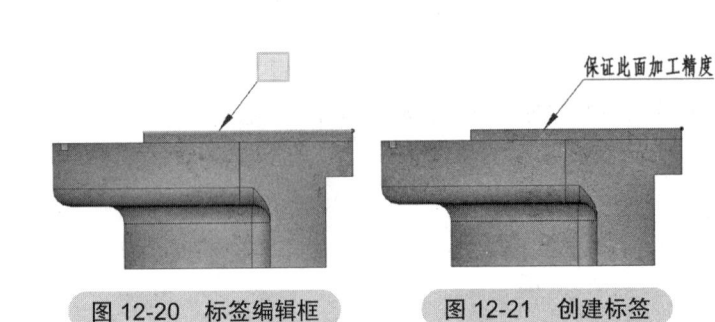

图 12-22 在"PMI"列表中显示标签

12.3 视图管理

12.3.1 新建视图

"新建视图"用于生成自定义视图，使三维标注的方向可以不同于基本视图。单击"MBD"工具栏中的"新建视图" ，弹出"新建视图"命令面板，如图 12-23 所示。拾取元素与操作方式请参考 6.4.1 小节。

新建视图放置在"视图面板"的"自定义视图"中，默认命名为"视图 1""视图 2"等，如图 12-24 所示。

打开工程图，单击"视图布局"中的"模型视图" ，可以看到新建的视图出现在视口中间的"视图方向"命令中，按顺序依次罗列，如图 12-25 所示。

图 12-23 "新建视图"命令面板

图 12-24　新建视图放置位置 　　　　图 12-25　视图在"视图方向"命令中按顺序依次罗列

> **注意**：新建的视图仅用于定义标注方向，不可当作基准面使用。

12.3.2　视图面板

视图面板位于图形视口左侧，主要对视图信息、标注信息等进行管理，界面如图 12-26 所示。

（1）基本视图及自定义视图　在视图面板中可对基本视图及自定义视图进行管理和记录。
- 当前激活视图周围会显示蓝色框，如图 12-27 所示。
- 在基本视图名称上右击，显示"激活"和"仅定向"选项，如图 12-28 所示。

图 12-26　视图面板 　　　图 12-27　激活视图 　　　图 12-28　基本视图右键快捷菜单

➢ "激活"选项：控制三维标注的方向，标注尺寸位于此视图上。
➢ "仅定向"选项：仅作视图定向，添加的标注仍在激活的视图上。激活视图与仅定向视图可以指定不同视图。

- 在自定义视图名称上右击，显示"激活""仅定向""重命名""删除""显示关联 PMI"和"隐藏关联 PMI"选项，如图 12-29 所示。

（2）分类记录标注信息　信息类别包括"尺寸""标签""基准""基准目标""形位公差""表面粗糙度"和"焊接符号"。在标注信息上右击，显示如图 12-30 所示快捷菜单。

图 12-29　自定义视图右键快捷菜单 　　　　图 12-30　标注信息右键快捷菜单

12.4 综合实例

下面应用本章讲解的知识完成阀盖零件 PMI 信息标注，最终标注效果如图 12-31 所示。

步骤 1 打开阀盖模型，切换至"视图面板"。右击"右视图"，在快捷菜单中选择"激活"，如图 12-32 所示。

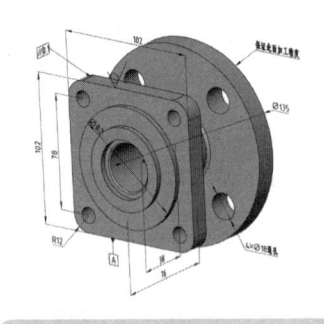

图 12-31 标注阀盖 PMI 信息

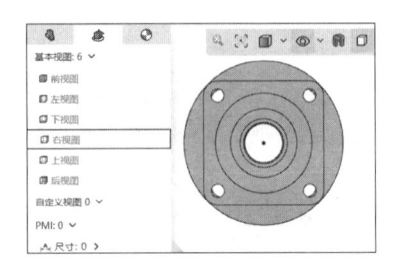

图 12-32 激活右视图

步骤 2 单击"MBD"工具栏中的"位置尺寸"，完成当前视图中的位置尺寸标注，如图 12-33 所示。

步骤 3 单击"MBD"工具栏中的"大小尺寸"，完成当前视图中的大小尺寸标注，如图 12-34 所示。

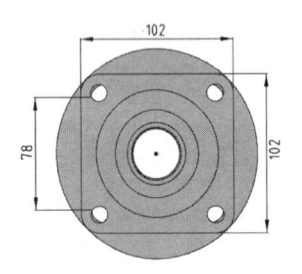

图 12-33 为右视图标注位置尺寸

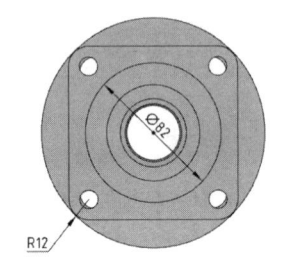

图 12-34 为右视图标注大小尺寸

步骤 4 单击"MBD"工具栏中的"表面粗糙度"，完成当前视图中的表面粗糙度标注，如图 12-35 所示。

步骤 5 单击"MBD"工具栏中的"基准"，完成当前视图中的基准添加，如图 12-36 所示。

图 12-35 为右视图标注表面粗糙度

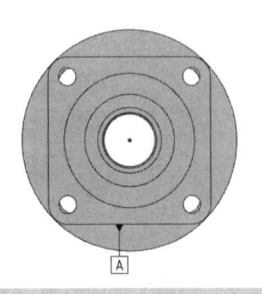

图 12-36 为右视图添加基准

步骤6 右击"视图面板"中的"前视图",在快捷菜单中选择"激活",如图12-37所示。

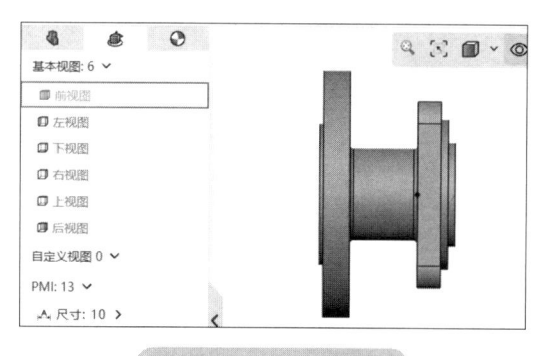

图12-37 激活前视图

步骤7 单击"MBD"工具栏中的"位置尺寸" ，完成当前视图中的位置尺寸标注,如图12-38所示。

步骤8 单击"MBD"工具栏中的"形位公差" ，完成当前视图中的形位公差标注,如图12-39所示。

图12-38 为前视图标注位置尺寸

图12-39 为前视图标注形位公差

步骤9 右击"视图面板"中的"左视图",在快捷菜单中选择"激活",如图12-40所示。

步骤10 单击"MBD"工具栏中的"大小尺寸" ，完成当前视图中的大小尺寸标注,如图12-41所示。

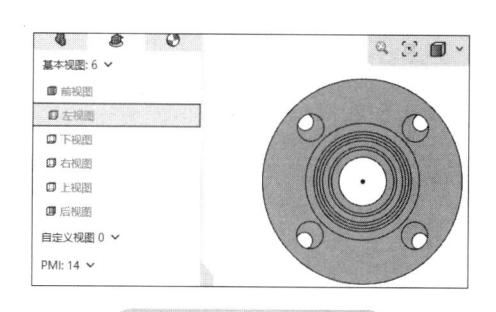

图12-40 激活左视图

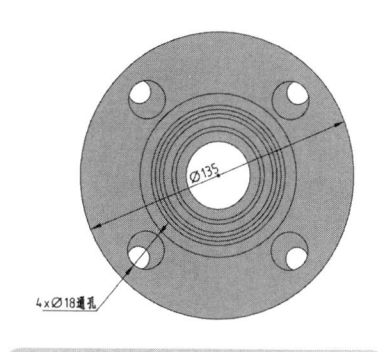

图12-41 为左视图标注大小尺寸

步骤11 单击"MBD"工具栏中的"标签"，完成当前视图中的标签添加，如图12-42所示。至此，便完成了阀盖零件的PMI信息标注。

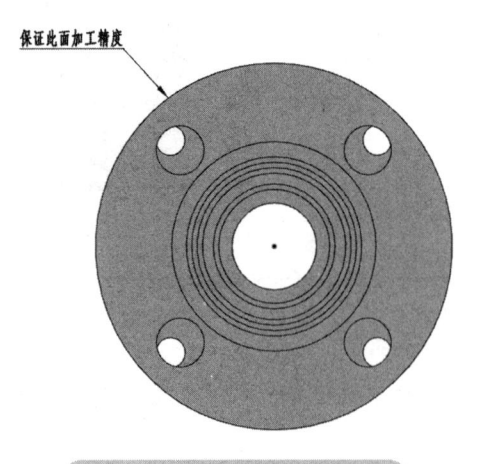

图 12-42　为左视图添加标签

第 13 章 检查与分析

13.1 检查与分析概述

三维 CAD 设计软件作为现代工程设计的核心工具,具备多种检查与分析功能,能够显著提升设计质量、优化设计方案并降低生产成本。本章将对这些功能进行讲解,主要包括几何特征分析、测量、质量属性等。

13.2 测量

CrownCAD 支持测量实体边线、圆、两元素尺寸。单击"评估"工具栏中的"测量" ,弹出"测量"命令面板,如图 13-1 所示。

图 13-1 "测量"命令面板

- 选择一条边线、草图线或圆弧,显示测量尺寸,如图 13-2 所示。
- 选择两个面或两条边线,显示测量尺寸,如图 13-3 所示。

图 13-2 测量尺寸(1)

图 13-3 测量尺寸(2)

- 选择两个圆、圆弧线或面,默认显示中心距离尺寸,可在视口下拉框中将结果切换为"最大距离"和"最小距离",如图 13-4 所示。

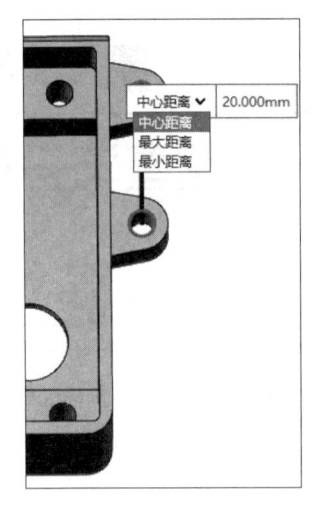

图 13-4 测量尺寸（3）

13.3 快速测量

在视口右下角会显示选中元素的测量结果，便于实时查看所选元素的基本信息，如图 13-5 所示。

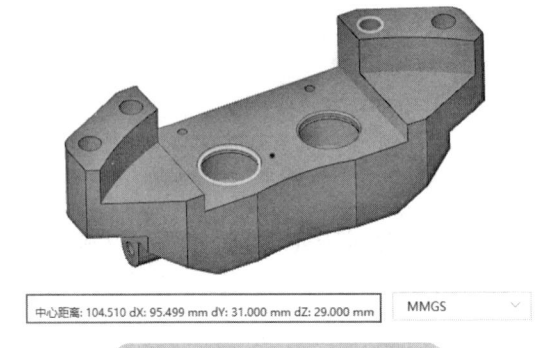

图 13-5 快速测量信息显示

- 拾取不同元素显示的测量结果见表 13-1。

表 13-1 拾取不同元素显示的测量结果

拾取的元素	显示的测量结果
点（草图点、实体点、原点、基准点、质心）	坐标值
直线（草图线、实体边线）	线的长度
圆弧线	半径、圆心坐标
圆	直径、圆心坐标
曲线	弧长
圆柱面	直径
圆弧面	半径
除上述元素以外的元素	不显示任何信息

- 按住〈Ctrl〉键选择两个元素，显示的测量结果见表 13-2。

表 13-2　拾取两个元素显示的测量结果

拾取的元素	显示的测量结果
点与点、圆、圆弧线、曲线、圆柱面等	距离、dX、dY、dZ
点与直线	垂直距离
两直线	非平行：角度；平行：垂直距离、总长度
直线与圆、圆弧线、曲线等	距离、dX、dY、dZ、总长度
圆／圆弧／曲线与圆柱面、圆弧面	距离、dX、dY、dZ
圆弧面与圆柱面	距离、dX、dY、dZ、总面积
两平面	非平行：角度；平行：垂直距离

13.4　质量属性

计算模型的体积、面积、重心、惯性张量等信息。单击"评估"工具栏中的"质量属性" ，弹出"质量属性"命令面板，如图 13-6 所示。

"质量属性"命令面板各选项含义如下：

● "实体"拾取框：零件文档中可选择一个或多个实体（按〈Ctrl〉键进行多选），装配文档中可选择一个或多个零件或子装配，如图 13-7 所示。

图 13-6　"质量属性"命令面板　　　　图 13-7　质量属性显示

● "包括隐藏的实体"选项：可将隐藏的实体计算在内。

● "显示质心"选项：为当前文档创建质心特征。

● "参考坐标系"选项：为计算结果中的重心等坐标位置选择参考坐标系。

● "覆盖"选项：覆盖整个文档的质量或质心，如图 13-8 所示。可通过单击"重设"恢复默认值。

● "设置"选项：可对计算参数的单位、精度、表示方式等进行设置，如图 13-9 所示。

● "选择当前文档"选项：自动计算当前文档中的所有实体、子零部件。

"质量属性"命令面板打开且计算出结果时，在视口中显示如图13-10所示的粉色坐标系，显示模型的惯性主轴和质量中心。

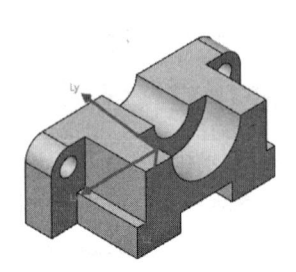

图13-8 覆盖质量或质心　　图13-9 设置质量属性　　图13-10 模型的惯性主轴和质量中心显示

13.5 边界框

测量完全包围模型的最小立方体区域参数。单击"评估"工具栏中的"边界框" ，弹出"边界框"命令面板，如图13-11所示。

"边界框"命令面板各选项含义如下：

● "基准面/参考面"选项组：设置边界框的生成方式，支持"最佳适配"和"自定义平面"两种方式。

➤ "最佳适配"选项：边界框方向自动调整，生成最小体积的边界框。

➤ "自定义平面"选项：指定一个平面，边界框的一个面与此平面保持平行，生成满足平行条件的最小体积的边界框。

● "测量元素"选项组：手动指定要测量的模型，计算包围全部所选模型的边界框。

● "选择实体/曲面"拾取框：选择测量元素后，视口中显示边界框，命令面板中显示边界框的参数，如图13-12所示。

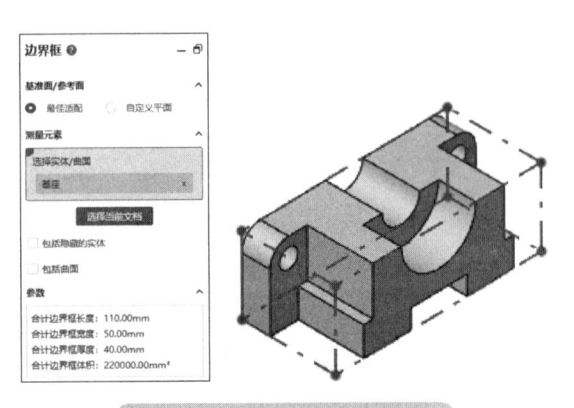

图13-11 "边界框"命令面板　　图13-12 显示边界框的参数

- "选择当前文档"选项：计算当前文档中全部模型的边界框。

13.6 曲率分析

1. 曲率

显示所选面/线的曲率梳状图。单击"评估"工具栏中的"曲率"⚙，弹出"曲率"命令面板，在视口中选择线或面后，显示曲率梳状图，如图13-13所示。

"曲率"命令面板各选项含义如下：

- "选择面/线"拾取框：可以拾取一个面或一条线。
- "密度"输入框：控制曲率梳的密度，数值越大，单位长度内显示的曲率梳越多。
- "自动计算高度"选项：系统自动调整曲率梳的高度。
- "波峰高度"输入框：控制曲率梳的高度。
- "显示样式"选项：调整曲率梳状图样式，可选择"显示梳+包络""显示梳"和"显示包络"三种效果。

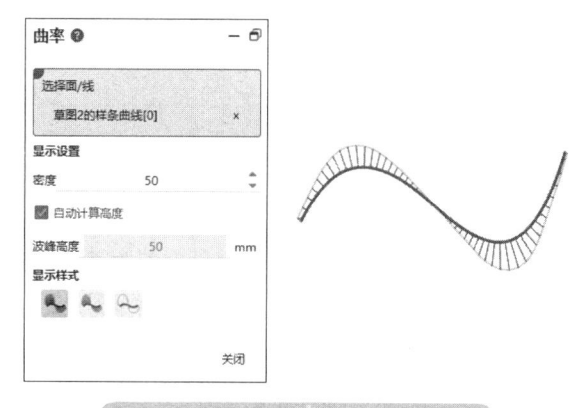

图13-13 "曲率"命令面板及效果

> **注意：**
> 1）拾取面时，将显示其边线的曲率梳状图。
> 2）鼠标指针指向视口中的曲率梳，显示对应位置的曲率值。

2. 着色曲率

显示所选面的着色曲率图。单击"评估"工具栏中的"着色曲率"⚙，弹出"着色曲率"命令面板，在视口中选择曲面/实体后，显示着色曲率图，如图13-14所示。

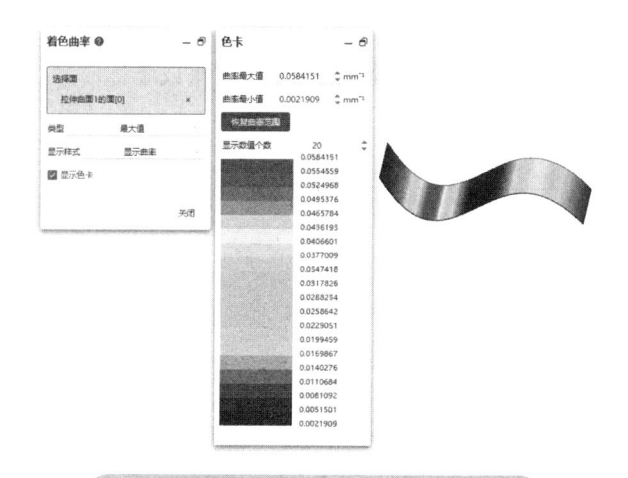

图13-14 "着色曲率"命令面板及效果

"着色曲率"命令面板各选项含义如下：

- "选择面"拾取框：拾取曲面或实体外表面，可多选。

- "类型"选项：控制显示曲率值的类型，可选择"高斯""最大值""最小值"和"平均值"。
- "显示样式"选项：显示曲率。
- "显示色卡"选项：控制"色卡"命令面板显示与否。
  - "曲率最大值"：色卡上最大的曲率值，超过该值的区域以红色显示。
  - "曲率最小值"：色卡上最小的曲率值，小于该值的区域以蓝色显示。
  - "恢复曲率范围"：系统根据所选面和曲率类型，自动调整色卡的曲率最大值和曲率最小值设置。
  - "显示数值个数"：色卡上的曲率值个数，数值越大颜色分级越细致。

> 注意：鼠标指针指向所选面，显示该位置处所选类型的曲率值。

3. 斑马条纹

"斑马条纹"命令用于识别和检查曲面中的细节，如面的连续性、是否存在瑕疵，并进行曲面质量评估。单击"评估"工具栏中的"斑马条纹"，弹出"斑马条纹"命令面板，视口中实时显示斑马条纹，如图13-15所示。

图 13-15 "斑马条纹"命令面板及效果

"斑马条纹"命令面板各选项含义如下：
- "条纹数量"选项：显示斑马条纹的数量，数量越多显示越密。
- "条纹宽度"选项：设置斑马条纹的宽度。
- "水平条纹"和"竖直条纹"选项：设置斑马条纹水平或竖直定位。

面的过渡类型与对应条纹效果见表13-3。

表 13-3 面的过渡类型与对应条纹效果

过渡类型	效果描述	条纹效果
接触	斑马条纹在边界不匹配	
相切	斑马条纹在边界匹配，但在方向上有大变化	
曲率连续	斑马条纹连续平稳地穿越边界	

13.7 拔模分析

"拔模分析"命令用于直观地评估模型是否有足够的拔模角度，生产时是否可以从模具中脱落。单击"评估"工具栏中的"拔模分析"，弹出"拔模分析"命令面板，在视口中选择面后，显示分析结果，如图 13-16 所示。

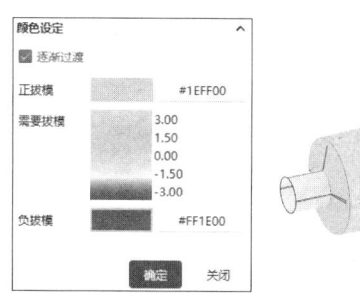

图 13-16 "拔模分析"命令面板及效果

"拔模分析"命令面板各选项含义如下：
- "拔模方向"拾取框：拾取一个平面或基准面作为拔模方向。
- "角度"输入框：以此角度作为参考拔模角度，并与模型中现有的角度进行对比。
- "以三重轴调整"选项：在拔模方向面上显示一个三重轴，拖拽以调整拔模方向。
  ➢ "X""Y"和"Z"选项：勾选"以三重轴调整"时显示，显示当前绕 X、Y、Z 轴旋转的角度，不能编辑。
- "面分类"选项：对不同的面进行分类并设置不同的颜色，同时统计每种类型面的总数，如图 13-17 所示。
  ➢ "查找陡面"选项：根据拔模分析结果识别陡面。当曲面上有些点能满足拔模角度要求，而有些点不能满足时就会产生陡面。
  ➢ "跨立面"选项：包含正拔模和负拔模的面显示为此颜色。
  ➢ "正陡面"选项：带有正拔模的陡面显示为此颜色。
  ➢ "负陡面"选项：带有负拔模的陡面显示为此颜色。
- "逐渐过渡"选项：仅需要拔模的面以连续的渐变色来显示。
- "正拔模"选项：面的角度相对于拔模方向大于参考角度，满足该条件的面显示为此颜色。
- "需要拔模"选项：面的角度小于负参考角度或大于正参考角度，满足该条件的面显示为此颜色。
- "负拔模"选项：面的角度相对于拔模方向小于参考角度，满足该条件的面显示为此颜色。

图 13-17 勾选"面分类"效果

13.8 厚度分析

"厚度分析"命令可以识别零件的薄厚区域，确定零件的不同厚度，协助设计师评估产品结构。单击"评估"工具栏中的"厚度分析"，弹出"厚度分析"命令面板，单击"计算"显示分析结

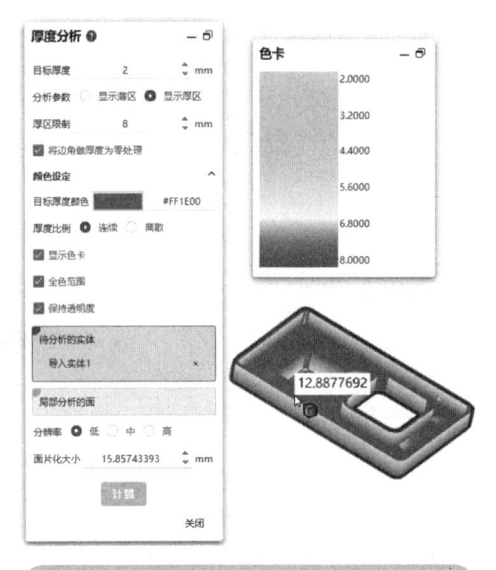

果，如图 13-18 所示。

图 13-18 "厚度分析"命令面板及效果

"厚度分析"命令面板各选项含义如下：
- "目标厚度"输入框：输入目标厚度值，将以此值作为分析的标准。
- "分析参数"选项："显示薄区"指在视口中显示低于目标厚度的区域；"显示厚区"指显示小于及大于特定厚度范围的区域，和"显示薄区"为互斥项，二者必选一。
- "厚区限制"输入框：输入厚度的最大值以计算不在范围内的区域。
- "将边角做厚度为零处理"选项：计算时不会将零件的边角视为薄弱，而是作为一致的厚度处理。
- "目标厚度颜色"选项：该颜色为满足厚度目标区域显示的颜色。
- "厚度比例"选项：可选择以"连续"或"离散"方式显示颜色。
- "显示色卡"选项：在命令面板右侧显示厚度比例的色卡。"厚度比例"选择"离散"时可以在色卡中设置离散数值个数。
- "全色范围"选项：产品提供默认的渐变范围色，取消勾选此项可以自定义颜色。
- "保持透明度"选项：当选择的实体设置了透明外观时，此项生效。
- "待分析的实体"选项：零件中有两个及以上实体时才显示此项，指定实体后进行厚度分析。
- "局部分析的面"拾取框：此项为选填项，可拾取同一实体上的多个面。可指定实体的面进行分析。
- "分辨率"选项：分辨率越高，面片化越小，得到的结果越精确，但同时计算的时间也会变长。
- "面片化大小"输入框：拾取面片后以选择的分辨率显示数值，也可输入数值。

> 注意：打开"厚度分析"后零件中的曲线、曲面自动变为隐藏状态，关闭该功能后恢复显示。

第 14 章 版本与历史

14.1 版本与历史概述

对于用户在特定的时间点对文档工作空间所做的更改的记录，用户可通过创建分支、节点进行记录、跟踪、维护和操作。历史记录条目仅辅助记录操作历史，不可进行删除、编辑、回退等操作。

● 节点：用户对某个重要的历史操作创建节点，用来标记项目在这个历史操作时的状态。节点分为实节点和虚节点：实节点表示确定的不可再变化的节点，用实心圆表示，如图 14-1 所示的"起始"节点和"V1"节点；虚节点表示可变化的节点，用空心圆表示，如图 14-1 所示的"主分支"节点和"1.1"节点。

● 分支：表示从某确定节点开始的不同的操作历史，节点连接起来形成分支，如图 14-1 所示的"1.1"分支。分支分为活动分支和不活动的分支，当前工作空间所在的分支为活动分支，如图 14-1 所示的"1.1"分支处于选中状态（背景色为浅灰色），表示该分支是活动分支。

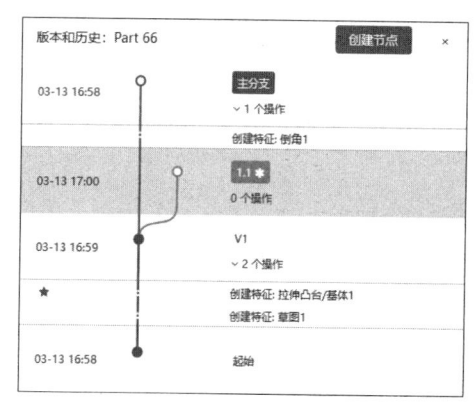

图 14-1 节点与分支

14.2 版本历史

单击"保存"，可以保存当前操作历史。保存后，保存位置会出现保存时间字样 最近保存于04-02 14:40 或者成功保存字样 已成功保存 。同时在"版本"中可以看到该时间节点前有蓝色五角星标记，如图 14-2 所示。

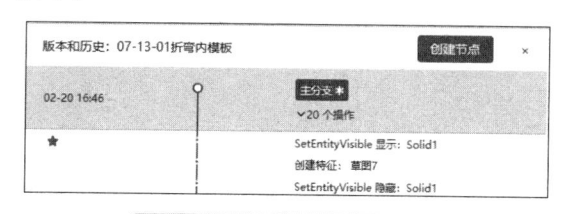

图 14-2 保存版本节点显示

● 单击保存时间字样，可以打开保存记录，查看所有保存的历史版本，如图 14-3 所示。
● 单击某一个时间节点记录后面的"回退"，打开回退命令面板，确定后会直接跳转回该时间节点的模型状态，同时导航栏更新最近保存时间，保存版本中增加回退版本记录，如图 14-4 所示。

图 14-3 保存版本

图 14-4 回退版本

14.3 节点与分支

在 CrownCAD 设计过程中，每一步操作都作为一个版本节点记录在"版本和历史"中，单击其中一个则会切换到所选节点的界面，且为只读模式。

示例：单击如图 14-5 所示的红色框中所选节点，则切换到该节点所在的设计环境。如图 14-6 所示，单击"返回主分支"则回到主节点的设计环境。

图 14-5 选择一个节点

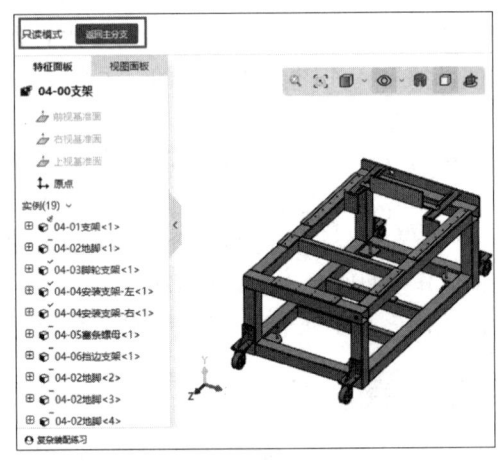

图 14-6 切换节点

在"版本和历史"中右击任意记录，选择快捷菜单中的"创建节点"，弹出"创建节点"命令面板，如图 14-7 所示。输入节点名称后单击"确认"，即可在当前活动分支上创建节点，如图 14-8 所示。

图 14-7 "创建节点"命令面板

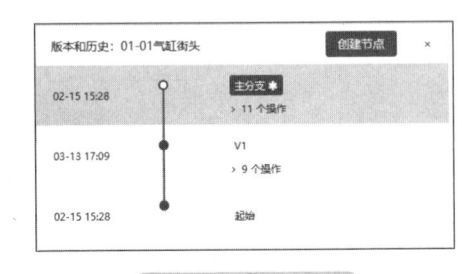

图 14-8 创建节点

14.3.1 创建分支

右击已创建的节点,单击快捷菜单中的"创建新分支",可在当前活动节点上创建新分支,如图 14-9 所示。

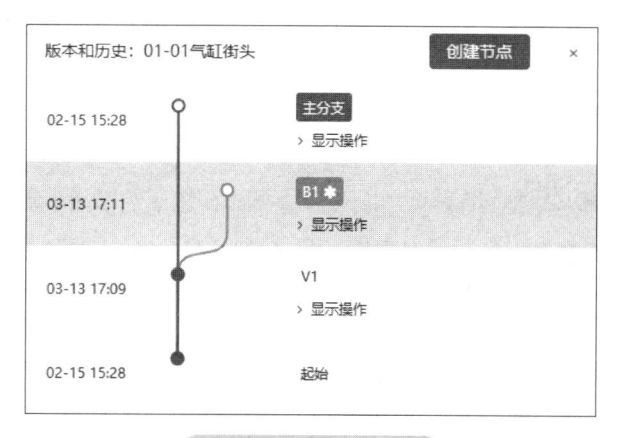

图 14-9 创建新分支

> **注意**:节点和分支均支持重命名;不同分支不允许重名;同一分支下的节点不允许重名。

14.3.2 打开指定版本

在 CrownCAD 设计过程中,无须进入文档即可选择版本来打开。

在项目内的文档列表中右击文档,选择如图 14-10 所示的快捷菜单中的"版本管理",即可打开"版本和历史"管理页面。

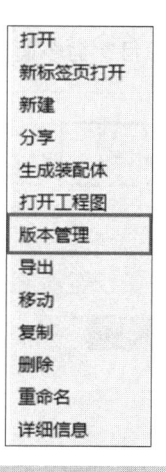

图 14-10 版本管理

第 15 章 共享协作

扫码看模型　扫码看视频

15.1 共享协作概述

协同设计是一种基于多人协作、数据交换与共享的设计理念，旨在打破传统设计中单兵作战的局限，实现团队成员之间的实时沟通、信息共享与协作设计。通过协同设计，团队成员可以共同参与到产品设计的全过程中，提高设计效率，减少沟通成本。

CrownCAD 创新的协同设计功能，打破了传统的线性工作模式，设计师可以实时分享、评论和修改，让团队智慧瞬间碰撞，创意无限延伸。这种高效协同，不仅保证了设计的精确性，还增强了团队的协作精神，推动了项目进程的快速迭代。

15.2 分享

项目所有者或具备分享权限的用户可将项目/文档分享至其他用户、团队或其他非用户，并支持取消分享以及再次修改分享权限。项目所有者具有对被分享者设置权限以及取消分享的权限。

15.2.1 分享类型

CrownCAD 支持整体项目的分享以及单个文档的分享，支持分享权限的管控。

1. 分享项目

在如图 15-1 所示的项目管理界面单击要分享的项目上的"分享"，或在文档管理界面中单击导航栏中的"分享"，即可打开"分享项目"命令面板，如图 15-2 所示。

图 15-1　项目管理及文档管理界面中的"分享"

图 15-2 "分享项目"命令面板

2. 分享文档

在如图 15-3 所示的文档管理界面或在设计环境中单击上方导航栏中的"分享" ，即可打开"分享文档"命令面板，如图 15-4 所示。

图 15-3 文档管理界面中的"分享"

图 15-4 "分享文档"命令面板

15.2.2 已分享用户列表

在分享命令面板中，上方栏目框中将显示当前项目已分享的用户及其设定权限，如图 15-5 所示。

图 15-5 已分享的用户及其设定权限

● 单击"编辑" 可修改当前指定给被分享用户的权限，如图 15-6 所示。单击"确定" ，完成分享权限的编辑。

269

图 15-6 修改被分享用户的权限

- 单击"删除" ✖ 可取消将项目/文档分享给此用户。

15.2.3 分享对象

CrownCAD 分享时支持将项目/文档分享至"用户""团队"和"活动",如图 15-2 所示,以及生成单个零部件文档的分享链接。

1. 用户

项目所有者可通过输入用户名或手机号指定待分享用户,分享过程可设置权限为"编辑"或"只读"模式。

- "编辑"模式:被分享者可编辑被分享的文档,且对于文档的编辑效果,项目所有者及其他被分享者均同步显示。分享至用户的"编辑"权限可指定如图 15-7 所示的"复制""导出""注释""移动""删除""分享"和"分享模板"7 项权限。

图 15-7 用户的"编辑"模式可指定的权限

> "复制":被分享者可复制分享的文档,创建副本为自己的项目。
> "导出":被分享者可将文档以 iges、step 等格式导出至本地文件。
> "注释":被分享者可对文档进行注释,项目所有者及其他被分享者可同步看到注释。
> "移动":被分享者可移动项目内的文档和文件夹。
> "删除":被分享者可删除项目内的文档和文件夹。
> "分享":被分享者可分享该项目至其他用户或团队。
> "分享模板":分享项目/文档时,同步分享文档中使用的自定义的模板。

- "只读"模式:被分享者打开分享的文档时只能查看,不能编辑。分享至用户的"只读"权限可指定如图 15-8 所示的"复制"和"注释"两项权限。

图 15-8 用户的"只读"模式可指定的权限

2. 团队

项目所有者可通过选择已加入的团队的名称指定待分享对象，分享过程可设置权限为"编辑"或"只读"模式。

● 分享至团队"编辑"权限可指定如图 15-9 所示的"复制""导出""注释""删除"和"分享模板"5 项权限。

图 15-9　团队的"编辑"模式可指定的权限

● 分享至团队"只读"权限可指定如图 15-10 所示的"复制"和"注释"两项权限。

图 15-10　团队的"只读"模式可指定的权限

3. 活动

仅针对参与活动的用户，才会显示分享至活动。分享至活动的项目只能为"只读"模式，如图 15-11 所示。

图 15-11　活动的"只读"模式

4. 链接 / 二维码

可复制文档的链接或二维码将文档分享至其他用户。文档为公开项目时，可生成链接 / 二维码来分享，如图 15-12 所示，复制链接或二维码可分享至任何人，用户或非用户均可。

图 15-12　生成链接 / 二维码

> **注意**：通过链接 / 二维码只可以分享"只读"模式的文档，不会授予其他权限。创建分享链接时，可指定此链接的有效期。

15.3 团队协作

1. 创建团队

在项目管理界面中单击导航栏中的"团队" 👥 ，进入团队界面，如图 15-13 所示。

单击"创建团队"，进入创建团队界面，如图 15-14 所示。输入团队名称及说明后，单击"创建团队"即可完成创建。已创建的团队将在团队列表中显示。

图 15-13　团队界面

图 15-14　创建团队界面

2. 团队管理

在团队列表中，单击团队名称，进入"团队信息"界面，如图 15-15 所示。

在该界面中，可添加团队成员，并赋予其角色，也可删除该团队。团队中包括创建者、管理、成员三种角色，不同角色拥有不同权限。

● 创建者：团队创建者默认为"创建者"角色，拥有最高权限，支持修改团队信息、添加团队成员、更改其他成员权限、删除成员、删除团队。

● 管理："管理"拥有第二权限，一个团队可以有多个管理，支持修改团队信息、添加团队成员、删除成员。

● 成员："成员"为最低权限，可以查看创建者及团队说明，不支持更改团队说明，支持离开团队。

在"团队信息"界面显示团队码，用于快速邀请成员。

3. 加入团队

单击"加入团队"，进入"加入团队"界面，如图 15-16 所示，输入团队码，即可加入团队。

图 15-15　"团队信息"界面

图 15-16　"加入团队"界面

15.4 协同评审

15.4.1 协作评审

多个用户同时在同一文档中工作称为同时编辑或协作。添加的全部特征或进行的任何更改会实时显示给所有协作者。

> **注意**：文档的创建者必须先与其他用户分享文档，然后才可实现协作。

1. 协作

（1）跟随模式　在同一文档中协作的用户可以单击图 15-17 所示的"协同" ，激活"跟随"模式。在这种模式下，一个用户可以实时查看另一个用户正在执行的操作。

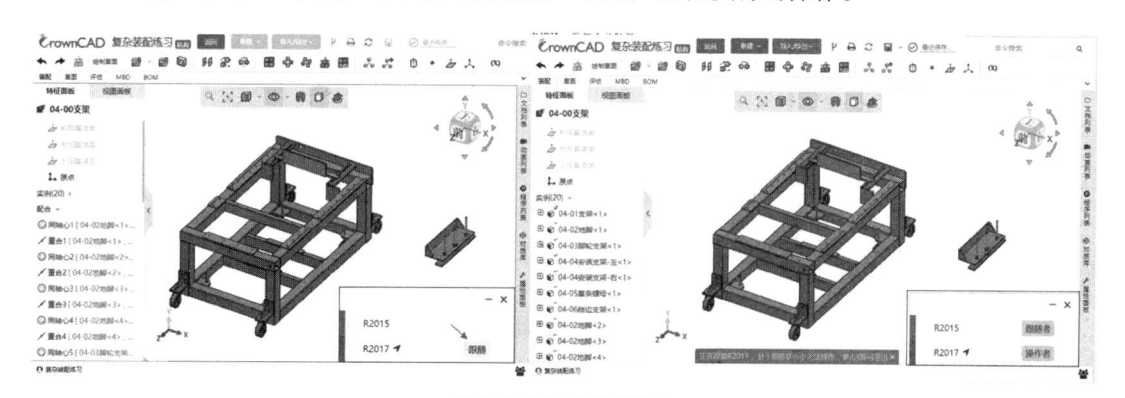

图 15-17　跟随模式

（2）编辑模式　在同一文档中协作的用户可以对文档内的模型进行操作，合作完成模型的设计。支持零件、装配和工程图协作，协作的用户的操作记录可在版本管理中查看。

2. 评审注释

在文档设计环境下，单击导航栏中的"注释" ，弹出"注释"命令面板，如图 15-18 所示。"注释"命令面板各选项含义如下：

● "未读"选项：打开存在未读注释的文档时，右上角的"注释" 显示未读信息数量。

● "当前"选项：无注释时显示"添加注释"文本框，有注释时按照添加顺序自下向上显示。

● "全部"选项：显示全部注释。

● "语音" ：单击切换语音输入与文本输入。切换为语音输入后，长按鼠标左键开始录制。

图 15-18　"注释"命令面板

● "截图" ：截取软件整个图形区域，并且可以对截图的图片进行裁剪、镜像、旋转、注释、滤镜等操作，如图 15-19 所示。

● "标签" ：可以拾取视口中的图元元素添加标记。

当收到消息后，"注释"图标右上角会有红点标识 ，并处于闪烁状态。单击打开后，可以对注释进行回复。单击问题注释后面的 图标，在弹出的菜单中单击"关闭"，可以关闭此问题。

图 15-19 "截图"操作

15.4.2 活动评审

在项目管理界面中单击导航栏中的"活动" ，进入活动界面，如图 15-20 所示。

图 15-20 活动界面

- "报名"：通过输入活动码加入活动。
- "我的活动"：可查看已创建的活动或参加的活动。
- "创建活动"：单击后弹出"活动"命令面板，可根据选项输入活动明细。创建完成后，新创建的活动可在"我的活动"列表中查看。

1. 加入活动

单击导航栏中的"活动" ，然后切换至"公开活动"，在活动列表中单击待加入的活动名称后面的"报名"，弹出"报名申请"命令面板，输入活动码后即可完成报名，如图 15-21 所示。

2. 查看已报名的活动

单击项目类型中的"活动"，即可查看已报名的活动，如图 15-22 所示。

图 15-21 报名活动　　　　图 15-22 查看已报名的活动

3. 活动评审

只读模式下支持模型剖切查看，如图 15-23 所示，包含零件、装配模块的查看。

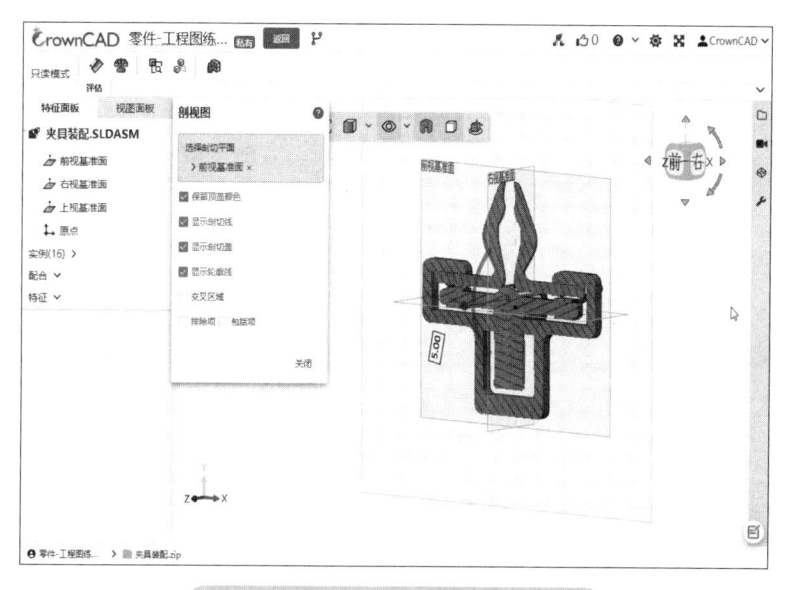

图 15-23　只读模式下模型剖切查看

在装配只读模式下，在特征树右键快捷菜单中添加"隐藏""隐藏全部实例"和"反向选择"，如图 15-24 所示，用于评委评审查看内部结构，刷新后恢复原状。

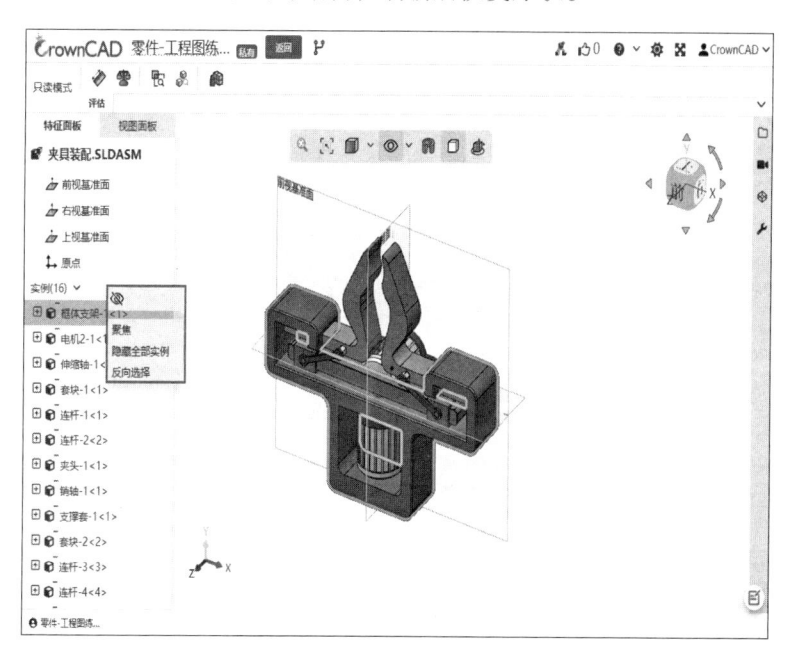

图 15-24　装配只读模式下特征树右键快捷菜单

第 16 章 二次开发

16.1 二次开发概述

CrownCAD 二次开发支持在线开发模式、插件开发模式和 SDK 开发包，用户通过二次开发可以实现平台未提供的功能，提高设计效率；同时，能够与第三方系统进行集成。

16.2 在线开发模式

与传统 CAD 二次开发方式不同，通过 CrownCAD 在线二次开发，用户无须费力搭建开发环境便可以自动化执行任务，完成手动交互式建模难以实现的复杂操作；可以引入数学函数和几何运算，支持更精确的线条拟合；可以参数式生成模型，将程序做成带输入的命令，分享给平台其他用户使用；可以灵活组织 API，实现系统未提供的建模功能。

16.2.1 程序管理

单击侧边栏"二次开发" ⓟ，进入程序管理界面，如图 16-1 所示。

1. 新建程序

单击"程序列表 +"，进入"新建"界面，可选择类型包括"程序""文件夹"和"模块"，如图 16-2 所示。

图 16-1 程序管理界面

图 16-2 "新建"界面

2. 程序列表

程序类型包括"我的程序""发布程序""我的发布""与我分享"和"收藏程序"，如图 16-3 所示。

- "我的程序"选项：查看当前用户创建的所有程序。
- "发布程序"选项：查看平台其他用户已公开发布的程序。
- "我的发布"选项：查看当前用户已发布的程序。
- "与我分享"选项：查看平台其他用户分享给当前用户的已发布的程序。

图 16-3 程序列表

● "收藏程序"选项：查看当前用户收藏的程序。

16.2.2 代码编辑器

双击程序即可进入在线二次开发代码编辑器界面，编辑器界面主要元素如图 16-4 所示。

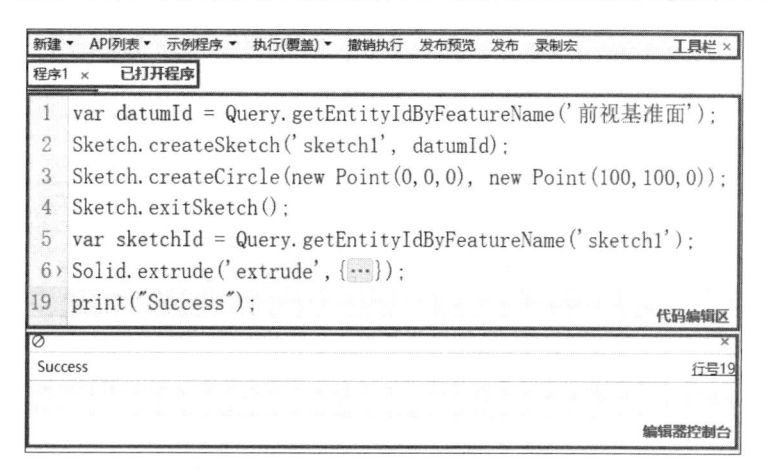

图 16-4 在线二次开发代码编辑器界面

1. 工具栏

工具栏用于展示在线二次开发代码编辑器支持的功能。

（1）新建　单击"新建"，进入"新建"界面，可以自定义程序名称和所属文件夹，如图 16-5 所示。

（2）图片资源　单击"新建"下拉框中的"图片资源"，进入图片管理界面。通过"上传图片"可将待使用的图片上传；单击"已上传图片"可以查看已上传图片列表，单击"复制"可复制图片 id，在程序中进行引用，如图 16-6 所示。

图 16-5 "新建"界面　　　　图 16-6 已上传图片

（3）API 列表　展示当前版本支持的接口。可对接口名和参数进行查看，支持接口名的搜索，单击接口可将接口快速补全到代码编辑区中，如图 16-7 所示。

（4）执行（覆盖）　以覆盖模式执行当前程序，程序运行结果会将当前文档中的模型数据进行覆盖。

（5）执行（追加）　以追加模式执行当前程序，程序运行结果不会覆盖当前文档的模型数据。

（6）撤销执行　撤销上一步程序执行的结果，将文档模型回退到程序未执行前的状态。

（7）发布预览　程序的发布预览是指将程序以命令面板的形式进行预览。单击"发布预览"可查看其命令面板，如图16-8所示。

图16-7　API列表

图16-8　发布预览

（8）发布　将当前程序以命令面板的形式进行展示。单击"发布"，显示发布程序界面，如图16-9所示。

（9）"录制宏"　单击"录制宏"，进入脚本录制状态，会将录制期间使用的命令转为程序，实时补全到代码编辑区中。

2. 代码编辑区

在代码编辑区编写程序，支持接口提示、代码自动补全、代码悬停提示、关键字高亮、右键快捷菜单等便捷功能。

（1）接口提示　输入关键字，编辑器会显示包含关键字的接口列表，蓝色区域为所选接口，单击可切换接口，如图16-10所示。

图16-9　程序发布

图16-10　接口提示

（2）代码自动补全　在接口提示列表中，单击可切换所选接口，按〈Enter〉键可将所选接口补全到代码编辑器中，如图16-11所示。

（3）代码悬停提示　将鼠标指针移动到接口上，编辑器会显示接口的描述信息，可根据描述信息修改接口传入的参数，如图16-12所示。

图 16-11 代码自动补全

图 16-12 代码悬停提示

3. 编辑器控制台

编辑器控制台用于展示程序的打印信息和报错信息，并且支持代码块的执行。

（1）信息展示 单击执行程序后，程序内的打印信息和报错信息将显示在控制台中，包含展示的信息和对应的代码行号，单击行号可快速定位到程序对应的位置，单击"清空" ⊘ 可清空控制台的内容，如图 16-13 所示。

（2）代码块执行 单击控制台蓝色区域，输入代码块，按〈Ctrl+Enter〉键执行，如图 16-14 所示。

图 16-13 信息展示

图 16-14 代码块执行

16.2.3 语法规则

1. 基本数据类型

基本数据类型见表 16-1。

表 16-1 基本数据类型

类型	标识	示例	复制方式
整数	Integer	123	值复制
浮点型	Number	123.456 或 123	值复制
布尔类型	Boolean	True 或 false	值复制
字符串	String	"string" 或 'string'	值复制
数组	List	[] 或 [123]	引用复制
字典类型	KVObject	{} 或 {temp1 : 123, "temp2" : 456}	引用复制

2. 特殊数据类型

特殊数据类型见表 16-2。

表 16-2 特殊数据类型

类型	标识	示例	复制方式

点	Point	new Point（x,y,z）; // 三维点
		new Point（x,y）; // 二维点
			值复制

方向	Direction	new Direction（lineId）; // 通过直线 Id 创建
		new Direction（pnt1, pnt2）; // 通过两点创建
			值复制

（续）

类型	标识	示例	复制方式
轴	Axis	new Axis（lineId）；// 通过直线 Id 创建 new Axis（pnt1, pnt2）；// 通过两点创建	值复制
变量	Variable	new Variable（100）；// 通过常量创建 new Variable（'varRef'）；// 通过变量名创建	值复制

3. Enum 数据类型

（1）EntityType（实体类型） EntityType（实体类型）见表 16-3。

表 16-3 EntityType（实体类型）

元素	Solid	Sketch	Surface	Curve	DatumPlane	DatumLine
含义	三维体	草图	三维曲面	三维曲线	基准面	基准线

（2）ElementType（元素类型） ElementType（元素类型）见表 16-4。

表 16-4 ElementType（元素类型）

元素	Vertex	Edge	Face	Point	Dimension	Curve	Surface
含义	顶点	边	面	点	约束	曲线	曲面

（3）DocumentType（文档类型） DocumentType（文档类型）见表 16-5。

（4）VariableType（变量类型） VariableType（变量类型）见表 16-6。

表 16-5 DocumentType（文档类型）

元素	Part	Assembly	Drawing
含义	零件	装配	工程图

表 16-6 VariableType（变量类型）

元素	Length	Angle	Number
含义	长度	角度	数值

（5）VariableUit（变量单位） VariableUit（变量单位）见表 16-7。

表 16-7 VariableUit（变量单位）

元素	mm	cm	m	degree	radian	number
含义	毫米	厘米	米	角度	弧度	数值
变量类型	Length	Length	Length	Angle	Angle	Number

（6）QueryType（拾取元素类型） QueryType（拾取元素类型）见表 16-8。

表 16-8 QueryType（拾取元素类型）

元素	Instance	Feature	Solid	Shell	Sketch
含义	装配实例	特征	实体	三维曲面	草图
元素	DatumPlane	DatumLine	Surface	Face	Curve
含义	基准面	基准线	平面	面	曲线
元素	Edge	Vertex	OriginPoint	PointOnCurve	Point
含义	边线	顶点	坐标原点	线上一点	草图点

4. 几何数据类型

（1）Vector3（三维向量）

● 定义方式：

```
// 空参构建 [0, 0, 0]
var b = new Vector3();
// 参数构建 [0, 1, 0]
var a = new Vector3（0, 1, 0）;
// 通过在程序中定义的点构建 [p.x, p.y, p.z]
var p = new Point();
var vector2 = new Vector3(p);
```

- 属性：

```
.x // 三维向量的 x 值, Number 类型
.y // 三维向量的 y 值, Number 类型
.z // 三维向量的 z 值, Number 类型
```

- 复制方式：引用复制。

（2）Matrix4（四阶矩阵）

- 定义方式：

```
// 空参构造一个 4×4 的单位矩阵
var matrix = new Matrix4();
```

- 属性：

```
.elements // 使用一维数组模拟存储四阶矩阵
```

- 复制方式：引用复制。

5. 基础语法

（1）变量赋值　使用 var 关键字定义变量。

```
var a = 10;
var b = 'hello' + a;
var c;
c = true;
var list = [];
list.add(a);
var object1 = {'k1' : 1, 'k2' : 2};
object1['k1'] = 3;
object1.put('k3',3);
```

（2）方法定义　使用 function 关键字定义方法。

```
function methodName（arg1）{
    var a = arg1 + 5;
    return a;
}
```

（3）if 语句

```
if (a > 10) {
    b = a + 1;
} else if (a > 5) {
    b = a−2;
} else {
    b = a;
}
```

（4）循环语句

```
//for 循环
for (var i = 0; i < 10; ++i) {
    print(i)
}

//foreach 循环
var list = [1,2,3];
foreach (var item : list) {
    print(item）；
}
```

```
//while 循环
while (i < 100) {
    if (a == 10) {
        i++;
        continue;
    }
    if (a > 20) {
        break;
    }
    i++;
}
```

（5）打印语句

```
// 注释方法
// var a = 10;

// 打印输出
print（a）；
```

6.UI 语法

UI 语法包括以下 13 种类型。

（1）窗口组件　窗口组件是声明 UI 定义的开始，所有 UI 的定义都需要在 UI 窗口内部，同时 UI 要在程序开始时定义。

（2）块状布局组件　用户可以通过栅格布局的方式定义 UI 组件的组合关系、位置等，来实现适合于当前程序的 UI 页面。

（3）选项卡组件　当需要展示不同的选项组合时，可以使用 Tab 标签组件进行区分显示，只有显示的标签内的参数有效。

（4）折叠组件　当想要在某些情况下隐藏显示部分的 UI 窗口内容时，可以选择该组件，定义在该组件内部的 UI 内容，用户可以选择展示与折叠隐藏。

（5）数字输入框　当需要限定输入框只允许输入数字时，可以选择该组件，当输入其他值时会提示输入信息错误。

（6）整数输入框　当需要限定输入框只允许输入整数数字时，可以选择该组件，当输入其他值时会提示输入信息错误。当需要输入字符串时，可以选择字符串输入框，输入的值默认转换成字符串。

（7）单选框　当需要判断一个元素是否选择时，可以选择该组件。

（8）下拉选择框　当需要多个选项时，可以选择该组件。使用下拉选择框时需要提前定义下拉框选项内容，同时选项中定义的顺序即为显示顺序。

（9）图片组件　当需要图片来帮助解释各个输入框的内容时，可以通过图片组件进行显示。图片需要通过"图片资源"功能提前上传，然后定义时引用图片的 id 来进行显示。

（10）文字组件　用户可以通过文字组件来实现对于文本内容的信息描述。

（11）表格组件　用户可以通过表格组件更加直观地查看信息，同时表格单元格可以设计为可编辑元素，方便动态地修改表格的内容。

（12）交互框组件　用户可以在 UI 面板中定义交互框组件，实现对模型中的元素的拾取，并且在程序中可以使用拾取的元素。

> **注意**：交互框组件只可以在发布预览或发布之后使用，即需要通过面板执行，不允许直接执行。

（13）按钮组件　用户可以在 UI 面板中定义按钮组件，单击按钮可以实现代码块的执行。

16.3　二次开发插件

CrownCAD 平台支持插件开发模式，用户可以在平台上开发扩展功能。相对于在线二次开发模式，插件开发可提供更高的灵活度和能力范畴，支持更复杂的应用功能。用户可以使用 HTML、CSS、Vue.js、Javascript、Java 等语言开发插件应用，也可以用自己的服务端做数据管理。用户开发的插件代码自己保管，与平台是松耦合的。开发完成后，用户可以将插件集成到 CrownCAD 平台上，通过 IFrame 的形式与 CrownCAD 主应用共存。

CrownCAD 平台向用户提供 SDK 开发包，方便用户进行插件的开发。通过 SDK 开发包，用户可以进行 CrownCAD 事件的订阅、建模接口的调用，并且可以结合已有的数据开发插件，将插件应用集成到 CrownCAD 平台上进行使用。用户可以创建单一插件作为命令使用，也可以创建多个插件作为模块功能使用。

16.3.1　插件管理

单击侧边栏"二次开发" P 进入程序管理界面。单击"插件列表 +"，进入"插件"界面，如图 16-15 所示。

图 16-15　"插件"界面

16.3.2 下载开发包

单击"下载开发包",下载插件开发包,将开发包内的 crowncad-plugin-sdk-xx.xx.xx.js 文件引入到插件应用项目中,即可调用插件提供的接口开发插件应用。

16.3.3 我的创建

单击"我的创建",插件列表显示由用户创建的插件。

1. 新建插件

单击"新建插件",进入新建插件界面,如图 16-16 所示。

图 16-16 新建插件界面

● "启动位置"选项:定义插件启动后在 CrownCAD 平台显示的位置。

选择"工具栏",插件将在工具栏显示,如图 16-17 所示。选择"侧边栏",插件将在工作空间右侧侧边栏显示,如图 16-18 所示。

图 16-17 在工具栏启动

图 16-18 在侧边栏启动

● "URL"输入框:插件应用开发完成后需要部署上线,此处填写能够访问到插件的地址。
● "适用文档"选项:定义插件在哪些文档中显示。

2. 新建插件集

单击"新建插件集",显示新建插件集界面。插件集会作为一个模块显示在平台中,模块名为插件集名称。插件集可以包含多个子插件,单击"添加子插件"即可新增子插件,如图 16-19 所示。

图 16-19　添加子插件

3. 发布

插件发布之后才能够集成到 CrownCAD 平台使用。在"我的创建"插件列表界面，选择要发布的插件，单击插件右侧"插件设置"⚙显示下拉框，单击"发布"进入发布界面，输入版本名称和版本描述信息进行插件发布。插件发布成功后，会显示"已发布"标志，如图 16-20 所示。同时已发布的插件会展示在"已发布插件"插件列表中。

图 16-20　插件发布

4. 分享

插件发布成功后，可以将插件分享给平台其他用户使用。在"我的创建"插件列表界面，单击插件右侧"插件设置"⚙显示下拉框，单击"分享"进入分享界面，如图 16-21 所示。

界面会显示已分享的用户名和权限，单击列表中的"取消分享"✕可取消对该用户的分享权限。在"用户名"输入框中输入目标用户的用户名或手机号后单击"分享"，分享成功后，新的分享记录会显示在当前界面。

图 16-21　插件分享

16.3.4　已与我分享

单击"已与我分享"，插件列表显示已与当前用户分享的插件。

1. 详情

单击插件右侧"插件设置"⚙显示下拉框，单击"详情"查看插件详细信息，包括插件名称、版本、说明、适用文档、启动位置、插件作者、创建时间等信息。

2. 订阅

单击插件右侧"插件设置"⚙显示下拉框，单击"订阅"可将当前插件集成显示到 CrownCAD 中。

16.3.5　已发布插件

单击"已发布插件"，插件列表显示当前用户已经发布的插件。

单击插件右侧"插件设置"⚙显示下拉框，单击"订阅"可将当前插件集成显示到

CrownCAD 中。

16.3.6 我的订阅

单击"我的订阅"，插件列表显示当前用户已订阅的插件。订阅后的插件将显示在平台内供用户使用。

1. 启用

已订阅的插件需要启用后才能显示在工具栏或侧边栏中。单击插件右侧"插件设置"✿显示下拉框，单击"启用"可将已关闭的插件重新显示在工具栏或侧边栏中。

2. 关闭

单击插件右侧"插件设置"✿显示下拉框，单击"关闭"可将插件从工具栏或侧边栏中移除。

3. 移除

单击插件右侧"插件设置"✿显示下拉框，单击"移除"将取消当前插件的订阅，并从工具栏、侧边栏和"我的订阅"列表中移除。

16.4 综合实例 1

下面应用本章讲解的知识创建如图 16-22 所示的中国馆模型。

中国馆模型的详细二次开发程序请见在线帮助：https://www.crowncad.com/help/program/programExample.html。

1. 新建程序

新建零件，单击侧边栏"二次开发"⑫展开视口右侧的程序管理面板，然后单击"程序列表 +"，命名为"中国馆"，单击"创建"，打开代码编辑器，如图 16-23 所示。

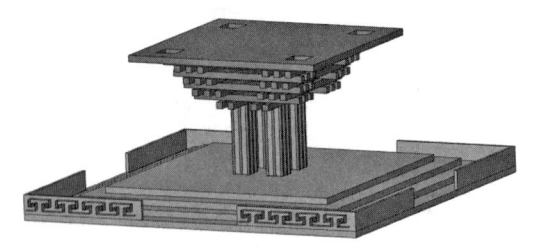

图 16-22 中国馆模型

2. 编写程序

将在线帮助中的中国馆示例程序复制到代码编辑器中，如图 16-24 所示。

图 16-23 新建程序

图 16-24 编写程序

3. 预览程序

单击"发布预览"，在视口中出现模型参数定义框，如图 16-25 所示。

输入相关参数后,单击"确定",创建出模型,如图 16-26 所示。

图 16-25　模型参数定义框

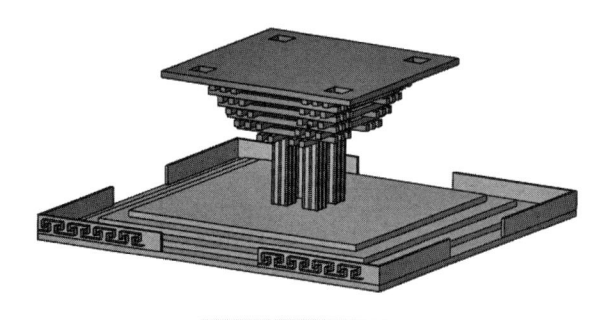

图 16-26　创建模型

16.5　综合实例 2

下面应用本章讲解的知识编写如图 16-27 所示的插件程序。

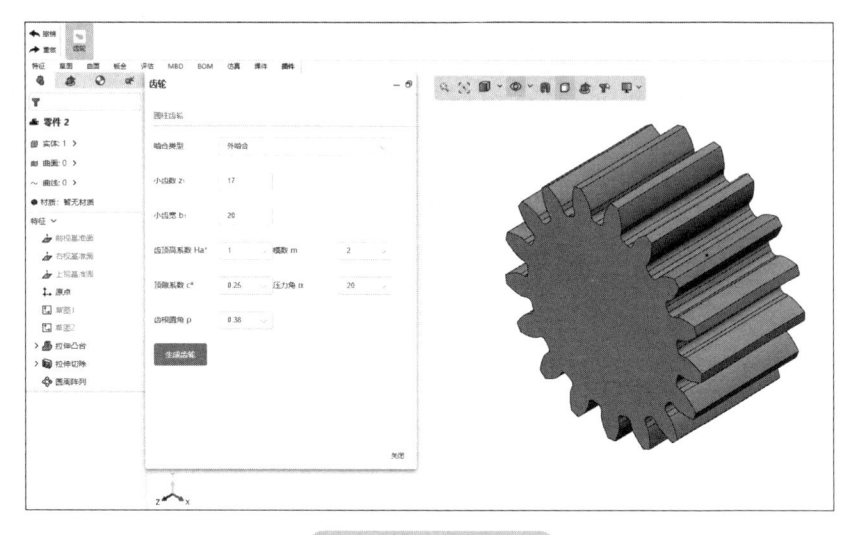

图 16-27　齿轮插件

1. 配置 node 环境

打开网址 https://nodejs.org/en/download,下载并安装 node。

2. 配置插件项目

单击 CrownCAD 侧边栏"二次开发" ![P], 然后单击"插件列表 +",进入"插件"界面。单击"下载开发包",压缩包内包含 crowncad-plugin-sdk-xx.xx.xx.js 文件和插件案例基础项目 crowncad-plugin-example.zip。

可将 crowncad-plugin-example.zip 文件进行解压,使用 Visual Studio Code 或 IntelliJ IDEA 编辑器打开 crowncad-plugin-example 项目,基于此案例项目进行配置和插件的开发,项目结构如图 16-28 所示。

进入 package.json 同级目录,打开命令行窗口,执行命令 npm i 安装前端依赖。如图 16-29 所示,安装完成后执行 npm run dev 命令,执行成功后会自动跳转到浏览器并显示插件案例,如图 16-30 所示。

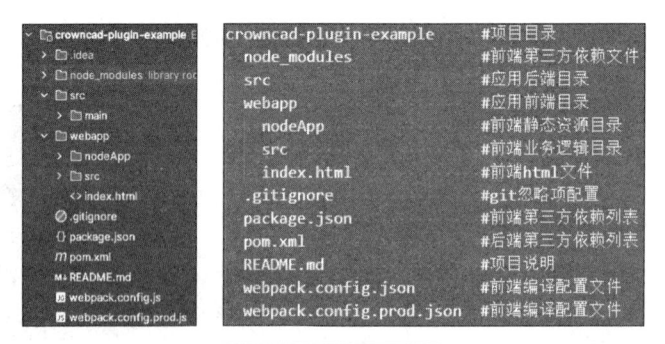

图 16-28 项目结构

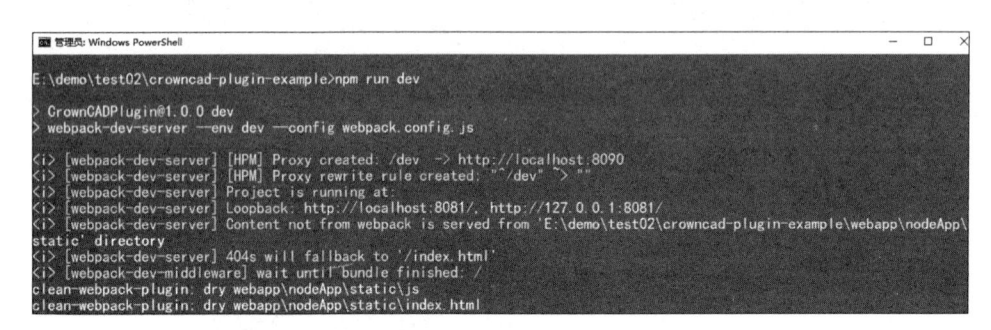

图 16-29 执行命令 npm run dev

图 16-30 显示插件案例

3. 开发插件

详细插件程序请见在线帮助：https://www.crowncad.com/help/program/ProgramPlugin.html。

4. 配置、部署插件

插件开发完成后需要配置、部署才能集成到 CrownCAD 平台使用。

步骤1 配置插件。打开 crowncad-plugin-example 项目的 webapp/src/Router.js 文件。Router.js 文件负责对 vue 的路由进行控制，通过不同的地址访问不同的组件，如图 16-31 所示。

步骤2 部署插件。进入 package.json 文件同级目录，打开命令行窗口，执行 npm run build-prod 命令对插件前端进行打包。打包的结果存放在 webapp/nodeApp/static 目录中，将 static 文件夹复制到部署服务器中。

打开网址 https：//nginx.org/en/download.html，下载 nginx。将 nginx 文件夹复制到部署服务器中。进入 nginx/conf 文件夹打开 nginx.conf 文件修改配置，修改完成后打开命令行窗口，执行 start nginx 命令启动 nginx，如图 16-32 所示。

图 16-31　配置插件　　　　　　　　　图 16-32　启动 nginx

在浏览器地址栏输入如图 16-33 所示的插件部署的域名或以 ip+port 的方式访问插件（在生产环境需要使用实际的部署地址访问插件）。

进入 CrownCAD"插件"界面，单击"新建插件"，输入插件信息，并将 URL 替换为生产环境中插件部署的地址。创建完成后将齿轮插件进行发布，在"已发布插件"插件列表中订阅齿轮插件。进入 CrownCAD 工具栏的"插件"模块，单击"齿轮"插件即可使用插件，如图 16-34 所示。

图 16-33　访问插件

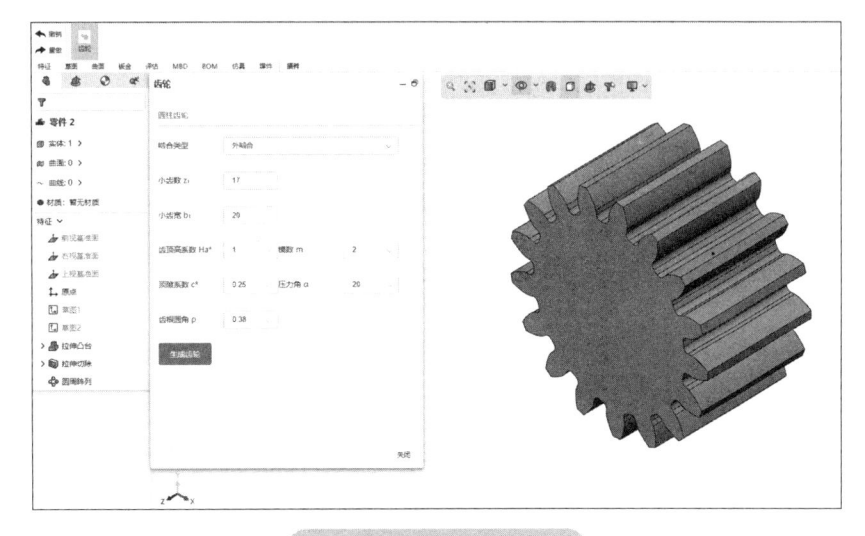

图 16-34　插件创建完成

第 17 章 六旋翼无人机设计综合实例

17.1 零件建模

下面运用前面章节讲解的知识，完成零件的设计建模。

1. 摄像机架

创建摄像机架模型，图纸如图 17-1 所示。

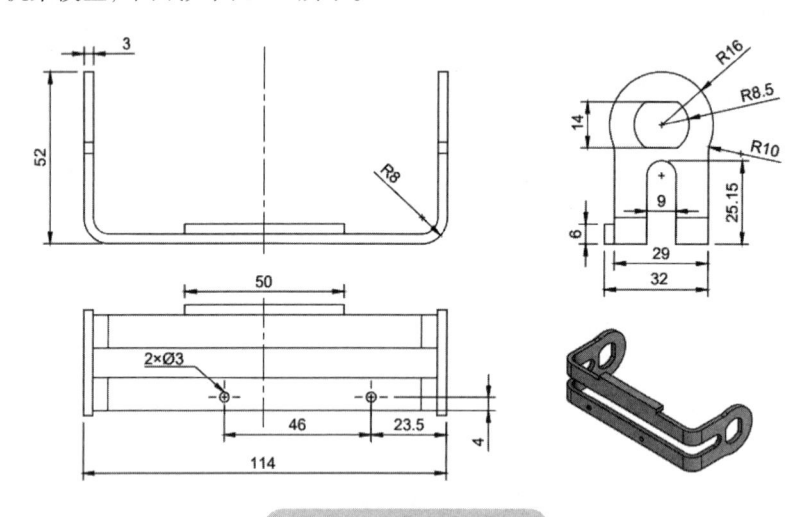

图 17-1 摄像机架图纸

步骤 1 登录账号，单击"新建项目"，输入项目名称为"六旋翼无人机"，新建零件。单击"草图"工具栏中的"绘制草图"，选择"前视基准面"，进入草图绘制模式。

步骤 2 单击"直线" ⁄，绘制如图 17-2 所示的草图，直线中点与原点重合。

步骤 3 退出草图后，单击"钣金"工具栏中的"基体法兰" ⨆，"方式"选择"两侧对称"，"长度"输入"114"，"厚度"采用默认值"3"，"半径"输入"5"，单击"确定"，完成基体法兰的创建，如图 17-3 所示。

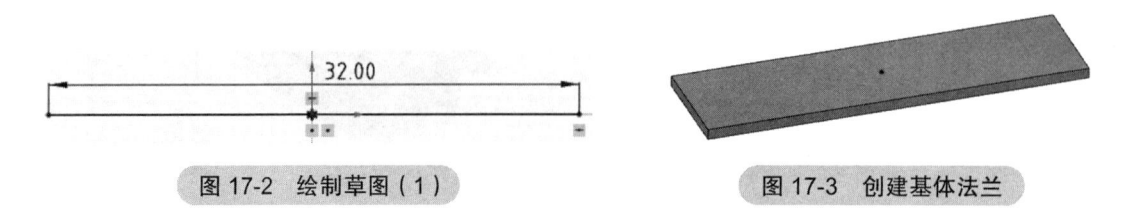

图 17-2 绘制草图（1）　　图 17-3 创建基体法兰

步骤 4 单击"边线法兰" ⬒，拾取基体法兰的两侧轮廓边线，"方式"选择"外侧交点距离"

,"长度"设置为"52",单击"确定",完成两侧边线法兰的创建,如图17-4所示。

步骤 5 单击"绘制草图",选择"前视基准面"作为草图基准面。单击"中心圆"⊙,绘制直径为32mm的圆。单击"添加约束"♣,在圆与边线法兰的顶部轮廓线及右侧轮廓线上添加"相切"约束。绘制的草图如图17-5所示。

步骤 6 使用"直线"♪,绘制如图17-6所示的草图。绘制过程中保持直线的"水平"和"竖直"约束状态。

图17-4 创建边线法兰

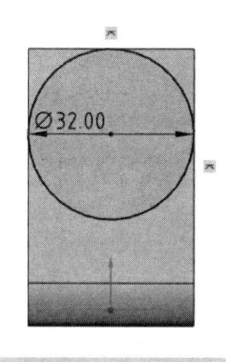

图17-5 绘制草图(2)

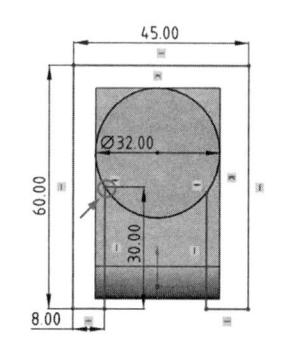

图17-6 绘制草图(3)

步骤 7 使用"尺寸约束"、"剪裁"和"圆角"定义草图,如图17-7所示。

步骤 8 单击"拉伸切除","草图"选择步骤7绘制的草图,"方式"选择"两侧对称","深度"输入"120",单击"确定",完成拉伸切除,如图17-8所示。

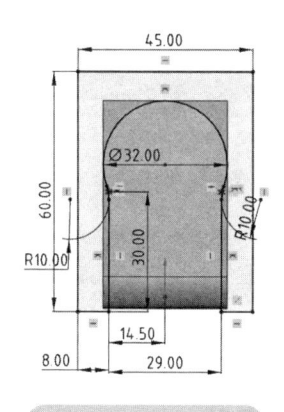

图17-7 定义草图

图17-8 创建拉伸切除(1)

步骤 9 单击"绘制草图",选择"前视基准面"作为草图基准面。单击"中心圆"⊙,绘制直径为17mm的圆。单击"添加约束"♣,在草图圆与钣金圆弧边线之间添加"同心圆"约束。然后执行"直线"♪与"剪裁"命令,绘制的草图如图17-9所示。

步骤 10 单击"拉伸切除","方式"选择"两侧对称","深度"输入"120",单击"确定",完成拉伸切除,如图17-10所示。

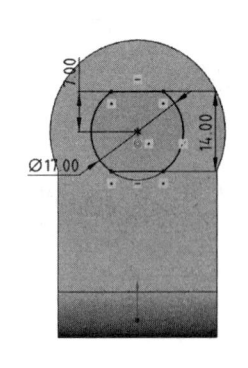

图 17-9　绘制草图（4）

图 17-10　创建拉伸切除（2）

步骤 11 单击"绘制草图"，草图平面选择"前视基准面"，绘制如图 17-11 所示的草图。

步骤 12 单击"拉伸切除"，"方式"选择"两侧对称"，"深度"输入"120"，单击"确定"，完成拉伸切除，如图 17-12 所示。

图 17-11　绘制草图（5）

图 17-12　创建拉伸切除（3）

步骤 13 单击"绘制草图"，选择钣金件的左侧面作为草图基准面。单击"拐角矩形"，在视口区域绘制如图 17-13 所示矩形。

步骤 14 单击"拉伸凸台/基体"，深度值为"3"，单击"确定"，完成拉伸凸台特征的创建，如图 17-14 所示。

图 17-13　绘制草图（6）

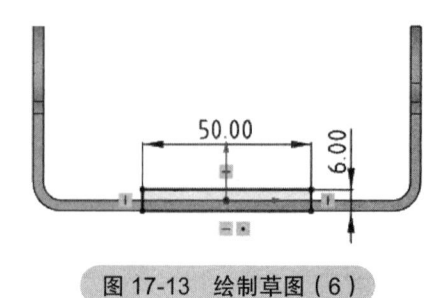

图 17-14　创建拉伸凸台

步骤 15 右击特征面板处的"材质",单击"编辑材质",弹出"材质库"命令面板,选择"系统材质库"→"铝"→"6061"材质,单击右下方的"应用材质到文档",完成材质的添加,如图 17-15 所示。

图 17-15 添加材质

2. 起落架

创建起落架模型,图纸如图 17-16 所示。

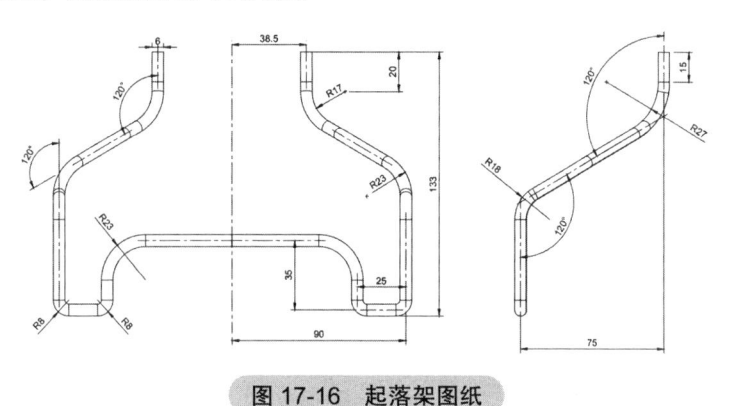

图 17-16 起落架图纸

步骤 1 在项目中单击"新建",选择"零件",输入零件名称,单击"创建"进入零件模式。

步骤 2 单击"草图"工具栏中的"绘制草图",选择"前视基准面"作为草图基准面。单击"直线",从直线 2 开始,绘制如图 17-17 所示的草图。绘制过程中可通过右击选择"转到圆弧/折线"进行切换。

步骤 3 单击"添加约束",分别拾取圆弧与两侧直线,添加"相切"约束;拾取坐标原点与下方直线 1,添加"点在线上"约束;拾取坐标原点与直线 2 左侧端点,添加"竖直"约束。

步骤 4 单击"圆角",分别添加 R8、R23 的圆角,然后给其余元素添加尺寸约束,最终草图轮廓如图 17-18 所示。

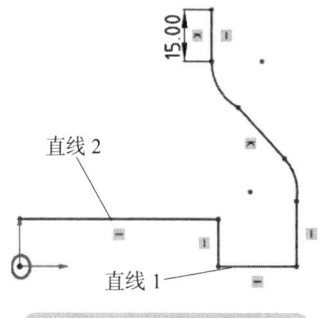

图 17-17 绘制草图(1)

步骤5 单击"基准面",拾取右视基准面与草图最右侧线段的端点,如图17-19所示,单击"确定",完成基准面的创建。

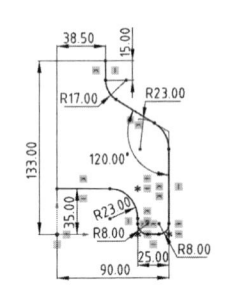

图 17-18　添加约束

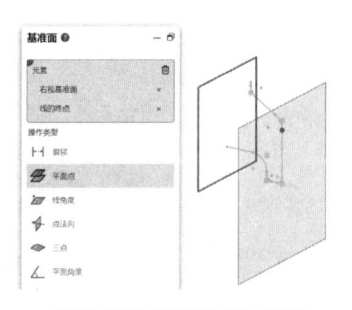

图 17-19　创建基准面

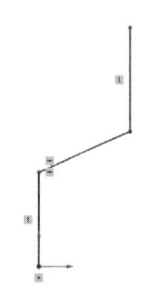

步骤6 以新建的基准面为草图基准面进入草图绘制环境。单击"直线",绘制如图17-20所示的草图。执行"圆角"和"尺寸约束"命令,完成草图绘制,如图17-21所示。

图 17-20　绘制草图(2)

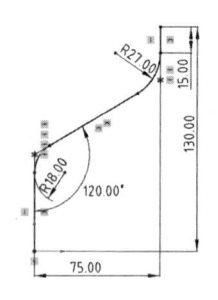

图 17-21　添加圆角和约束

步骤7 单击"投影曲线",选择"草图上草图",在特征面板处选择步骤4、步骤6绘制的两个草图,勾选"反向",视口区域出现曲线预览,单击"确定",完成投影曲线的创建,如图17-22所示。

步骤8 单击"扫描凸台/基体",选择"圆形轮廓",勾选"选择链","半径"设置为"3",在视口区域拾取绘制的投影曲线作为扫描路径,单击"确定",完成扫描凸台的创建,如图17-23所示。

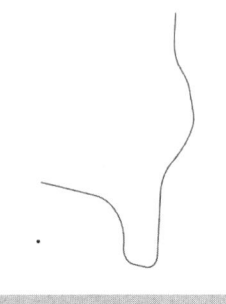

图 17-22　创建投影曲线

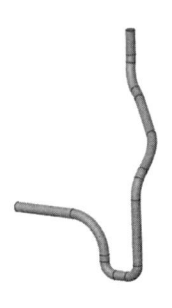

图 17-23　创建扫描凸台

步骤9 单击"镜像"，"镜像面"选择"右视基准面"，"实体"选择扫描凸台，勾选"合并实体"，单击"确定"，完成起落架的创建，如图17-24所示。

步骤10 右击特征面板处的"材质"，单击"编辑材质"，弹出"材质库"命令面板，选择"系统材质库"→"铝"→"6061"材质，单击"应用材质到文档"，完成材质的添加，如图17-25所示。

图 17-24　创建起落架

图 17-25　添加材质

17.2　历史数据重用

六旋翼无人机模型中部分零件为已有模型，可直接引用装配。

1. 导入

在项目内单击"导入"，选择"导入文件夹"，弹出"导入文件夹"命令面板，选择指定的文件夹（包含摄像机、云台支架、云台电机等零件），单击"上传"后提示是否上传，再次单击"上传"，数据模型以列表形式显示在命令面板中，如图17-26所示。单击命令面板中的"上传"，弹出任务进度框，显示数据模型上传进度。

2. 转换

上传完成后单击导入的零件模型，进行数据转换，如图17-27所示，转换完成后即可用于装配。

图 17-26　"导入文件夹"命令面板

图 17-27　转换进度

17.3　模块组装

下面通过插入零件和添加配合约束，完成零件模型的组装。

1. 模型装配

步骤 1　单击项目内的"新建"，选择"装配"，输入装配名称后单击"创建"，进入装配模式。

步骤 2　单击"装配"工具栏中的"插入零件或装配"，弹出"插入零件或装配"命令面板。在搜索框中输入零件名称，检索出所需的零件，单击后出现预览，在视口区域再次单击确认零件插入在原点，如图 17-28 所示。

步骤 3　按住〈Ctrl〉键，依次单击支架上壳、支架下壳、螺旋桨等零件，在视口区域单击，零件依次插入至装配体中，如图 17-29 所示。

步骤 4　单击"配合"，弹出"配合"命令面板。单击支架上壳的下表面与支架下壳的上表面，默认添加"重合"配合，"对齐类型"选择"反向对齐"，单击"确定"，完成重合配合的添加，如图 17-30 所示。

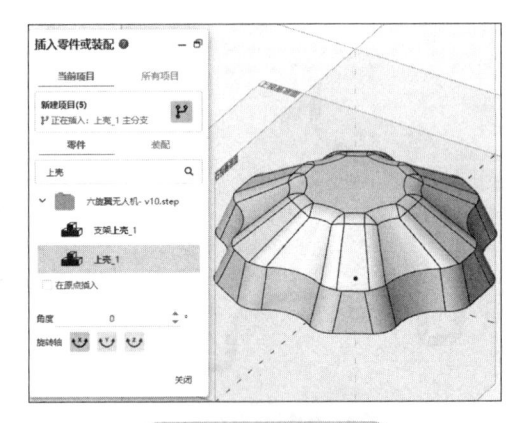

图 17-28　插入零件

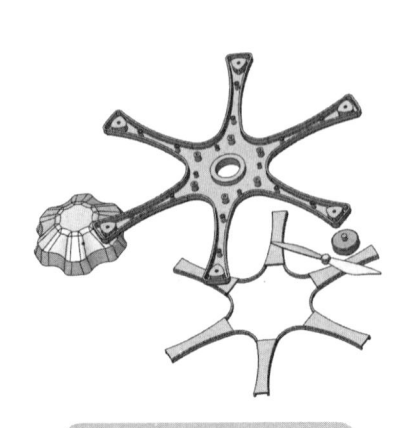

图 17-29　插入其余零件

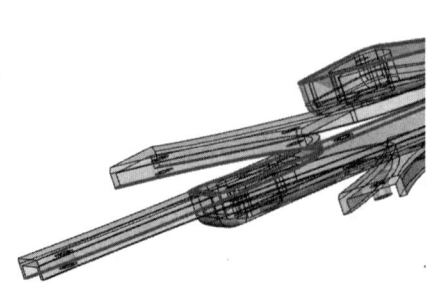

图 17-30　添加重合配合（1）

步骤 5 单击支架上壳外侧圆柱面与支架下壳外侧圆柱面,添加"同轴心"配合,如图 17-31 所示。同理,单击支架上壳、支架下壳另一对应同轴心元素,添加"同轴心"配合,如图 17-32 所示。

图 17-31 添加同轴心配合(1)

图 17-32 添加同轴心配合(2)

步骤 6 单击上壳与支架下壳的如图 17-33 所示圆柱面,添加"同轴心"配合;单击上壳与支架下壳另一个圆柱面,添加"同轴心"配合,如图 17-34 所示。

步骤 7 单击上壳下表面与支架上壳凹槽处表面,添加"重合"配合,如图 17-35 所示。

图 17-33 添加同轴心配合(3)

图 17-34 添加同轴心配合(4)

图 17-35 添加重合配合(2)

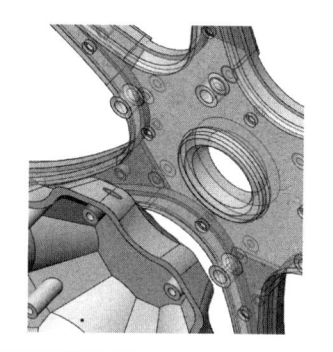

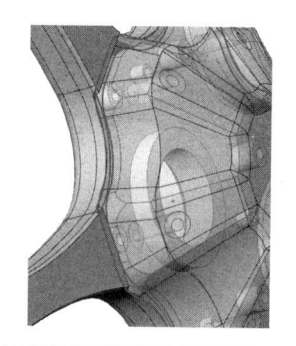

步骤 8 单击电机外表面与支架下壳圆孔内表面,添加"同轴心"配合,如图 17-36 所示。同理,单击电机上表面与支架下壳图示位置,添加"重合"配合,如图 17-37 所示。

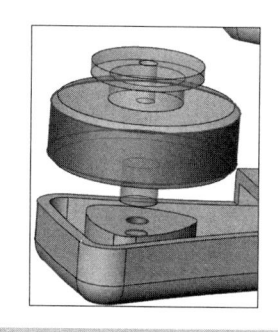

图 17-36 添加同轴心配合(5)

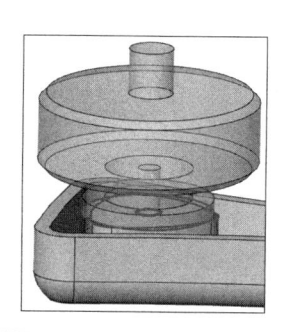

图 17-37 添加重合配合(3)

步骤9 使用"配合" ![icon]，继续使用上述同样方式依次将剩余零件进行配合完成装配。

2. Top-Down 建模

步骤1 右击摄像机架，选择"编辑零部件"，进入零件编辑模式。

步骤2 单击"草图"工具栏中的"绘制草图"，选择如图 17-38 所示的零件表面，进入草图绘制模式。

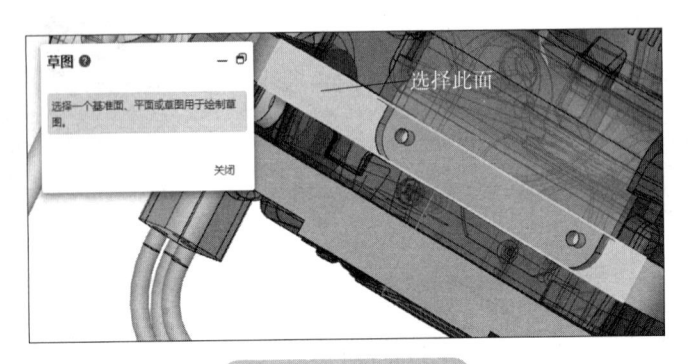

图 17-38　绘制草图

步骤3 单击"中心圆" ![icon]，在视口区域绘制圆，设置"直径"为"3"。单击"添加约束" ![icon]，拾取草图圆与镜头支架的通孔，添加"同心圆"约束，如图 17-39 所示。使用同样方式在另一侧绘制圆。

步骤4 单击"拉伸切除" ![icon]，绘制的草图自动添加至命令面板中，单击"确定"完成拉伸切除特征的创建，如图 17-40 所示。单击"退出编辑零部件"，完成零部件的修改。

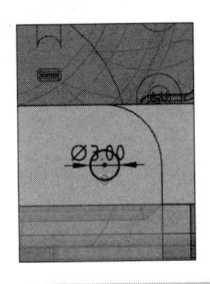

图 17-39　添加同心圆约束

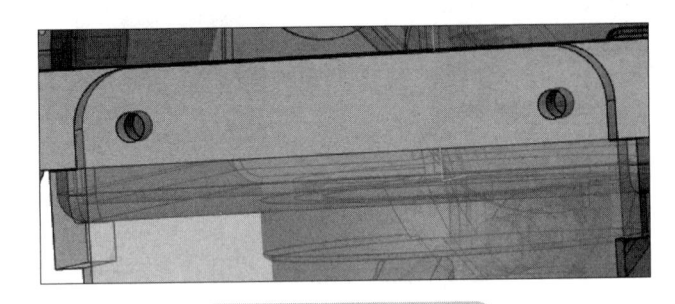

图 17-40　创建拉伸切除

六旋翼无人机装配体最终效果如图 17-41 所示。可单击"标准件" ![icon]，选择合适的螺栓、螺母标准件，利用"配合" ![icon]命令完成装配体标准件的添加。

3. 创建爆炸视图

步骤1 单击"装配"工具栏下的"新建爆炸视图" ![icon]，弹出"新建爆炸视图"命令面板。

步骤2 在视口区域依次选择所有的"螺旋桨"零件，在出现的三重轴坐标上按住鼠标左键，向 Z 轴负方

图 17-41　六旋翼无人机装配体最终效果

向拖动箭头，然后在合适位置松开，单击命令面板中的"下一步"，完成螺旋桨爆炸步骤的创建，如图 17-42 所示。

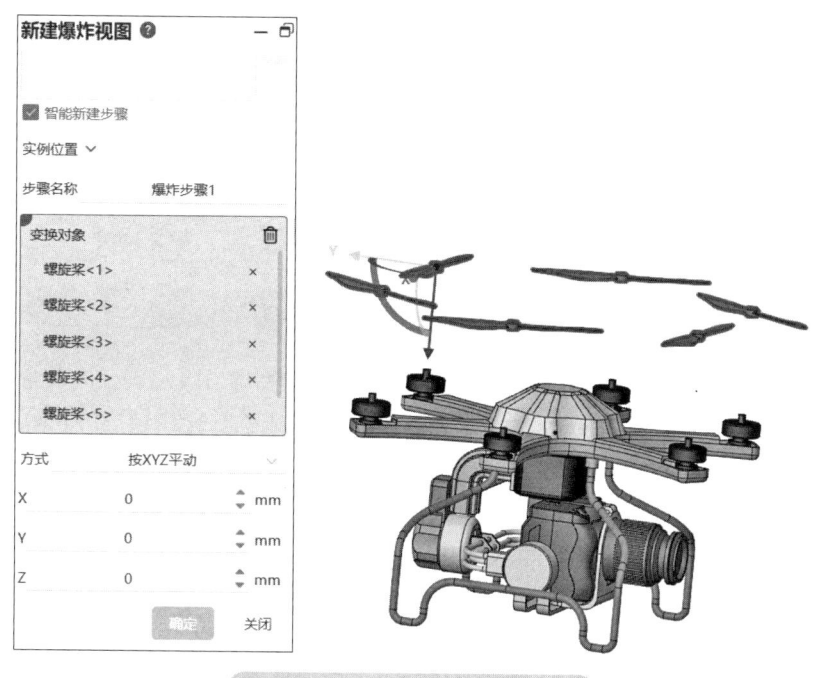

图 17-42 创建螺旋桨爆炸步骤

步骤3 在视口区域依次选择所有的"电机"零件，按住鼠标左键沿 Z 轴向上拖动箭头至合适位置，单击命令面板中的"下一步"，完成电机爆炸步骤的创建，如图 17-43 所示。

步骤4 单击视口区域中的"上壳"零件，按住鼠标左键沿 Z 轴向上拖动箭头至合适位置，单击命令面板中的"下一步"，完成上壳爆炸步骤的创建，如图 17-44 所示。

图 17-43 创建电机爆炸步骤

图 17-44 创建上壳爆炸步骤

步骤5 单击视口区域中的"支架上壳"零件，按住鼠标左键沿 Z 轴，向上拖动箭头至合适位置，单击命令面板中的"下一步"，完成支架上壳爆炸步骤的创建，如图 17-45 所示。同理，完成支架下壳爆炸步骤的创建，如图 17-46 所示。

图 17-45　创建支架上壳爆炸步骤 　　　　　图 17-46　创建支架下壳爆炸步骤

步骤6 单击视口区域左侧的"起落架"零件,按住鼠标左键沿 X 轴向左拖动箭头至合适位置,单击命令面板中的"下一步",完成左侧起落架爆炸步骤的创建,如图 17-47 所示。同理,完成右侧起落架爆炸步骤的创建,如图 17-48 所示。

图 17-47　创建左侧起落架爆炸步骤 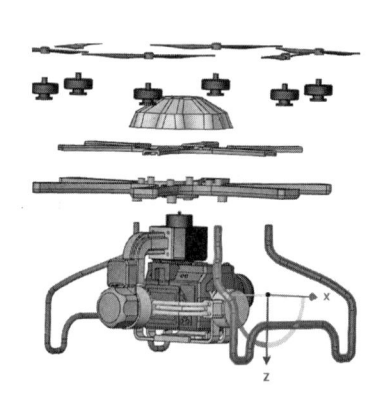　　　　图 17-48　创建右侧起落架爆炸步骤

步骤7 单击视口区域中的"摄像机架"零件,按住鼠标左键沿 Z 轴向下拖动箭头至合适位置,单击命令面板中的"下一步",完成摄像机架爆炸步骤的创建,如图 17-49 所示。同理,完成镜头支架爆炸步骤的创建,如图 17-50 所示。

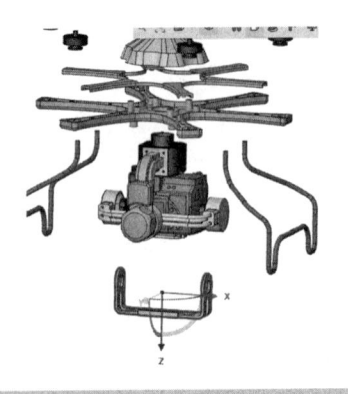

图 17-49　创建摄像机架爆炸步骤 　　　　　图 17-50　创建镜头支架爆炸步骤

步骤8 单击视口区域中的"支架旋钮"零件,按住鼠标左键沿 Y 轴向右拖动箭头至合适位置,单击命令面板中的"下一步",完成支架旋钮爆炸步骤的创建,如图 17-51 所示。同理,依次选择"支架零件 3"和"支架零件 4",分别向右移动至合适位置,完成相关爆炸步骤的创建,如图 17-52 所示。

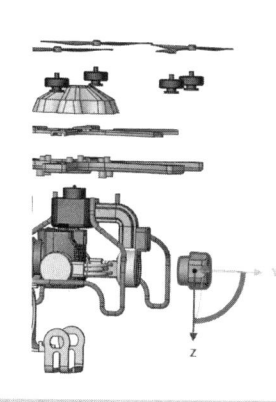

图 17-51 创建支架旋钮爆炸步骤

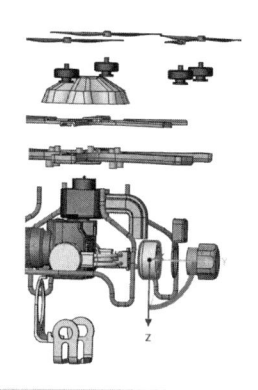

图 17-52 创建支架零件 3 和支架零件 4 爆炸步骤

步骤9 单击视口区域中的"摄像机"零件,按住鼠标左键沿 Y 轴向左拖动箭头至合适位置,单击命令面板中的"下一步",完成摄像机爆炸步骤的创建,如图 17-53 所示。同理,完成支架零件 1 爆炸步骤的创建,如图 17-54 所示。

图 17-53 创建摄像机爆炸步骤

图 17-54 创建支架零件 1 爆炸步骤

步骤10 单击"确定",完成所有模型爆炸视图的创建。在左侧视图面板,右击新创建的"新建爆炸视图 1",可以激活或查看爆炸动画,如图 17-55 所示。

图 17-55 激活或查看爆炸动画

17.4 零部件出图

1. 摄像机架出图

步骤 1 在项目内单击"新建",选择"工程图",输入工程图名称,"模板"选择"GB-A3",单击"创建",进入工程图模式。

步骤 2 单击"视图布局"工具栏中的"模型视图" ,在弹出的命令面板中的搜索栏中输入"摄像机架",单击零件模型,确定工程图引用的零件,单击"确定",进入视图选择命令面板,如图 17-56 所示。

图 17-56 "模型视图"命令面板

步骤 3 单击"视图方向"下的"左视图",在视口区域单击放置视图,使其作为主视图,然后移动鼠标分别创建投影视图 – 左视图和俯视图,如图 17-57 所示。

步骤 4 单击主视图,在"视图比例"下拉框中选择"自定义比例","自定义比例"设置为"1:1",单击"关闭",退出视图设置,如图 17-58 所示。

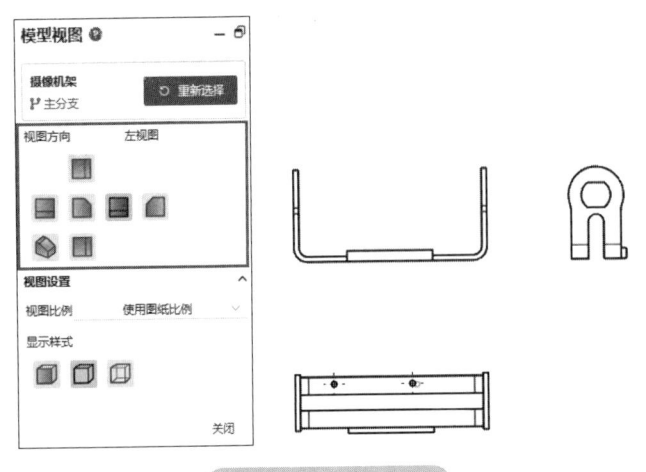

图 17-57 插入视图

图 17-58 调整视图比例

步骤5 单击"注解"工具栏中的"智能尺寸"，标注主视图尺寸，如图17-59所示。使用"智能尺寸"和"中心符号线"，标注左视图尺寸，如图17-60所示。

图17-59　主视图尺寸标注

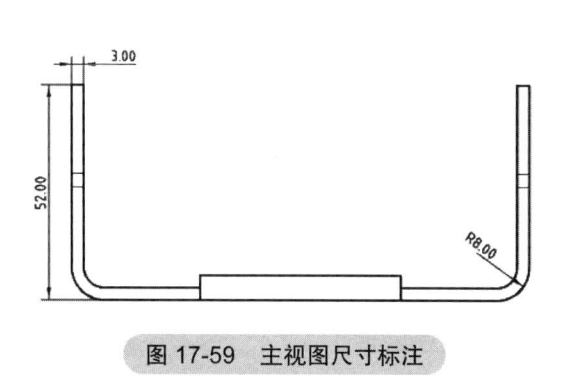

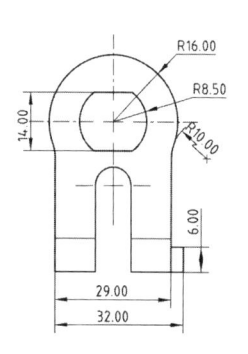

图17-60　左视图尺寸标注

步骤6 单击"智能尺寸"，标注俯视图尺寸，如图17-61所示。

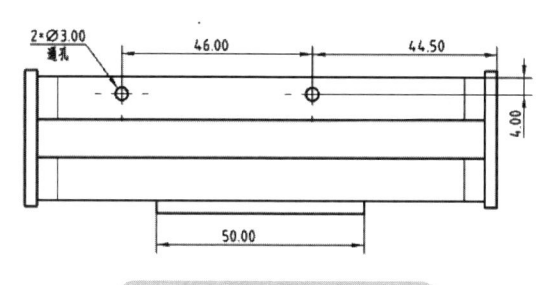

图17-61　俯视图尺寸标注

步骤7 单击"中心线"，在主视图和俯视图中添加中心线，拖动中心线两端点，调整中心线至合适长度，如图17-62所示。

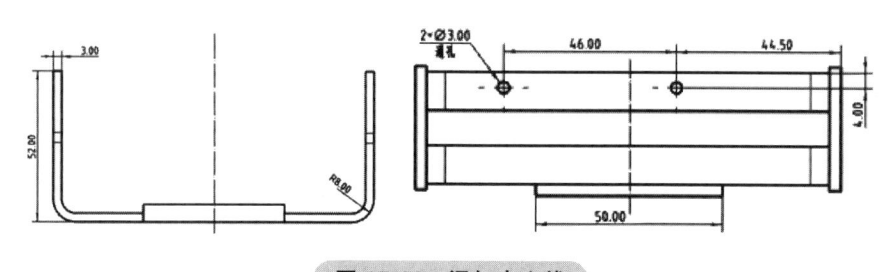

图17-62　添加中心线

步骤8 单击"表面粗糙度"，"类型"选择"要求切削加工"，在"最大粗糙度"文本框中输入"全部"，在工程图右上角合适位置单击放置符号。

步骤9 单击"注释"，"引线类型"选择"无引线"，单击工程图左下方空白处弹出文本框，输入技术要求，单击空白处确认输入完成，如图17-63所示。

步骤10 单击"图纸格式"工具栏中的"编辑图纸格式"，然后双击标题栏中的图标，进入注释编辑状态。删除默认的〈NAN〉文本，如图17-64所示，输入所需内容，单击空白处确认修改。修改完成后单击"退出编辑图纸格式"，完成工程图的创建，如图17-65所示。

图17-63　添加注释

图17-64　编辑标题栏

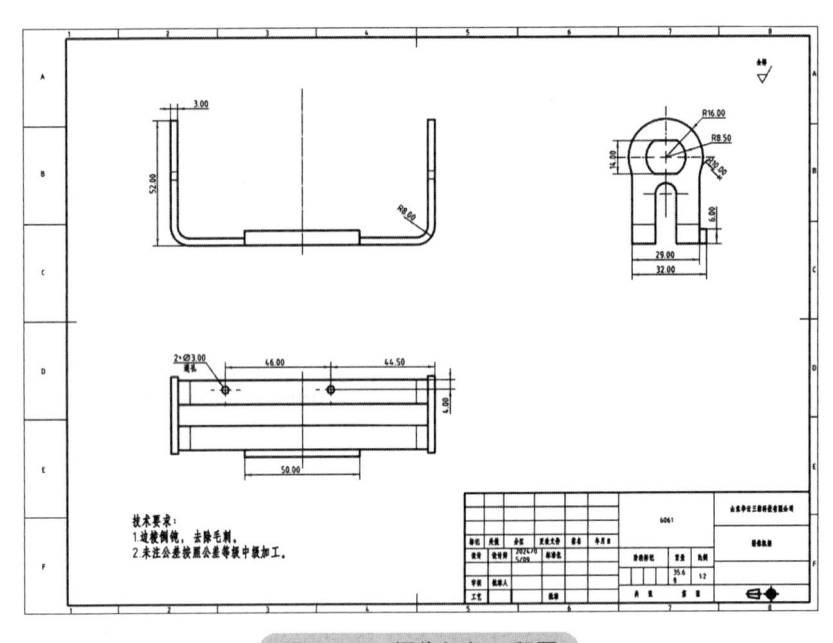

图17-65　摄像机架工程图

2. 镜头支架出图

步骤1 在零件模式中单击"新建"，选择"生成工程图"，选择"GB-A4"模板，单击"创建"，进入工程图模式。

步骤2 打开视口右侧的"视图调色板"，按住鼠标左键拖动主视图至图纸合适位置，完成主视图的创建。然后向下移动鼠标至合适位置单击，创建俯视图。

步骤3 单击"视图布局"工具栏中的"剖视图"，剖切线使用默认的"竖直"方式，单击主视图中心圆弧圆心点定义剖切位置，单击"确定"后鼠标向右移动并单击创建剖视图。单击剖切线，弹出"剖视图"属性框，单击"反转方向"调整视图方向。创建的剖视图如图17-66所示。

图 17-66 创建的剖视图

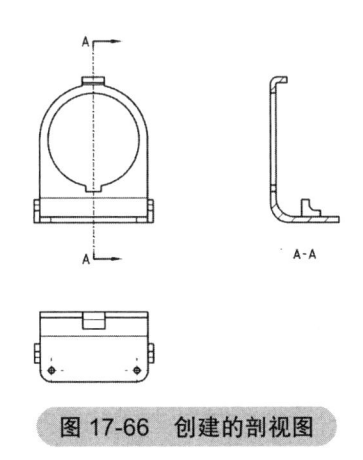

步骤 4 单击"智能尺寸" ，标注的主视图尺寸如图 17-67 所示，标注的剖视图尺寸如图 17-68 所示。

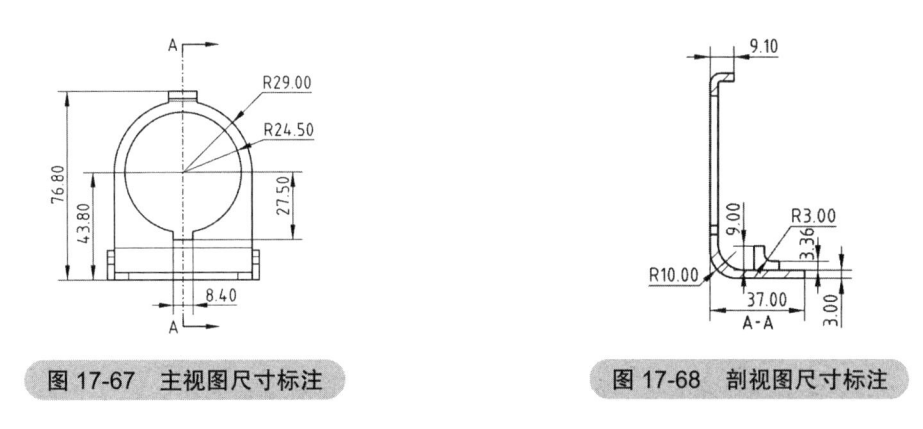

图 17-67 主视图尺寸标注

图 17-68 剖视图尺寸标注

步骤 5 继续单击"智能尺寸" ，标注的俯视图尺寸如图 17-69 所示。

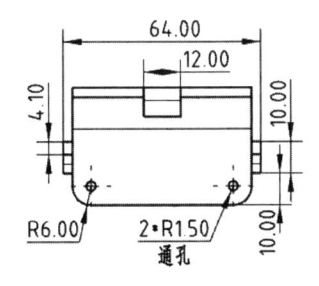

图 17-69 俯视图尺寸标注

步骤 6 单击"注解"工具栏中的"表面粗糙度" ，"类型"选择默认的"基本"，在"最大粗糙度"文本框中输入"全部"，在工程图右上角合适位置单击放置符号。

步骤 7 单击"注解"工具栏中的"注释" ，"引线类型"选择"无引线"，在工程图合适的位置单击，在弹出的文本框中输入技术要求，单击空白处完成添加。

步骤 8 创建完成的镜头支架工程图如图 17-70 所示。

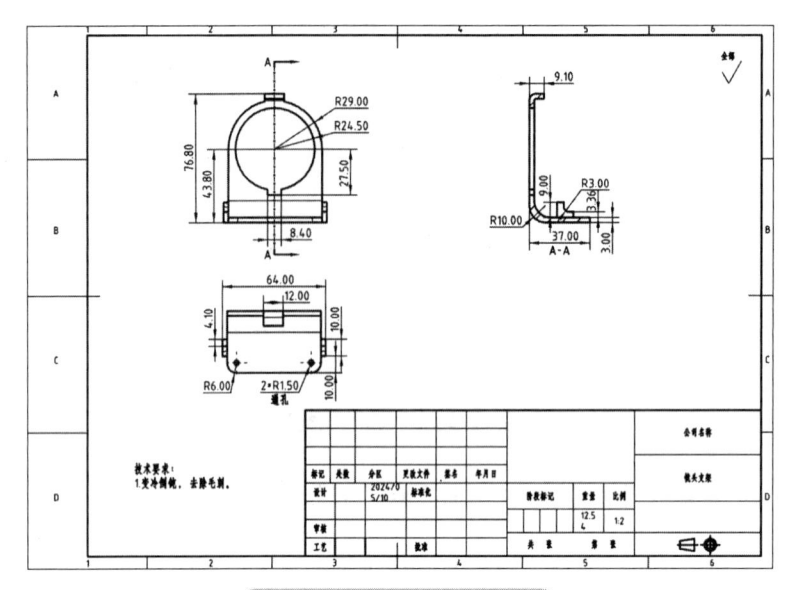

图 17-70 镜头支架工程图

3. 装配工程图

步骤1 在项目内单击"新建",选择"工程图",选择"GB-A3"模板,单击"创建",进入工程图模式。

步骤2 在视图调色板中指定六旋翼无人机装配为出图模型,拖动视图调色板中的"新建爆炸视图1"至视口区域。

步骤3 单击爆炸视图,在命令窗口中单击"自定义视角",在弹出的视口中,按住鼠标左键拖动,旋转至合适视角,单击右上角的"确定",输入自定义视图的名称后单击"确定",创建爆炸视图,如图 17-71 所示。

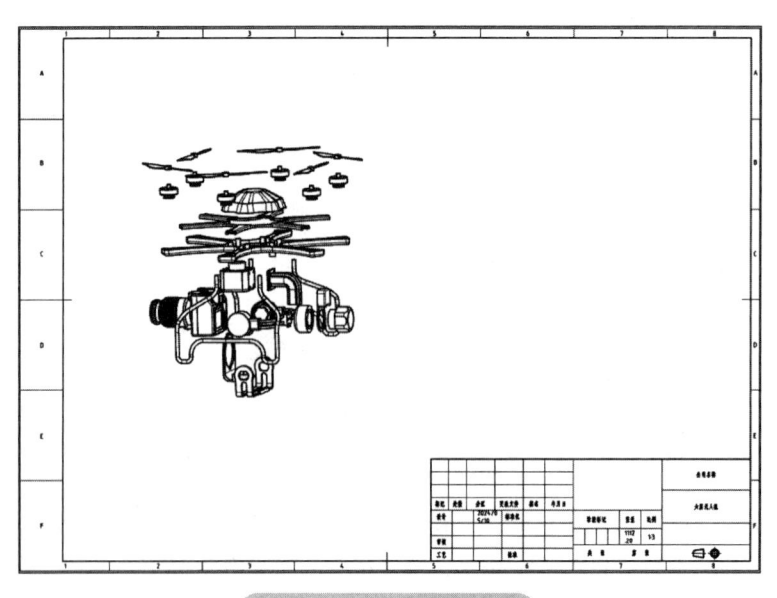

图 17-71 创建爆炸视图

步骤4 单击界面右下角的比例，选择"用户定义"，设置为"1∶3"，单击"确认"，完成图纸比例的修改。

步骤5 单击"注解"工具栏中的"自动零件序号"，"自动零件序号布局"选择"方形"，单击爆炸视图添加零件序号，如图17-72所示。

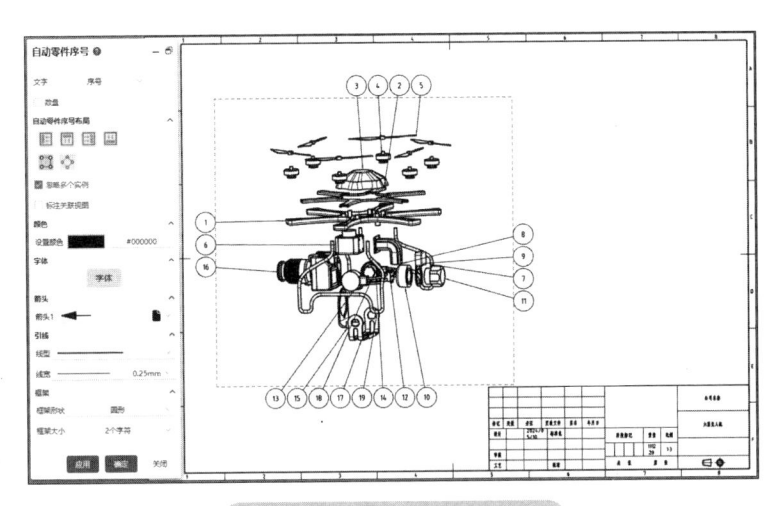

图 17-72 添加自动零件序号

步骤6 单击"注解"工具栏中的"磁力线"，在爆炸视图左侧单击确认磁力线起始位置，移动鼠标后单击确认磁力线终点位置；使用同样方式在爆炸视图右侧绘制磁力线，如图17-73所示。

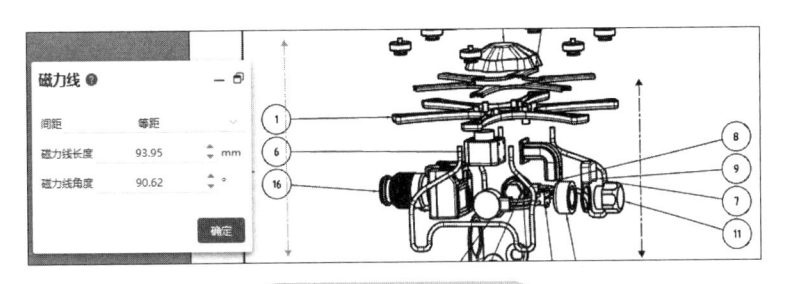

图 17-73 绘制磁力线

步骤7 拖动绘制的磁力线至爆炸视图左右两侧的零件序号，零件序号自动吸附至磁力线上，单击"确定"，完成磁力线的吸附，如图17-74所示。

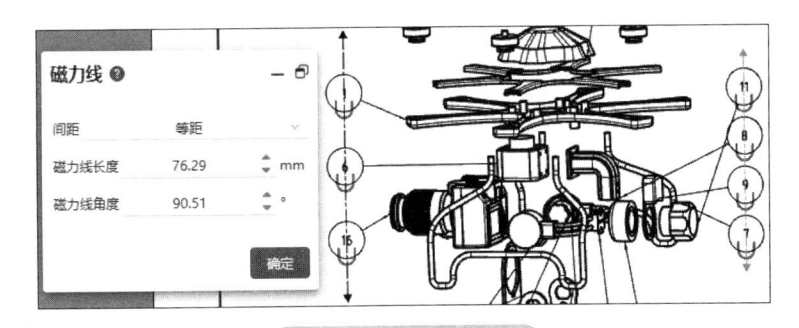

图 17-74 吸附磁力线

步骤8 单击"注解"工具栏"总表"下拉框中的"材料明细表",单击爆炸视图,勾选"附加到定位点",位置选择"右下角",单击"确定",完成材料明细表的添加,如图17-75所示。

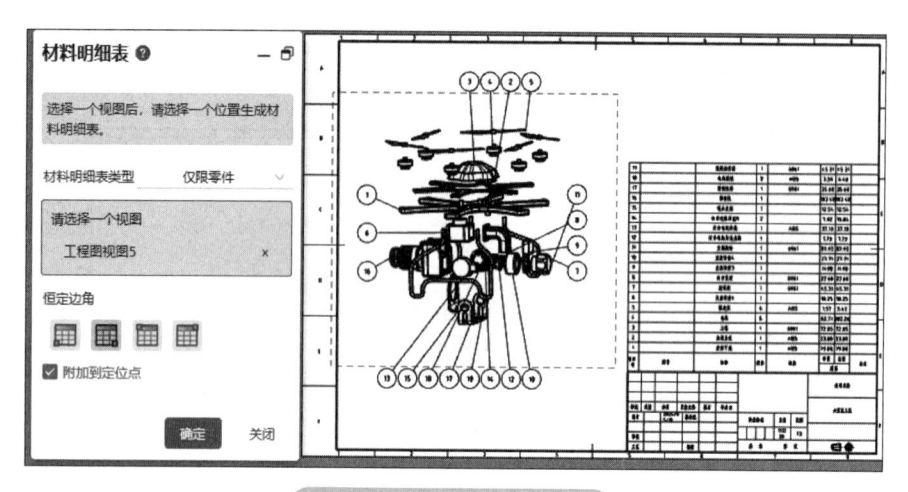

图 17-75 添加材料明细表

步骤9 创建完成的六旋翼无人机工程图如图17-76所示。

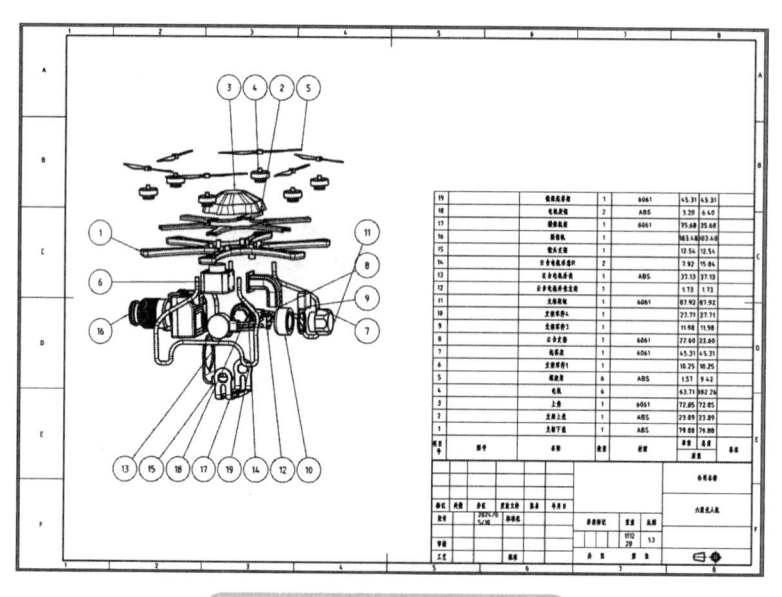

图 17-76 六旋翼无人机工程图

17.5 图纸输出与打印

工程图创建完成后可以将图纸导出至本地并进行批量打印。

1. 导出摄像机架图纸

步骤1 在文档列表右击摄像机架工程图,选择"导出",或打开工程图,单击界面上方的"导入/导出"→"导出",打开"导出"命令面板,如图17-77所示。"工程图格式"选择"PDF",单击"确定"后完成工程图的导出。在任务进度框可查看导出进度,如图17-78所示。

图 17-77 "导出"命令面板　　　　　图 17-78 查看导出进度

步骤 2 导出的文件下载至浏览器设定的下载位置。以谷歌浏览器为例，可以在"设置"→"下载内容"中查看。

2. 导出镜头支架图纸

步骤 1 在文档列表右击镜头支架工程图，选择"导出"，或打开工程图，单击界面上方的"导入/导出"→"导出"，如图 17-79 所示，"工程图格式"选择"DWG"，"版本"选择"2013"，单击"确定"。

步骤 2 导出的文件下载至浏览器设定的下载位置。以谷歌浏览器为例，可以在"设置"→"下载内容"中查看。

图 17-79　导出 DWG

3. 打印

步骤 1 在工程图上方单击导航栏内的"打印"🖨，在弹出的命令面板中勾选需要打印的图纸，如图 17-80 所示。

图 17-80　打印选择

步骤 2 单击"确定"后，弹出打印预览界面，如图 17-81 所示，单击右下角的"打印"，机开始打印图纸。

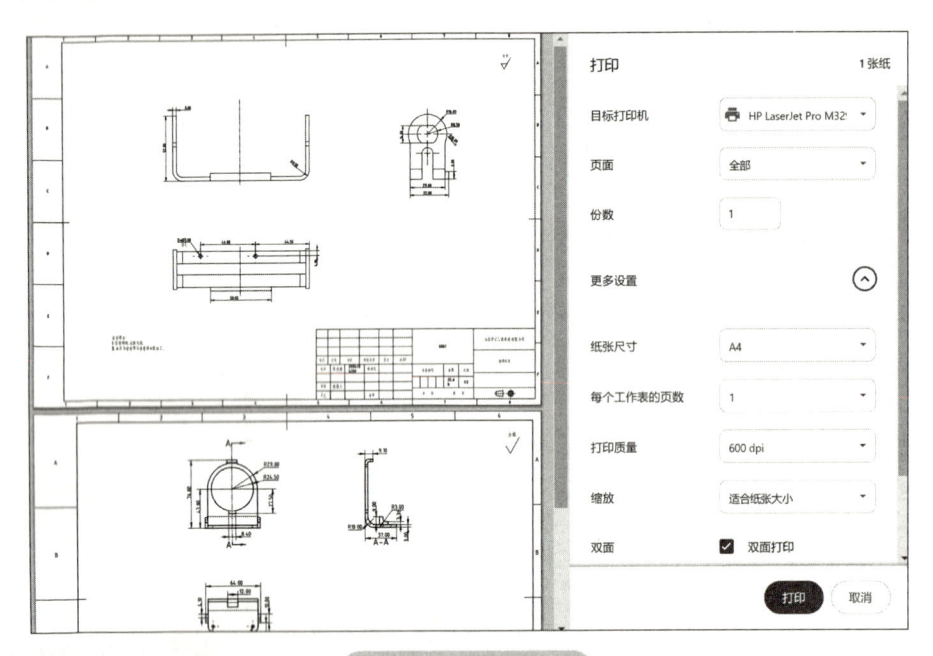

图 17-81 打印图纸

至此，本章完成了六旋翼无人机设计综合实例，全面涵盖了零件建模→数据导入→装配→出图→数据导出的完整工作流程。

参考文献

[1] 谢克强. 工业软件：通向软件定义的数字工业 [M]. 北京：电子工业出版社，2024.
[2] 何煜琛，谢琼，沈丹. 三维 CAD 习题集 [M]. 北京：清华大学出版社，2014.